水科学博士文库

Study on the High-order Numerical Models of Dynamic Interaction of the Concrete Dam-foundation-reservoir Water System

混凝土坝-地基-库水系统动力作用高阶模型研究

陈灯红　杜成斌　著

·北京·

内 容 提 要

本书基于比例边界有限元法在解决无限域问题和断裂力学问题中的独特优势，研究了混凝土坝-地基-库水系统相互作用高阶数值模型及断裂力学特性。全书共八章，包括绪论、比例边界有限元法的理论基础、基于比例边界有限元法的近场结构动力分析、基于比例边界有限元法的远场无限地基局部高阶透射边界、混凝土坝-地基系统时域分析的耦合求解方法、求解矢量波动方程动力刚度矩阵的双渐近算法、基于比例边界有限元法的动应力强度因子及T应力求解、混凝土坝-库水系统动力相互作用的时域模型。

本书可供土木、水利工程领域的工程技术人员和科学研究人员阅读，也可供高等院校土木、水利工程专业及其相关专业的研究生、高年级本科生和教师参考。

图书在版编目（CIP）数据

混凝土坝-地基-库水系统动力作用高阶模型研究 / 陈灯红，杜成斌著. -- 北京 : 中国水利水电出版社，2021.9
（水科学博士文库）
ISBN 978-7-5170-9923-9

Ⅰ. ①混… Ⅱ. ①陈… ②杜… Ⅲ. ①混凝土坝一坝基一水库一水动力学一研究 Ⅳ. ①TV131.2

中国版本图书馆CIP数据核字(2021)第181686号

书　　名	水科学博士文库 **混凝土坝-地基-库水系统动力作用高阶模型研究** HUNNINGTUBA - DIJI - KUSHUI XITONG DONGLI ZUOYONG GAOJIE MOXING YANJIU
作　　者	陈灯红　杜成斌　著
出版发行	中国水利水电出版社 （北京市海淀区玉渊潭南路1号D座　100038） 网址：www.waterpub.com.cn E-mail：sales@waterpub.com.cn 电话：(010) 68367658（营销中心）
经　　售	北京科水图书销售中心（零售） 电话：(010) 88383994、63202643、68545874 全国各地新华书店和相关出版物销售网点
排　　版	中国水利水电出版社微机排版中心
印　　刷	北京印匠彩色印刷有限公司
规　　格	170mm×240mm　16开本　12.5印张　242千字
版　　次	2021年9月第1版　2021年9月第1次印刷
印　　数	001—500册
定　　价	**75.00**元

凡购买我社图书，如有缺页、倒页、脱页的，本社营销中心负责调换

版权所有・侵权必究

序

XU

混凝土坝-地基-库水动力相互作用在混凝土坝系统的抗震分析和安全评估中起着重要作用。在数值建模中，该系统分为近场部分和远场部分。解决这一问题的关键之一是如何准确描述无限域中的辐射边界条件。在过去的几十年里，许多学者基于不同的数值方法和数学模型建立了各种全局边界条件和近似边界条件，但目前该系统数值建模仍是一个具有挑战性的科学问题。

比例边界有限元法（SBFEM）是一种半解析的数值计算方法，它兼具有限元法和边界元法的众多优点，在对无限域的建模以及具有奇异性的有限域建模方面具有很明显的优势。近年来，三峡大学的陈灯红博士和河海大学的杜成斌教授在基于比例边界有限元法的大坝-地基-库水动力相互作用建模方面进行了大量原创性研究。本书内容取材于他们近年来的部分主要研究成果，第 3 章提出了一种基于比例边界有限元法的有限域改进连分式算法，该算法克服了原算法会造成数值计算不稳定的影响；第 4 章深入研究了一种基于比例边界有限元法的局部高阶透射边界条件，用于模拟任意几何形状的无限域中标量波或矢量波传播问题；第 5 章提出了将改进的高阶时域公式与高阶透射边界耦合求解结构-地基动力相互作用的算法；第 6 章基于高频（单）渐近连分式法发展了一种双渐近连分式算法，用于任意几何形状的无限域中标量波或矢量波传播的频域分析；第 7 章提出一种计算多边形单元内部位移场及应力场的方法，并成功将其应用于求解裂纹尖端的动应力强度因子和 T 应力；在此基础上，提出了一种大坝-地基耦合系统的时域动态断裂分析方法，该方法聚成了比例边界有限元法在求解断裂力学和无限域问题两方面的优势；第 8 章建立了基于标量波波动方程的高阶双渐近透射边界以模拟大坝-库水动力相互作用。

我相信本书不仅是一本特色鲜明的学术专著，也可为研究生和专业工程师们提供重要参考。

Chongmin Song（宋崇民）

于澳大利亚，悉尼

2021 年 4 月

前言

QIANYAN

随着国民经济的迅速发展，我国能源需求量加大，加上防洪、抗旱、灌溉以及供水等公益事业的需求，水利水电工程的兴建成为当前利国利民的重要举措。近些年，我国已开工建设或完建一批200～300m级的高混凝土坝，如锦屏（最大坝高305m）、小湾（最大坝高294.5m）、白鹤滩（最大坝高289m）、龙滩（最大坝高216.5m）、光照（最大坝高200.5m）等。这些高坝工程，除了具有规模宏大、效益显著的特点外，另一重要的共同点是它们均处于我国地震活动频繁的西南、西北地区，大坝抗震设防烈度高，抗震问题成为这些高坝设计的关键问题之一。

混凝土坝-地基-库水动力相互作用是该系统动力响应分析及安全评估的一个非常重要的方面。常见的做法是在无限地基中人为地截取一定范围，将系统分为近场有限域部分和远场无限域部分。有限域部分通常采用有限元法模拟，而如何准确描述无限域的辐射边界条件是该问题的核心。过去的几十年里，众多学者基于不同的数学、力学模型以及计算假设条件，建立了各种全局的精确边界条件和局部的近似边界条件，但该问题依然没有取得共识。

当前，在混凝土坝-地基-库水体系的地震响应分析中，有限元法应用得比较普遍。有限元法的优点很多，但也有其不足之处，其主要采用低阶插值函数，单元连续性差，应力对网格的依赖性强。在工程设计中应力是对大坝安全性评价的重要依据。并且有限元法在解决动力相互作用问题（如大坝-库水相互作用、大坝-地基相互作用等）时，由于不能精确满足远域的辐射阻尼条件，必须结合其他边界条件或计算方法予以解决。因此，有必要寻求更为有效的其他数值计算方法。比例边界有限元法（Scaled Boundary Finite Element Method，SBFEM）是由 John Wolf 和宋崇民教授于 20 世纪 90 年代提出的一种半解析的数值方法。基于 SBFEM 计算的结果在径向是完全精确的，在环向收敛于有限元意义的精确解，使得该方法不仅能很好地解决无限域问题，在解决有限域问题方面也有很强的优势。本书基于比例边界有限元法这种半解析的数值方法，针对混凝土坝-地基-库水动力相互作用的相关问题进行了深入探讨。

本书共八章。第 1 章为绪论，主要介绍了高混凝土坝面临的抗震安全问题及混凝土坝-地基动力相互作用的主要数值方法，列举了国内外在此方面做的工作。第 2 章详细阐述比例边界有限元的基本概念及其控制方程的推导过程及其求解。然后，类似有限元法中对角化质量矩阵做法，采用 Guass - Lobatto - Legendre 节点求积方法对角化系数矩阵 $\boldsymbol{E}_0$、$\boldsymbol{M}_0$，同时形成基于 GLL 积分的高阶单元。最后，介绍了基于三角形背景网格的多边形比例边界有限元网格及平衡四叉树网格生成方法。第 3 章着重介绍了近场有限域部分的动力学求解，基于比例边界有限元理论框架，通过采用连分式展开和引入辅助变量，将有限域的动力刚度矩阵、质量矩阵采用高阶的矩阵表示。提出采用改进的连分式法求解比例边界有限元方程中的动力刚度矩阵，克服了原算法会造成数值计算不稳定的影响；为混凝土坝-地基系统的动力响应分析提供了一种更有效的计算方法。第 4 章基于比例边界有限元法和改进的连分式法建立了一种局部的高阶透射边界，该局部高阶边界表示为一阶常微分方程，采用移谱法来校正一阶微分方程的系数矩阵以保证系统稳定。第 5 章提出了基于高阶透射边界的混凝土坝-地基系统耦合计算方法，即分别采用有限元和多边形单元分别模拟近场有限域，采用高阶透射边界模拟无限地基，建立了混凝土坝-地基系统耦合求解的动力学方程，采用 Newmark 法即可直接求解。第 6 章发展了一种针对矢量波动方程的双渐近算法，随着展开阶数的增加，双渐近算法可以在全频域范围内快速逼近准确解；引入系数矩阵 $\boldsymbol{X}(\boldsymbol{i})$ 来增强连分式算法的数值稳定性；通过在高频极限、低频极限时满足动力刚度表示的比例边界有限元方程，建立递推关系以求得动力刚度矩阵。第 7 章在改进连分式的研究基础上，提出一种计算多边形单元内部位移场及应力场的方法并成功将其应用到求解裂纹尖端的动应力强度因子和 T 应力；在此基础上，提出了一种大坝-地基耦合系统的时域动态断裂分析方法，该方法聚成了比例边界有限元法在求解断裂力学和无限域问题两方面的优势。第 8 章建立了基于标量波波动方程的高阶双渐近透射边界以模拟大坝-库水动力相互作用，其中远场库水可简化为等高或等截面的半无限层状介质，将描述半无限库水的标量波波动方程转化为半解析的比例边界有限元控制方程，通过广义特征值分解，将控制方程解耦为模态动力刚度系数表示的平衡方程，由高阶双渐近算法高效求解。

本书由陈灯红、杜成斌撰写。陈灯红负责第 3、第 4、第 5、第 6、第 8 章的撰写工作，杜成斌负责第 1、第 2、第 7 章的撰写工作。

感谢澳大利亚新南威尔士大学的宋崇民教授在作者研究比例边界有限元法过程中给予的悉心指导，并为本书作序。感谢德国 Duisburg－Essen 大学 Carolin Birk 教授在作者解决本书第 4、第 5 章关键技术问题中给予的指导和帮助。感谢江守燕、戴上秋、孙立国、田欣冉、章鹏博士对本书写作提供的支持。感谢三峡大学混凝土材料与结构动静力性能科研团队的彭刚教授、雷进生教授、赵家成副教授、王乾峰副教授、吴小勇副教授、骆欢副教授、陈兴华博士、张齐博士等在研究工作中给予的鼓励和帮助。感谢赵艺园、洪海丰等研究生在文字与图形处理上给予的大力帮助。

本书第一作者在比例边界有限元法方面的研究先后两次获得国家自然科学基金的资助：“高阶双渐近透射边界及其在坝-基动力相互作用中的应用”（51309143），“基于比例边界有限元法的高混凝土坝系统建模与非线性地震响应研究”（52079072），在此对国家自然科学基金委员会表示衷心的感谢。本书第一作者先后两次赴澳大利亚新南威尔士大学学习与交流，感谢国家留学基金管理委员会提供的出国深造学习机会和经费支持。本书第二作者获得国家重点研发计划政府间国际科技创新合作重点专项（2018YFE0122400）的经费资助，在此表示衷心的感谢。

限于作者的能力和水平，书中难免有不当之处，恳请各位读者不吝指正。同时，希望大家在使用本书的过程中提出宝贵意见，以使本书臻于完善。

作者

2021年3月

目录

第1章 绪 论

1.1 研究背景与意义

当前，我国的水电建设处于重要发展时期，一批高坝巨库（高度超过200m）的特大型大坝已经开工或完建[1,2]，如雅砻江上的锦屏一级拱坝（最大坝高305m）、澜沧江上的小湾拱坝（最大坝高294.5m）、金沙江下游的溪洛渡拱坝（最大坝高285.5m）、黄河上游的拉西瓦拱坝（最大坝高250m）等，这些高拱坝工程，除了具有规模宏大、效益显著的特点外，另一重要的共同点是它们均处于我国地震活动频繁的西南、西北地区，大坝抗震设防水平高，抗震设计难度大。同时，这些地区坝址地质条件比较复杂，存在有不同程度的节理、裂隙甚至断层等。在如此复杂地质条件的高烈度地震区进行300m级超高坝的建设，国内外少有先例。表1.1列出了我国一些重要的高混凝土坝的主要工程特征参数。

表1.1 我国一些重要的高混凝土坝的主要工程特征参数

拱坝名称	建坝河流	最大坝高/m	弦高比	厚高比	设计地震峰值加速度/g
锦屏一级	雅砻江	305.0	2.20	0.248	0.269
小湾	澜沧江	294.5	2.73	0.250	0.313
溪洛渡	金沙江	285.5	2.20	0.248	0.355
白鹤滩	金沙江	289	2.26	0.253	0.331
龙盘	金沙江	276	1.70	0.253	0.408
拉西瓦	黄河	250	1.79	0.196	0.230
大岗山	大渡河	210	2.50	0.248	0.5575
龙滩	红水河	216.5	—	—	0.20

续表

拱坝名称	建坝河流	最大坝高/m	弦高比	厚高比	设计地震峰值加速度/g
光照	北盘江	200.5	—	—	0.123
向家坝	金沙江	161	—	—	0.222
金安桥	金沙江	160	—	—	0.3995

截至目前，国内外经受过强震的混凝土坝[3-4]混凝土坝坝高普遍不超过150m，如经历了两次0.50g强震作用的美国Pacoima拱坝（最大坝高113 m）[5]以及“汶川”地震的沙牌拱坝[6-8]（最大坝高130m），国内外可供借鉴的经验十分有限。格鲁吉亚共和国的英古里拱坝（最大坝高271.5m），设计地震加速度仅为0.23g，而我国设计的高拱坝坝址设计加速度普遍超过0.3g，大岗山拱坝甚至达到0.5575g。2008年“5·12汶川”大地震已给我们留下深刻的记忆，一旦这些高坝大库出现溃坝灾变[9-13]，后果将不堪设想，因此高坝抗震安全性评估成为设计中的关键技术问题之一，受到普遍的关注，同时也提出了一系列有关高混凝土坝抗震安全评价方面的具有挑战性的新课题。

混凝土坝抗震安全评价涉及坝址地震动荷载确定、系统的地震响应分析、材料的动力特性及动力安全评价等四个方面[14-20]。实际来讲，影响大坝在地震工况下响应的因素诸多，如地震输入机制[16,21]、坝体-地基-库水动力相互作用[22-25]、大坝混凝土材料的动力特性[26-31]、坝体构造缝在地震作用下表现出的张开一闭合的非线性特性等。由于问题复杂，目前还没有一种计算模型可以同时合理考虑所有因素的影响。

混凝土坝-地基-库水相互作用是该系统动力响应分析及安全评估的一个非常重要的方面，其精确性与高效计算是解决上述问题的关键所在，决定着大坝抗震安全评价的正确性与可信度。当前，在混凝土坝-地基-库水体系的地震响应分析中，有限元法应用得比较普遍。有限元法的优点很多，如可以适应各种不规则的几何边界条件和分布不规律的单元材料特性、可以应用于各种类型物理问题的

求解、计算能力强、不受问题求解自由度的限制、商用软件成熟等。但有限元法也有其不足之处[32]，其主要采用低阶插值函数，单元连续性差，应力对网格的依赖性强，而在工程设计中应力是对大坝安全性评价的重要依据。并且，有限元法在解决动力相互作用问题（如大坝-库水相互作用、大坝一地基相互作用等）时，由于不能精确满足远域的辐射阻尼条件，必须结合其他边界条件或计算方法予以解决。因此，有必要寻求更为有效的其他数值计算方法。

1.2 大坝-地基动力相互作用的数值方法

近年来，在大坝-无限地基动力相互作用分析方法上取得了一些重要进展。现有求解无限域的方法可分为两类[33]，即全局的精确解法和局部的近似解法。大坝-地基动力相互作用如图 1.1 所示。在频域内，力-位移关系表示如式（1.1）所示；将式（1.1）进行傅里叶逆变换，得到时域里的表达式（1.2）。

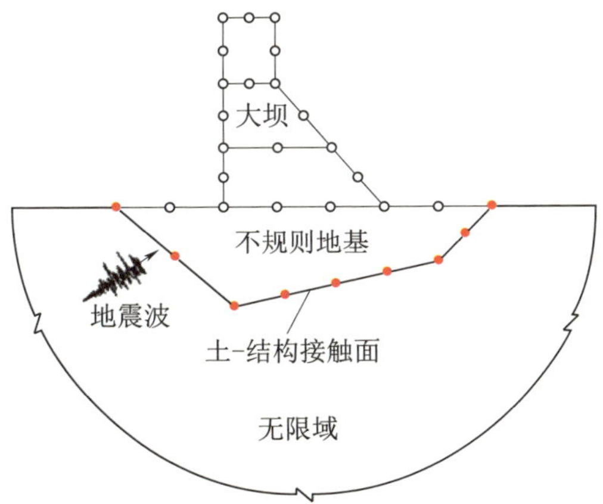

图 1.1 大坝-地基动力相互作用示意图

$$\boldsymbol{R}(\omega)=\boldsymbol{S}^{\infty}(\omega)\boldsymbol{U}(\omega) \tag{1.1}$$

$$\boldsymbol{r}(t)=\int_0^t \boldsymbol{s}^{\infty}(t-\tau)\boldsymbol{u}(\tau)\mathrm{d}\tau \tag{1.2}$$

式中：$\boldsymbol{S}^{\infty}(\omega)$ 为无限域的动力刚度矩阵；$\boldsymbol{s}^{\infty}(t)$ 为单位响应脉冲函数。

1.2.1　全局的精确解法

精确边界条件是空间和时间全局的，即它耦联人工边界上全部自由度的当前分析步之前所有时刻的响应。目前的精确方法主要包括边界元法（boundary element method）、薄层法（thin layer method）或称一致边界（consistent boundary）、非反射边界（exact non－reflecting boundary）以及比例边界有限元法。

1.2.1.1　边界元法

在精确解法中，最具代表性的是边界元法[34]。它只需在边界进行离散（图 1.2），将求解问题的维数降低一维，计算工作量有所节省；能够求解无限域的标量波和矢量波方程，并且满足无限远处的边界条件。但边界元方法的缺点也很明显，需要求得严格满足控制方程的基本解，这一解析解通常十分复杂，而且含有奇异性；最终的求解方程，其矩阵为满阵，而且非对称，增加求解的困难；不适于对非均质、非各向同性介质的求解。

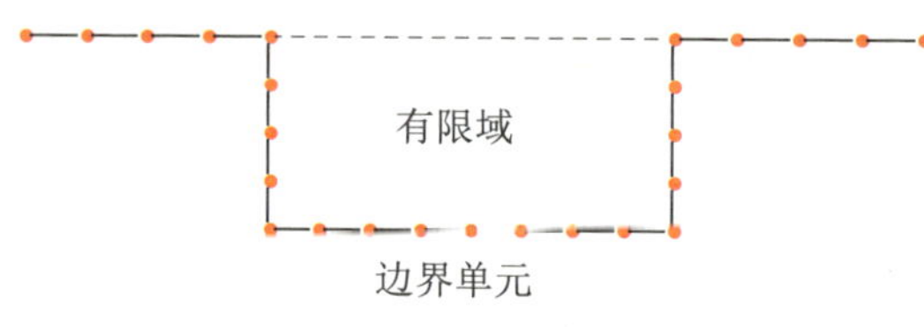

图 1.2　边界元分析示意图

Chopra 等[35-36]采用边界元法在频域内计算无限地基的动力刚度（阻抗）矩阵，以考虑辐射阻尼影响；Chopra 等开发的混凝土坝动力分析程序 EACD－3D－96[37]及其最新改进版本 EACD－3D－2008[38]均采用边界元方法，至今仍在沿用，其中拱坝-地基系统边界单元如图 1.3 所示。Wang 等[39]采用 EACD－3D－2008 程序对二滩拱坝-库水-地基系统进行了非线性地震响应分析，其中考虑了地震输入机制、横缝张开-闭合非线性特性、库水的可压缩性、无限地基的辐射阻尼影响等关键因素，并与基于 ABAQUS 的地震响应结果进行了对比，两者结果一致，最大误差不超过 15%。Lotfi 等[40]基于有限元-边界元法对 Morrow Point 拱坝-库水-地基系统进行了动力响应分析。其中，地基阻抗矩阵采用边界元法计算得到，

并且针对阻抗矩阵求解较耗时问题，Lotfi 等提出了一种有效的处理方法。Liu 等[41]采用边界元法结合无限元法考虑无限地基的辐射阻尼影响，计算了小湾拱坝的地震响应，并与无质量地基模型进行了对比。Zhang 等[24]提出了用于模拟无限域边界的无限边界元，建立了有限元-边界元-无限边界元耦合方法。

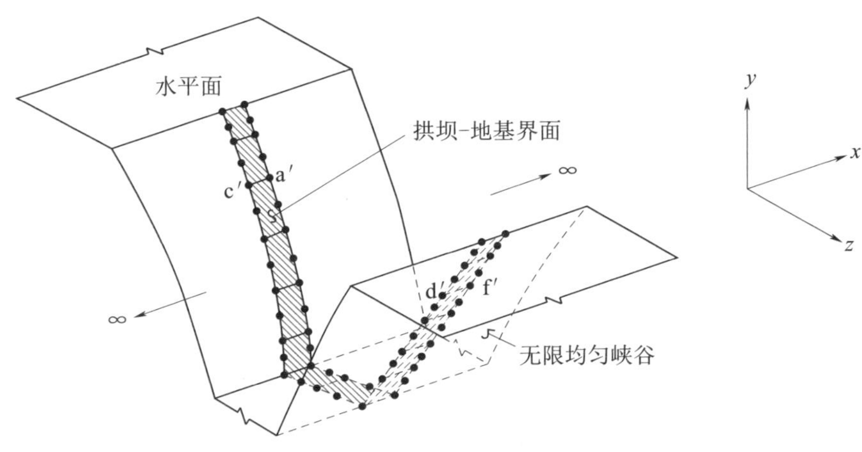

图 1.3　拱坝-地基系统边界单元[37]

1.2.1.2　薄层法

薄层法[42]（又称一致边界）是另外一种精确解法，它是基于有限元法的半离散化方法，在频域或时域内均可求解，其示意图如图 1.4 所示。该方法用于处理特定的工程问题，即水平层状介质波动问题。采用有限元离散竖直的人工边界，通过迭代法求解外行波波动函数展开建立的特征值问题，得到无限域动力刚度矩阵的数值结果。薄层法在水平方向是精确的，在竖向具有有限元法的精度。与边界元法相比，薄层法不需要基本解，并且能够严格满足伸至无穷远的物理边界和分层界面的边界条件。该方法在频域内的表

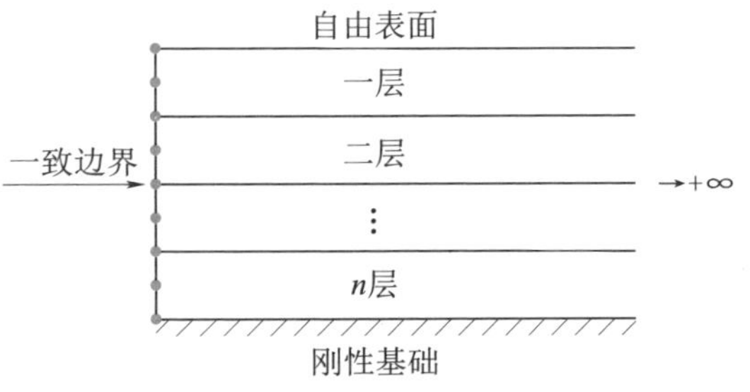

图 1.4　薄层法分析示意图

达式为

$$(\boldsymbol{A}k^2+\boldsymbol{B}k+\boldsymbol{G}-\omega^2\boldsymbol{M})\boldsymbol{U}=\boldsymbol{F} \tag{1.3}$$

式中：k 为波数；$\boldsymbol{U}$ 为位移向量；$\boldsymbol{F}$ 为荷载向量；$\boldsymbol{A}$、$\boldsymbol{B}$、$\boldsymbol{G}$、$\boldsymbol{M}$ 为基于层厚度和材料参数的带状矩阵。

有关薄层法的优缺点及进展的详细描述可以参阅文献［43－45］。

1.2.1.3　非反射边界

非反射边界[46]是基于 Dirichlet－to－Newmann 映射[47-48]，将人工边界分解为固定边界和自由边界两个问题，然后通过叠加这两个问题的解消去人工边界的反射波。非反射边界表示为

$$\boldsymbol{u}_v=-\boldsymbol{M}\boldsymbol{u} \tag{1.4}$$

式中：$\boldsymbol{u}_v$ 为位移 $\boldsymbol{u}$ 沿外法线的导数；$\boldsymbol{M}$ 为 DtN 映射算子。

求解非反射边界的关键是解决外部区域的 Dirichlet 问题。对于二维问题，非反射边界（$r=R$ 时）表示为以下显式方程

$$u_v(R,\theta)=-\sum_{n=0}^{\infty}{}'\int_0^{2\pi}m_n(\theta-\theta')u(R,\theta')\mathrm{d}\theta' \tag{1.5}$$

$$m_n(\theta-\theta')=-\frac{k}{\pi}\frac{H_n^{(1)'}(kR)}{H_n^{(1)}(kR)}\cos[n(\theta-\theta')] \tag{1.6}$$

式中：k 为 Helmholtz 方程的波数；$H_n^{(1)}(kR)$ 为一类 Hankel 函数。

有关非反射边界的优缺点及进展的详细描述可以参阅文献［49－50］。

1.2.1.4　比例边界有限元法

比例边界有限元法是由 Wolf、Song[51-56]于 20 世纪 90 年代提出的，原名为一致无穷小有限单元细胞算法（the consistent infinitesimal finite element cell method）。该方法首先将有限域边界沿径向外层克隆一个内外边界相似的边界单元，然后基于相似中心和比例边界坐标变换，将标准坐标下的无限域波动方程变换为比例边界坐标方程，最后采用与有限单元法相同的加权余量法或虚功原理[57]建立半解析的比例边界有限元方程以及动力刚度方程。基于

比例边界有限元的计算结果在径向是完全精确的，在环向收敛于有限元意义的精确解，这使得该方法不仅能很好地解决无限域问题（比例边界坐标系 $1\leqslant\xi<\infty$），在解决有限域问题方面[58-59]（$0\leqslant\xi\leqslant1$）也有很强的优势，例如，裂纹尖端应力奇异问题[60-63]。该方法不仅结合了有限元法和边界元法的优点，也具有自己的独特优势：①能精确满足无穷远处的辐射条件，避免了基本解求解的复杂性和奇异积分；②只需离散分析域的边界，节省了大量的自由度，从而减小了计算工作量；③能与有限元法进行无缝耦合。

有关比例边界有限元法研究进展将在 1.3 节中详述。

1.2.2 局部的近似解法

一般地，近似解法属于局部人工边界条件。目前较常用的有黏性边界（viscous boundary）、黏弹性边界（viscous - spring boundary）、旁轴近似边界（paraxial boundary）、higdon 边界、bayliss - turkel 边界、人工透射边界（artificial transmitting boundary）、无限元（infinite element）等。

1.2.2.1 低阶吸收边界

（1）黏性边界。黏性边界[64-65]是由 Lysmer 等于 1969 年提出，在人工截断边界上设置阻尼器以吸收系统在振动过程中向外辐射的能量。二维问题的黏性边界表达式为

$$\sigma=a\rho c_p\frac{\partial u}{\partial t} \tag{1.7a}$$

$$\tau=b\rho c_s\frac{\partial v}{\partial t} \tag{1.7b}$$

式中：σ、τ 分别表示边界上的法向、切向应力；a、b 为无量纲系数；ρ 为介质密度；c_p、c_s 分别为介质膨胀波速和剪切波速。

White 等[66]在标准黏性边界基础上针对各向异性材料建立了一致黏性边界，其中阻尼系数为材料泊松比的函数。Akiyoshi[67]针对剪切波提出了一种兼容黏性边界，但其求解含有卷积积分，没有充分发挥局部边界的特点。黏性边界虽只有一阶精度，但概念清楚，容

易在有限元程序中实现，目前很多大型商用软件都嵌入了该单元，如 LS-DYNA、FLAC、ABAQUS 等。但其只考虑了边界的阻尼吸能作用，未考虑介质的弹性恢复作用，在应用中容易发生结构整体飘移，精度不高。从该吸收边界提出至今，不断地有学者使用该方法，如 Burman 等[68]提出一种简化的结构-地基动力相互作用方法，结合黏性边界分析了 Koyna 大坝的地震响应。Chopra[69]采用黏性边界计算了二维、三维混凝土坝-库水-地基系统的地震响应。

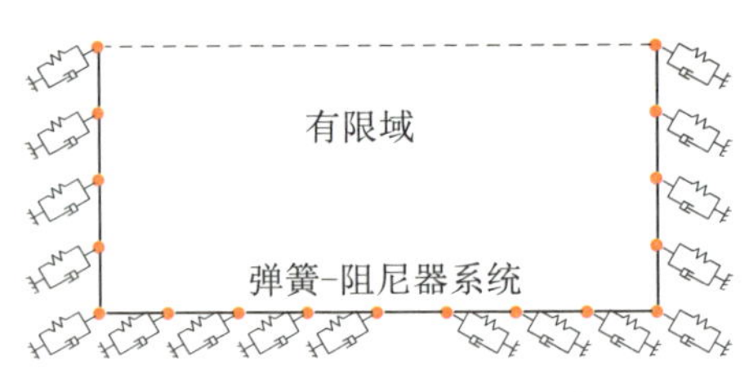

图 1.5 黏弹性边界示意图

（2）黏弹性边界。黏弹性边界是由并联的弹簧-阻尼器物理原件构成的，如图 1.5 所示，最早由 Deeks 等于 1994 年在黏性边界基础上提出。Deeks[70]和刘晶波[71]等基于柱面波动方程建立了二维黏弹性边界，其中弹簧和阻尼器参数是与频域无关的常数。

二维问题边界上的法向、切向弹簧-阻尼器参数分别为

$$K_{BN}=\frac{G}{r},C_{BN}=\rho c_p \tag{1.8a}$$

$$K_{BT}=\frac{G}{2r},C_{BT}=\rho c_s \tag{1.8b}$$

式中：ρ 为介质密度；G 为介质剪切模量；c_p、c_s 分别为介质膨胀波速和剪切波速；r 为波源到人工边界的距离。

刘晶波等基于球面波动方程将黏弹性边界推广应用到三维情况[72-74]，给出了等效地震荷载的计算方法，随后又分别提出了二维、三维一致黏弹性人工边界及等效黏弹性人工边界单元[75-76]的概念。杜修力、赵密[77-79]推导建立了一种应力形式的黏弹性边界，这种应力黏弹性边界采用平面波和远场散射波经验叠加来反映外行波传播特征，并考虑了多角度透射的影响；它是基于外行波（散射波）远场位移的近似表达式和无限域介质的应力-应变关系建立无限域模型作用于人工边界上的应力边界条件，自然满足人工边界处的力平衡和位移连续条件，具有能同时模拟散射波辐射和半无限地

基的弹性恢复能力的优点，且能克服黏性边界引起的低频漂移问题，稳定性好。

经过理论阶段的发展，黏弹性边界结合有限元方法在工程中得到了较多应用。杜修力、赵密[80]将黏弹性人工边界结合显式有限元的时域波动求解方法用于小湾拱坝-地基开放系统的地震响应分析。张伯艳等[81]采用黏弹性人工边界考虑无限地基的辐射阻尼影响，采用自由场输入地震荷载，并考虑LDDA动接触力迭代算法模拟拱坝横缝的张开-闭合非线性，通过对大岗山高拱坝的地震响应分析，考虑辐射阻尼效应后拱向应力降低了42%～52%，梁向应力降低了53%～61%。张楚汉、潘坚文等[82-86]考虑了无限地基辐射阻尼、坝体混凝土损伤开裂非线性和坝体横缝非线性接触等关键影响因素，以大岗山高拱坝为例，研究了地基辐射阻尼对坝体中上部混凝土损伤开裂和坝体横缝开度的影响，结果表明地基辐射阻尼使得坝体混凝土的损伤范围明显减小，最大损伤因子从无质量地基时的0.94减小到了0.79，最大横缝张开度由无质量地基条件下中缝附近的36mm降低到靠近左坝肩处的12mm左右。马怀发等[87]建立了黏弹性人工边界统一的动力学积分弱解形式，同时基于有限元程序自动生成系统开发了黏弹性边界条件元件程序。程恒、张燎军[88-89]采用三维一致黏弹性边界，结合坝体混凝土开裂损伤分析和横缝的张开-闭合非线性接触关系，对沙牌拱坝进行了极限承载能力分析及整体抗震性能评价。郭胜山等[90]以黏弹性人工边界模拟地基辐射阻尼的影响，研究了坝体和地基岩体均采用损伤模型重力坝-地基体系的地震破坏过程。陈灯红等[91]基于ABAQUS二次开发了黏弹性边界单元及地震动输入程序，研究了重力坝的抗震性能与失效模式[92]。李明超等[93]采用了基于黏弹性边界的地震波动输入方法，结合塑性损伤模型分别分析了地震波斜入射下坝体的动力响应。

1.2.2.2 高阶吸收边界

（1）Paraxial边界。Engquist、Majda[94]提出了旁轴近似的概念，其实质在于构造一个只能沿一个方向传播的波的方程以代替波

动方程，并在小入射角前提下求替代方程的截断级数解。经傅里叶逆变换给出单向波动方程的前三阶近似为

$$\begin{cases}\dfrac{\partial u}{\partial x}+\dfrac{1}{c}\dfrac{\partial u}{\partial t}=0\\ \dfrac{\partial^2 u}{\partial x\partial t}+\dfrac{1}{c}\dfrac{\partial^2 u}{\partial t^2}-\dfrac{c}{2}\dfrac{\partial^2 u}{\partial y^2}=0\\ \dfrac{\partial^3 u}{\partial x\partial t^2}-\dfrac{c^2}{4}\dfrac{\partial^3 u}{\partial x\partial y^2}+\dfrac{1}{c}\dfrac{\partial^3 u}{\partial t^3}-\dfrac{3c}{4}\dfrac{\partial^3 u}{\partial t\partial y^2}=0\end{cases} \tag{1.9}$$

（2） Higdon 边界。Higdon[95]基于声动方程的有限差分近似和单侧平面波概念，设计了一种能够完全吸收以不同角度 θ_j 入射和同一波速 c_s 传播的若干平面声波的边界条件

$$\left[\prod_{j=1}^{J}\left(\cos\theta_j\frac{\partial}{\partial t}+c_s\frac{\partial}{\partial x}\right)\right]\boldsymbol{u}=0 \tag{1.10}$$

式中：θ 为入射角（图 1.6）。

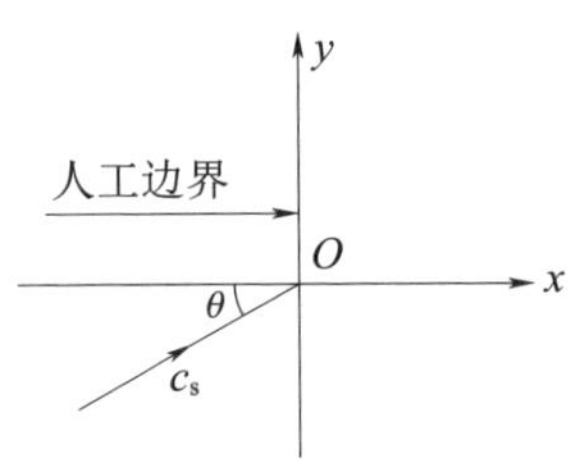

图 1.6　平面波倾斜入射示意图

王翔等[96]基于 Higdon 微分算子和比例边界有限元法半离散化的思想提出了一种用于模拟二维层状介质标量波传播的高阶 Higdon - like 透射边界，该透射边界的计算精度可以随着辅助变量的增加而提高，但计算量却呈线性增长，因而计算效率较全局方法有了显著提高。

（3） Bayliss - Turkel 边界。Bayliss、Turkel[97]针对三维波动方程在柱面或球面坐标系中提出了一种人工边界条件系列，即 Bayliss - Turkel 边界。该系列是基于波动方程远距离准确解以 $1/r$ 渐近展开而得到。这些系列形成一个微分算子 $\boldsymbol{B}_m$，前 m 阶渐近展开为

$$p(t,r,\theta,\phi)=\sum_{j=1}^{\infty}\frac{f_j(t-r,\theta,\phi)}{r^j} \tag{1.11}$$

因此，典型的边界条件表示为

$$\boldsymbol{B}_m \boldsymbol{p} = 0 \tag{1.12}$$

有关 Paraxial 边界、Higdon 边界、Bayliss - Turkel 边界的优缺点及进展的详细描述可以参阅文献［98］。

（4）人工透射边界。人工透射边界是由廖振鹏[99-100]提出，属于位移型人工边界，它直接模拟外行波（散射波）及误差波的单向传播建立人工边界上的位移时空外插公式，相当于在人工边界上给定一种位移边界条件，波的传播方程为

$$u_0^{p+1} = \sum_{j=1}^{N} (-1)^{j+1} C_j^N u_j^{p+1-j} \tag{1.13}$$

其中

$$C_j^N = \frac{N!}{(N-r)!\ j!} \tag{1.14}$$

式中：u_j^p 为离散的位移；C_j^N 为二项式系数。

该透射边界的优点是误差波的多次透射可以提高模拟精度和反映大角度外行波透过人工边界向外传播；缺点是人工边界节点当前时刻的位移值不仅与本节点前几个时刻的位移值相关，还与邻近节点的前几个时刻的位移值相关，程序实现较复杂，不方便与现有的商用求解器结合；由于采用了平面波的假定，只能适用于均匀介质的情况。杜修力等[101-102]将显式有限元结合人工透射边界方法用于小湾拱坝-地基系统的地震响应分析，较好地反映了坝体-地基的相互作用效应。

1.2.2.3 无限元法

无限元法是模拟无限域问题的另一有效方法。无限元的概念最早由 Ungless[103] 提出，后经过了 Bettess[104]、Beer[105]、Zienkiewicz[106]等的改进和发展。如图 1.7 所示，无限元是几何上趋于无穷的单元，是为克服有限元在解决无限域问题时而提出的，常与有限元配套使用来解决无限域问题。该方法同有限元法类似，只在形函数上扩展到无限

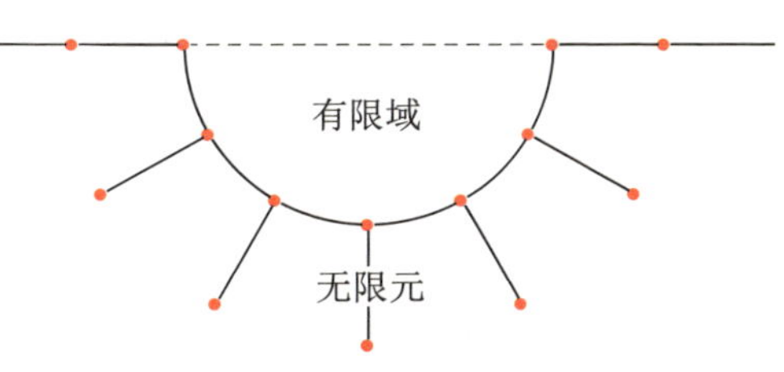

图 1.7 无限元分析示意图

远处，例如，一维问题的形函数表示为

$$N_j(r)=e^{(r_j-r)/L}l_j(r) \tag{1.15}$$

式中：$l_j(r)$ 为拉格朗日插值多项式；L 为正值参数。

无限元的特点在于：①局部坐标系中的有限域到整体坐标系中的无限域的映射，即局部坐标 $\zeta\to1$ 时，相应整体坐标趋向无穷大，从而实现计算范围延伸向无穷远点；②无限域上位移衰减过程的描述，即 $\zeta\to1$ 时，位移趋近于 0，从而实现无限远处位移为零的边界条件。目前，无限元已从一维发展到三维，从单向映射发展到多向映射。大型有限元计算软件 ABAQUS 中提供了丰富的无限单元库，如二维的 CINPE4、CINPE5R 单元，三维的 CIN3D8、CIN3D12R 单元。

张楚汉[107]以二维、三维弹性和黏弹性固体介质中的波动方程为基础，推导了动力无限元的刚度矩阵和质量矩阵，并建立了有限元和无限元的耦合求解方法。Zhao、Valliappan 等采用有限元与动力无限元耦合方法研究了混凝土坝、土石坝-地基系统在地震荷载作用下的动力相互作用问题[108]，地震波在天然河谷的自由场分布问题[109]，三维框架结构与地基的动力相互作用问题[110]，以及混凝土挡土墙与周围土层的动力相互作用问题[111]等。有关动力无限元的理论进展与应用详见文献［112］。

尽管无限元法在实际中得到了一些应用，但也存在一些局限性，例如，对于高频问题，无限元需要增大形函数衰减幅值的阶数以提高计算精度，但阶数太高会造成系统不稳定。

1.2.2.4　完美匹配层

完美匹配层（perfectly matched layer，PML）是一种波吸收层（图 1.8），同样也是一种局部人工边界，将其放置于一个由无限域截断的模型附近时，它能够完美地

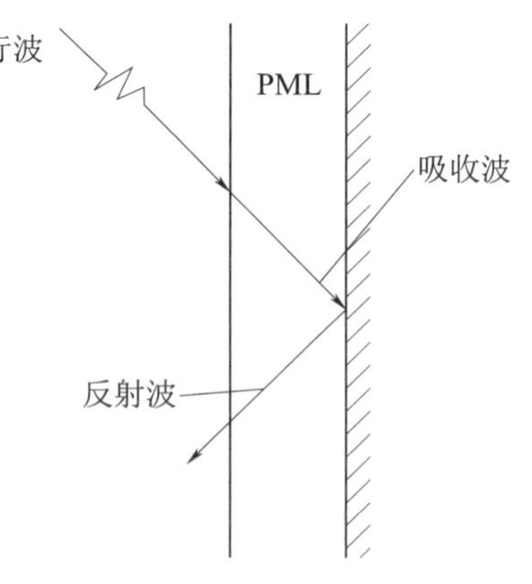

图 1.8　PML 人工边界吸收层示意图

吸收并按照指数形式衰减从结构内域散射或外部输入传递至边界的外行波。通过对弹性波方程应用复坐标拉伸，使得所有频率和任意入射角度的波都被吸收到 PML 中，并通过选择适当的衰减函数，可以使重新进入内域的反射波的振幅任意小，而不引起任何界面反射。

该方法由 Berenger[113-114]在解决电磁波领域问题时首次提出，是基于一种时域有限差分技术求解无界电磁问题的自由空间模拟方法。在此基础上，Chew、Weedon 将 PML 方程改写为一种利用复坐标变换的场变量算子的形式加以应用，并有效地推广到土-结构动力相互作用的分析当中。

Basu、Chopra[115-116]提出了一种基于位移的、对称 PML 有限元实现方法，并计算获得了刚性基础上的经典土-结构相互作用问题的数值计算结果，对这些典型问题的分析和计算结果表明：即使在有限域很小的情况下，PML 模型也能获得较高的精度。Matzen[117]提出了一种新的卷积 PML 公式，该公式基于二阶波动方程以位移为唯一未知量来消除近掠入射波中的虚假反射。Fathi 等[118]提出了一种三维 PML 人工边界模拟非均匀介质中波动传播的时域混合公式，该混合公式在 PML 缓冲区采用了位移-应力的形式，同时为内部域使用了标准的仅含位移的公式，使得计算成本降低。Josifovski[119]提出了一种有限元与 PML 结合的方法来求解波在黏弹性无限域中传播的透射问题，通过与波在二维半平面中传播的实际精确解的比较，验证了该方法的正确性，并对 PML 人工边界的性能进行了检验，可通过考虑 PML 的参数函数确定最优值，以保证解的精度和效率。Fontara 等[120]基于两种不同的 PML 模型公式，建立了相应的有限元数值格式，在商用有限元程序中成功地实现了这两种 PML 公式，并研究了均质和非均质二维半平面层状隧道中地表或埋设刚性基础的经典土-结构相互作用问题。Poul、Zerva[121]提出了一种具有瑞利型阻尼的黏弹性 PML 公式，利用双参数复坐标拉伸函数，推导了频域和时域的 PML 公式，采用 Hilber - Hughes - Taylor 隐式时间积分方法对未知位移、速度和加速度进行计算，通过单层和多层具有不同阻尼比的半无限平面数值算例，验证了黏弹性PML公式有效性和准确性。Zhang等[122-123]基于ABAQUS用户自定义单元子程序实现了域缩减法（DRM）和完全匹配层，并应用于二维、三维均质和非均质土-结构地震反应分析。Basu[124]建立了声波、弹性波在无限域中传播的完美匹配吸收层模型，并将其应用于二维混凝土坝-库水-地基系统的地震响应分析中，结果表明该模型能准确地计算远域辐射阻尼和大坝-库水-地基系统动力相互作用。Khazaee、Lotfi[125]采用完美匹配层对大坝-库水系统进行了瞬态分析，在分析中还引入了一种涉及底部垂直地震动引起的入射波效应的方法。Poul、Zerva[126]采用时域黏弹性完美匹配层方法，对某二维混凝土重力坝-地基系统进行建模，研究了均匀地震动和空间地震动两种不同类型的动力激励作用下黏弹性PML人工边界和黏性边界的性能，数值结果表明PML人工边界在各种激励下都能很好地模拟无界域，而黏性边界在空间变激励和结构反射波的作用下表现较差，不能很好地吸收倾斜波。

1.3 比例边界有限元法的研究进展

比例边界有限元法最初用于解决无限域中的波动传播问题，而后拓展到断裂力学、裂缝扩展和非线性等近场问题。比例边界有限元法只需离散单元边界，使计算域维数降低一维；其构造的无限域在径向上严格满足辐射条件。由于比例边界有限元法避免了控制方程基本解的求解和奇异积分，因而比传统边界元法具有更广的适用性。此外，比例边界有限元法的基本单元（S-单元）构造灵活，可实现自动划分网格，这无疑有助于比例边界有限元法模拟的复杂几何问题。

1.3.1 无限域问题

目前，比例边界有限元法已成功解决了多种无限域中的波动传播问题，如土-结构（结构-地基）动力相互作用、大坝-水库相互

作用问题、外源激励时地震波传播、声学-结构动力相互作用等问题。

1.3.1.1 结构-地基动力相互作用方面

比例边界有限元法最初提出时主要解决结构-地基动力相互作用问题。在其发展的早期阶段，无限地基的动力刚度矩阵是由加速度单位脉冲响应函数来描述的。利用比例边界有限元法计算加速度单位脉冲响应函数时间序列时，每一时步都要涉及卷积积分运算[51]及求解 Ricatti 或 Lyapunov 方程。在卷积积分运算中，全时间耦合的特点使得每一时步的求解都要涉及这一时步之前所有时步的加速度单位脉冲响应矩阵。同时，与有限元法所得到的稀疏矩阵不同，全空间耦合的特点使得参与卷积积分运算的矩阵都为满阵。因此，卷积积分的运算在整个算法中所占的计算量是比较大的，并且随着所分析时程总时间的增长而增大。在三维分析中，会带来巨大的内存需求和计算量，实际工程问题分析对此是不能接受的。为提高计算效率，Zhang 等[127-128]采用分段线性函数来近似加速度单位脉冲响应函数，使得只有部分时间序列的加速度单位脉冲响应函数需要通过比例边界有限元法求解，这一近似处理提高了计算效率，但是不能控制精度。阎俊义等[129-130]分别提出了精度可控的基于线性系统理论和基于截断卷积的两种 FE－SBFE 时域耦合方法。Lehmann[131-132]从提高卷积积分计算效率方面入手，发展了一种有限元法、比例边界有限元法耦合方法（FE－SBFE）解决结构-地基动力相互作用问题。Genes 等[133-135]采用有限元法模拟结构及近场地基，边界元法模拟底部的无限地基，比例边界有限元法模拟两侧边的无限地基，提出了有限元-边界元-比例边界有限元的耦合方法，求解了二维土-结构动力相互作用问题；由于计算量大，他们同时提出了并行计算方法。林皋等[136]采用比例边界有限元方法能方便地模拟非均质无限域的优点，研究非均质无限地基对双曲高拱坝动力响应的影响。Radmanovic、Katz[137-139]基于比例边界有限元法提出了一种改进的时域算法，即假定加速度单位脉冲响应矩阵为分段线性变化，并设定外推参数线性化每一时步，土-结构相互作用力向量是基于分部积分通过卷积以递推的格式计算得到，通过三维算例表明改进算法的计算效率明显提高。Schauer 等[140-141]采用有限元和比例边界有限元的耦合，研究了三维土-结构相互作用问题，也提出了相应的并行计算方法。Bazyar、Song 将比例边界有限元法应用于非均匀无限域问题[142-144]，其主要思路是假定地基的弹性模量和质量密度随空间位置变化的（即沿径向按照幂指数规律变化），在不增加任何计算量的前提下，能够模拟无限地基的非均匀性。

在上述文献中，无限地基的动力刚度矩阵是由加速度单位脉冲响应函数来描述的，这样每一时步都要涉及卷积积分运算及求解 Ricatti 或 Lyapunov 方程。虽然该方法是严格的、精确的，但是计算工作量大。近年来，Bazyar、Song 提出采用 Pade 近似[145]以及连分式方法[146]代替最初的卷积计算来求解无限域的动力刚度矩阵，这两种近似解法具有收敛范围广、收敛速度快等优点，在不影响计算精度的前提下其计算效率较卷积积分算法有明显提高；并且建立了适合任意形状的无限域高阶透射边界，首先将动力刚度矩阵进行连分式展开并引入辅助变量，得到一个表示外力荷载幅值与边界位移幅值关系的频域表达式，然后变换到时域得到一阶常微分方程组表示的高阶透射边界。该透射边界具有逼近全局卷积算法的高阶精度并且在时间上实现了局部化，相对于早期的卷积算法，计算效率得到很大提高。Birk 等[147-148]在 Bazyar、Song 的基础上针对多自由度系统高阶连分展开时可能造成刚度矩阵病态的问题，采用改进的连分式法建立了无限地基的高阶透射边界，提高了连分式法的数值稳定性；采用改进的三维比例边界有限元法[149]，即假定相似中心为一条线而取代最初的相似点，研究了层状土体-结构在频域内的动力相互作用问题。Prempramote、Song[150-151]在改进的连分式算法基础上针对水平层状介质中波动问题提出了高阶双渐近透射边界（即高频渐近和低频渐近）。Birk 等[152-153]分别针对水平层状介质中的瞬态扩散问题、声波传播问题建立了双渐近透射边界。卢珊、刘俊等[154-155]基于改进的比例边界有限元法和连分式算法，建立了复杂层状无限地基的时域计算模型，求解了耦合系统的动力响

应；并将精细积分法和改进的比例边界有限元法耦合求解各向异性无限地基的全域运动方程，提高了计算效率和精度。李志远等[156]基于子结构法构造了求解各向异性场地中半圆形河谷散射场的比例边界有限元模型，但该模型只能在频域里分析。陈灯红等[157]在采用比例边界有限元法分别求解有限域和无限域矢量波动方程的基础上，在时域里提出了有限域-无限域耦合计算方法，结果表明该方法提高了计算精度和效率；在此基础上，建立了大坝-地基动力相互作用的高阶时域模型[158]，并应用于耦合系统的断裂分析[159]；在高频渐近连分式算法的基础上考虑了低频渐近，发展了在频域里求解矢量波动方程的双渐近算法[160]。

1.3.1.2 大坝-库水动力相互作用方面

林皋等[161]推导了综合考虑库水可压缩性和库底吸收边界的坝面动水压力方程，提出了一种新的求解坝面动水压力的半解析方法。王翔、金峰等[162-164]基于标量波动方程建立了求解混凝土坝动水压力波的高阶双渐近透射边界，发展了混凝土坝-库水动力相互作用时域分析的耦合模型。李上明[165]推导了库底、库岸无吸收性的等横截面无限水库水平向激励下的动态刚度矩阵，建立了模拟任意几何形状水库水平激励下瞬态响应的、基于动态刚度矩阵的比例边界有限元法与有限元法的耦合公式。高毅超、金峰等[166-167]将高阶双渐近透射边界直接嵌入到近场有限元方程中，建立了大坝-库水动力相互作用的直接耦合分析模型，并应用于二维重力坝、三维拱坝与库水动力相互作用分析。Xu 等[168]在文献［161］的基础上研究了面板坝与库水动力相互作用，并比较了与 Westergaard 方法的结果误差，但该法求解动水压力得到的附加质量阵为满阵，进行大规模的弹塑性动力分析时用于求解方程的时间较长[169]。Babaee、Khaji[170]提出了一种在频域内求解二维大坝-库水相互作用地震响应分析偏微分方程组的有效方法，利用切比雪夫高阶多项式作为映射函数，特殊形函数、Clenshaw - Curtis 积分法和加权残差法的积分形式使控制方程组的系数矩阵对角化。

1.3.2 断裂力学问题

比例边界有限元法自提出以来，由于其可显式地表征裂纹尖端的奇异性[171]，已经被广泛地应用于求解裂纹尖端的应力强度因子。

在静力问题方面，国内外学者对其研究得较为完善，例如，Song[172-173]首先运用比例边界有限元法计算了均质材料及界面材料中裂纹的应力强度因子。Deeks等[174]运用比例边界有限元法研究了Williams展开式中的系数问题。随后，刘钧玉等[175-177]成功采用比例边界有限元法求解了多裂纹及裂纹面荷载作用下的应力强度因子。近年来，由于比例边界有限元法的迅速发展，其与有限元法[62,178]、边界元法[179]、扩展有限元法[180－184]的耦合算法也成功运用到求解静力裂纹参数的问题之中。

在动力问题方面，早在2004年Song[60]就提出了“超级单元”的概念，并用其计算了裂纹尖端的动应力强度因子。在计算过程中，由于“超级单元”仅通过静力的刚度矩阵和质量矩阵来近似的描述结构的低频响应，为了反映结构高频部分的响应，需要将模型划分成较多的单元，计算效率较低。为了避免这个问题，Yang等提出了一种基于频域的求解方法[185]，并运用其求解了均质材料和界面材料[186]的动应力强度因子。虽然这种方法需要的自由度较少，但需要花费大量时间求解结构的复频响应函数，因此该方法在处理动力裂纹扩展模拟时往往很难实施。近年来，越来越多的学者采用连分式的方法[58]描述结构的高频响应，并用其求解了动应力强度因子，例如，Song及其团队分别求解了各向同性材料和各向异性材料[187]的动态断裂参数；林皋等[188-189]研究了重力坝在地震荷载作用下的动应力强度因子。虽然连分式算法在动力断裂问题中有很强的优势，但如何提高求解过程的效率及稳定性一直是国内外的研究热点[147-157]。

比例边界有限元法与边界元法一样，由于其仅在边界上进行离散，同时随着裂纹扩展，只需对局部网格进行网格重划分，被广泛

应用于静、动力裂纹的扩展模拟。在静力问题方面，Yang[190]提出了一种简单的适用于比例边界有限元法的网格重划分方法，并首次运用比例边界有限元法进行了裂纹扩展模拟。施明光等[191]、朱朝磊等[192]、戴上秋等[193]都对此方法进行了一定的改进，使其适用性更广泛。Yang[194]、Ooi 等[195]随后提出了基于比例边界有限元法的黏聚裂纹单元，并用其模拟了混凝土结构中的裂纹扩展过程。最近，随着新型的网格划分技术的提出，例如，多边形单元[196-197]、四叉树网格[198]，比例边界有限元法在静力裂纹扩展模拟方面也得到了越来越多的应用。章鹏、杜成斌[199-200]提出了考虑侧面荷载存在的比例边界有限元广义形函数，采用多边形比例边界有限元网格重划分技术对混凝土裂纹及翼型裂纹扩展问题进行了数值模拟。Guo、Ooi 等[201]发展了基于图像分析的四叉树多边形比例边界有限元分析方法，并应用于混凝土断裂的细观力学分析之中。

在动力问题方面，Ooi 和 Yang[63]开创了比例边界有限元法在动力裂纹扩展模拟中的先例。为满足动力裂纹扩展的要求，Ooi 将 Yang 提出的简单网格重划分方法进行了改进，使其能够在多个单元中进行裂纹扩展。随后，Ooi 等提出了多边形比例边界有限元的概念及其网格重划分方法[202]，并成功模拟了复杂结构的动力裂纹扩展过程。近年来，施明光等对多边形网格重划分方法进行了改进，使其能够适用于复合材料[203]及含有夹杂的复杂结构的动力裂纹扩展模拟。钟红等[204]基于多边形比例边界有限元法，研究了重力坝在地震荷载作用下的动力断裂问题。朱朝磊等首先基于“超级单元”，将比例边界有限元法运用到动力裂纹扩展模拟中[205]，随后开创性地考虑了比例边界有限元中裂纹面的接触问题，并模拟了地震荷载作用下大坝的动力裂纹扩展过程[192]。

1.3.3 非线性问题

2014 年以前，比例边界有限元法仅适用于求解线弹性问题。Ooi、Song 等[206]首次将比例边界有限元法结合多边形单元推广至结构的弹塑性分析，其单元的弹塑性矩阵采用最小二乘法进行数值拟合，但该方法要求多边形单元尺寸足够小才能精确描述塑性区的变化。邹德高、孔宪京等[207-208]结合八叉树网格离散技术，提出在每个单元覆盖的扇形区域引入多个数值积分点来进行多边形比例边界单元非线性分析，建立了高效的FE－PSBFE弹塑性耦合数值分析方法，并应用于混凝土面板堆石坝[209-211]、地下结构[212]、核电站[213]的抗震分析之中。Zhang等[214]建立了基于比例边界有限元法的非局部损伤力学模型。Yang等[215]通过对比例边界有限元多边形单元形函数以显式形式构造建立了结构的动力弹塑性分析方法。Liu等[216]将基于比例边界有限元的二维静力弹塑性分析推广到三维静力、动力弹塑性分析中。Xing、Song等[217-218]提出了基于比例边界有限元法的二维、三维接触问题的求解算法，在不需要分段线性化的情况下，能精确地处理二维、三维摩擦条件中的固有非线性。李佳龙等[219]将高效的隔离非线性有限元法用于比例边界有限元的非线性分析，提出了一种高效的隔离非线性比例边界有限元法，并采用Woodbury近似法对隔离非线性比例边界单元的控制方程进行求解。Eisenträger等[220]提出在比例边界有限元法中实现率相关非弹性的非线性本构模型，并应用于高温环境下金属基复合材料的力学特性研究。Ya等[221]将比例边界有限元的多面体单元通过用户子程序UEL嵌入到商业有限元软件ABAQUS之中，并重点研究了界面接触非线性问题。

虽然比例边界有限元法在解决非线性问题方面取得了上述的一些进展，但在计算精度和效率方面还有待进一步发展。

1.4 本书主要内容

当前，在混凝土坝-地基-库水体系的地震响应分析中，有限元法应用得比较普遍。有限元法的优点很多，但也有其不足之处，其主要采用低阶插值函数，单元连续性差，应力对网格的依赖性强。在工程设计中应力是对大坝安全性评价的重要依据。并且有限元法在解决动力相互作用问题（如大坝-库水相互作用、大坝-地基相互作用等）时，由于不能精确满足远域的辐射阻尼条件，必须结合其他边界条件或计算方法予以解决。比例边界有限元法是由 Wolf、Song 于 20 世纪 90 年代提出的一种半解析的计算方法。基于该方法的计算结果在径向是完全精确的，在环向收敛于有限元意义的精确解，使得该方法不仅能很好地解决无限域问题，在解决有限域问题方面也有很强的优势，例如，裂纹尖端应力奇异问题。本书充分利用比例边界有限元法在求解无限域波动传播、断裂力学和裂纹扩展方面的独特优势，针对混凝土坝-地基-库水动力相互作用模型构建方面进行了一些研究工作，主要内容如下：

第 2 章从弹性介质动力学问题入手，详细阐述比例边界有限元法的基本概念及其控制方程的推导过程及其求解。然后，类似有限元法中对角化质量矩阵的做法，采用 Guass－Lobatto－Legendre 节点求积方法对角化系数矩阵 $\boldsymbol{E}_0$、$\boldsymbol{M}_0$，同时形成基于 GLL 积分的高阶单元。最后，介绍了基于三角形背景网格的多边形比例边界有限元网格及平衡四叉树网格生成方法。

第 3 章基于比例边界有限元法的理论框架，通过采用连分式展开和引入辅助变量，将近场有限域的动力刚度矩阵、质量矩阵用高阶的矩阵表示。采用改进的连分式法求解比例边界有限元方程中的动力刚度矩阵。通过增加连分式展开的阶数，该求解方法能包含动力分析的主要频率范围。针对自由度较多的结构系统当连分式阶数逐渐增大时原连分式算法可能会造成矩阵运算病态的问题，提出采用改进的连分式算法能有效地提高数值计算稳定性。通过四个算例结果表明改进算法的鲁棒性更强，适合大规模系统的频域、时域动力分析。

第 4 章基于比例边界有限元法和改进的连分式法推导了远场无限域弹性动力分析的求解方程，建立了一种局部的高阶透射边界。与有限域求解动力刚度矩阵类似，采用改进的连分式法求解无限域的动力刚度矩阵，克服了原连分式算法可能会造成矩阵运算病态的问题。该局部高阶透射边界在时域里表示为一阶常微分方程组，其稳定性取决于其系数矩阵的广义特征值问题。如果出现虚假模态，采用移谱法来校正系数矩阵以消除虚假模态。四个算例验证了该高阶透射边界的准确性、鲁棒性。

第 5 章基于比例边界有限元法分别求解近场有限域、远场无限域的工作基础，在时域里提出了基于 FEM/SBFE 和 SBFEM 的混凝土坝-地基系统耦合求解方法，即分别采用有限元和比例边界有限元模拟近场有限域部分，采用高阶透射边界模拟无限域部分。建立了混凝土坝-地基系统耦合求解的动力学方程，采用 Newmark 法即可直接求解。六个算例结果表明构建的耦合算法在时域里比黏弹性边界更精确、有效。

第 6 章在高频渐近连分式算法的基础上考虑低频渐近，发展了一种针对矢量波动方程的双渐近算法。随着展开阶数的增加，双渐近算法可以在全频域范围内快速逼近准确解。通过在高频极限、低频极限时满足动力刚度表示的比例边界有限元方程，建立递推关系以求得动力刚度矩阵。

第 7 章基于比例边界有限元法的基本概念，首先介绍广义应力强度因子和 T 应力的提取方法，然后在改进连分式的研究基础上，提出一种计算单元内部位移场及应力场的方法并成功将其应用到求解裂纹尖端的动应力强度因子和 T 应力。并且，构建了一种混凝土坝-地基耦合系统的时域动态断裂分析方法，该方法聚合了比例边界有限元法在求解断裂力学和无限域问题两方面的优势，其中采用多边形单元模拟大坝及近场地基，采用高阶透射边界模拟远场地基。

第 8 章建立了基于标量波波动方程的高阶双渐近透射边界以模拟坝-库动力相互作用，其中远场库水可简化为等高或等截面的半无限层状介质，将描述半无限库水的标量波波动方程转化为半解析的比例边界有限元控制方程，通过广义特征值分解，将控制方程解耦为模态动力刚度系数表示的平衡方程，由高阶双渐近算法高效求解。

第2章　比例边界有限元法的理论基础

比例边界有限元法是一种新型的半解析计算方法。为了说明该方法的核心思想，本章将从弹性介质动力学问题入手，详细阐述比例边界有限元法的基本概念及其控制方程的推导过程及其求解。然后，类似有限元法中对角化质量矩阵做法，采用Guass－Lobatto－Legendre节点求积方法对角化系数矩阵$\boldsymbol{E}_0$、$\boldsymbol{M}_0$，同时形成基于GLL积分的高阶单元。最后，介绍了基于三角形背景网格的多边形比例边界有限元网格及平衡四叉树网格生成方法。

2.1　比例边界有限元法的基本概念

采用比例边界有限元法进行数值分析时，与有限元法类似，首先采用一个或者多个单元将整个求解域进行离散，通过一定顺序对单元进行组装，然后形成整体平衡方程，并求解基本未知量。图2.1（a）所示为一个典型的二维比例边界有限单元，在该单元内，需要定义一个比例中心（或相似中心，O点），该比例中心需要满足在该处可以看到单元的全部边界。

在比例中心O点处，采用与极坐标类似的方法，建立比例边界坐标系（局部坐标系）（ξ，η），其中ξ为径向坐标，ξ从比例中心向单元边界变化，在比例中心处$\xi=0$，在单元边界处$\xi=1$；η为环向坐标，在单元的边界上，每条边以沿着比例中心逆时针方向为正方向，而η从-1到1变化，形成一个线单元，边界上三节点线单元如图2.1（b）所示。

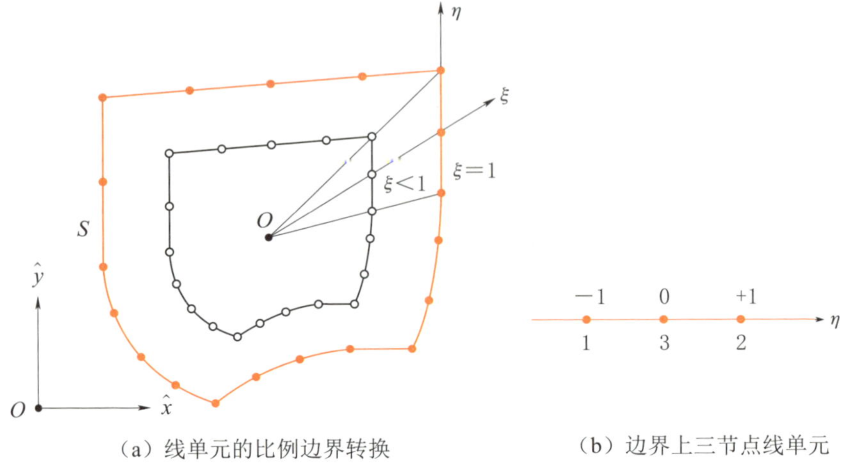

（a）线单元的比例边界转换　　（b）边界上三节点线单元

图 2.1　二维比例边界有限单元示意图

2.2　比例边界有限元法的坐标变换

不计体力影响，考虑如下频域里的二维弹性动力学方程

$$\boldsymbol{L}^{\mathrm{T}}\boldsymbol{\sigma}+\omega^2\rho\boldsymbol{u}=0 \tag{2.1}$$

式中：ρ 为质量密度；$\boldsymbol{\sigma}=\{\sigma_x\ \sigma_y\ \tau_{xy}\}^{\mathrm{T}}$；$\boldsymbol{u}=\{u_x\ u_y\}^{\mathrm{T}}$，且微分算子 $\boldsymbol{L}$ 表示为

$$\boldsymbol{L}^{\mathrm{T}}=\begin{bmatrix}\dfrac{\partial}{\partial\hat{x}} & 0 & \dfrac{\partial}{\partial\hat{y}}\\ 0 & \dfrac{\partial}{\partial\hat{y}} & \dfrac{\partial}{\partial\hat{x}}\end{bmatrix} \tag{2.2}$$

如图 2.1 所示（三维情况如图 2.2 所示），设全局笛卡尔坐标系 $\hat{x}$，$\hat{y}$，边界上任意节点坐标为（x，y）。将边界面 S 划分成若干个等参单元，边界面 S 上任意一点的位置可以利用单元内的局部坐标通过插值得到

$$\begin{aligned}x(\eta)&=\mathbf{N}(\eta)\boldsymbol{x}\\ y(\eta)&=\mathbf{N}(\eta)\boldsymbol{y}\end{aligned} \tag{2.3}$$

其中，形函数矩阵 $\mathbf{N}(\eta)=[N_1(\eta) \quad N_2(\eta) \quad \cdots]$。

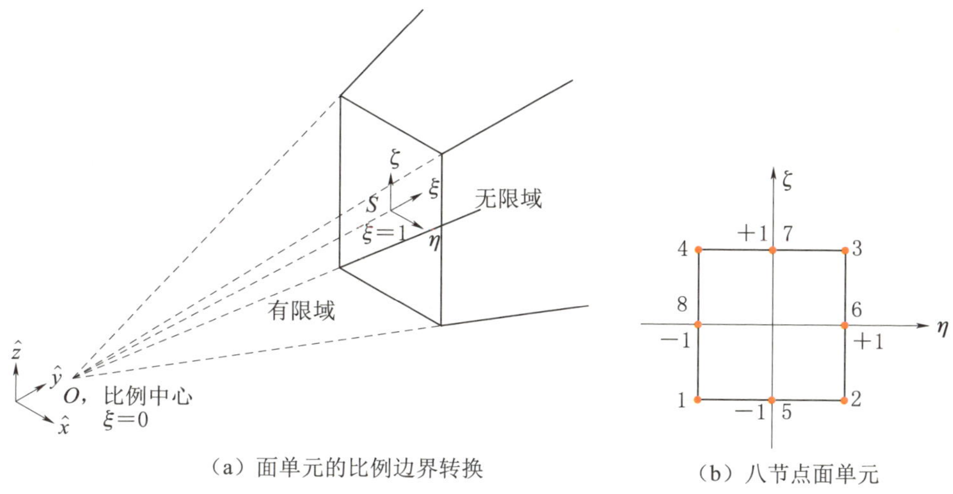

（a）面单元的比例边界转换　　（b）八节点面单元

图 2.2　面单元的比例边界示意图

域内任意一点的坐标通过边界上（$\xi=1$）对应节点比例缩放得到，即

$$\begin{aligned}\hat{x}(\xi,\eta)&=\xi x(\eta)=\xi\mathbf{N}(\eta)\boldsymbol{x}\\ \hat{y}(\xi,\eta)&=\xi y(\eta)=\xi\mathbf{N}(\eta)\boldsymbol{y}\end{aligned} \tag{2.4}$$

根据复合函数求导规则：

$$\begin{Bmatrix}\dfrac{\partial}{\partial\xi}\\[2ex] \dfrac{\partial}{\partial\eta}\end{Bmatrix}=\begin{bmatrix}\dfrac{\partial\hat{x}}{\partial\xi} & \dfrac{\partial\hat{y}}{\partial\xi}\\[2ex] \dfrac{\partial\hat{x}}{\partial\eta} & \dfrac{\partial\hat{y}}{\partial\eta}\end{bmatrix}\begin{Bmatrix}\dfrac{\partial}{\partial\hat{x}}\\[2ex] \dfrac{\partial}{\partial\hat{y}}\end{Bmatrix}=\hat{\boldsymbol{J}}(\xi,\eta)\begin{Bmatrix}\dfrac{\partial}{\partial\hat{x}}\\[2ex] \dfrac{\partial}{\partial\hat{y}}\end{Bmatrix} \tag{2.5}$$

其中，雅克比矩阵$\hat{\boldsymbol{J}}(\xi,\eta)$写为

$$\hat{\boldsymbol{J}}(\xi,\eta)=\begin{bmatrix}\hat{x}_{,\xi} & \hat{y}_{,\xi}\\ \hat{x}_{,\eta} & \hat{y}_{,\eta}\end{bmatrix}=\begin{bmatrix}x(\eta) & y(\eta)\\ \xi x(\eta)_{,\eta} & \xi y(\eta)_{,\eta}\end{bmatrix} \tag{2.6}$$

在 $\xi=1$ 边界上，式（2.6）中雅克比矩阵表达为 $\boldsymbol{J}(\eta)$，且 $\boldsymbol{J}(\eta)$ 只与边界上节点坐标相关，即

$$\boldsymbol{J}(\eta)=\begin{bmatrix}x(\eta) & y(\eta)\\ x(\eta)_{,\eta} & y(\eta)_{,\eta}\end{bmatrix} \tag{2.7}$$

其中，根据式（2.3）偏导数 $x(\eta)_{,\eta}$、$y(\eta)_{,\eta}$ 及行列式 $|\boldsymbol{J}(\eta)|$ 分别表示为

$$x(\eta)_{,\eta}=\boldsymbol{N}(\eta)_{,\eta}\boldsymbol{x}$$

$$y(\eta)_{,\eta}=\boldsymbol{N}(\eta)_{,\eta}\boldsymbol{y} \tag{2.8}$$

$$|\boldsymbol{J}(\eta)|=x(\eta)y(\eta)_{,\eta}-y(\eta)x(\eta)_{,\eta} \tag{2.9}$$

由式（2.5）、式（2.6）及式（2.9），得到微分算子为

$$\begin{Bmatrix}\dfrac{\partial}{\partial\hat{x}}\\ \dfrac{\partial}{\partial\hat{y}}\end{Bmatrix}=\frac{1}{|\boldsymbol{J}(\eta)|}\begin{Bmatrix}y(\eta)_{,\eta}\\ -x(\eta)_{,\eta}\end{Bmatrix}\frac{\partial}{\partial\xi}+\frac{1}{\xi}\frac{1}{|\boldsymbol{J}(\eta)|}\begin{Bmatrix}-y(\eta)\\ x(\eta)\end{Bmatrix}\frac{\partial}{\partial\eta} \tag{2.10}$$

将式（2.10）代入式（2.2），微分算子 $\boldsymbol{L}$ 可进一步表示为

$$\boldsymbol{L}=\boldsymbol{b}_1\frac{\partial}{\partial\xi}+\frac{1}{\xi}\boldsymbol{b}_2\frac{\partial}{\partial\eta} \tag{2.11}$$

其中，$\boldsymbol{b}_1(\eta)$、$\boldsymbol{b}_2(\eta)$ 分别为

$$\boldsymbol{b}_1(\eta)=\frac{1}{|\boldsymbol{J}(\eta)|}\begin{bmatrix}y(\eta)_{,\eta} & 0\\ 0 & -x(\eta)_{,\eta}\\ -x(\eta)_{,\eta} & y(\eta)_{,\eta}\end{bmatrix} \tag{2.12}$$

$$\boldsymbol{b}_2(\eta)=\frac{1}{|\boldsymbol{J}(\eta)|}\begin{bmatrix}-y(\eta) & 0\\ 0 & x(\eta)\\ x(\eta) & -y(\eta)\end{bmatrix} \tag{2.13}$$

将式（2.11）代入式（2.1），得到局部坐标系下弹性动力学控制方程

$$\boldsymbol{b}_1^{\mathrm{T}}\boldsymbol{\sigma}_{,\xi}+\frac{1}{\xi}\boldsymbol{b}_2^{\mathrm{T}}\boldsymbol{\sigma}_{,\eta}-\rho\ddot{\boldsymbol{u}}=0 \tag{2.14}$$

根据弹性力学应力-应变关系，得到

$$\boldsymbol{\sigma}(\xi,\eta)=\boldsymbol{D}\boldsymbol{\varepsilon}(\xi,\eta)=\boldsymbol{DLu}=\boldsymbol{D}\left(\boldsymbol{b}_1\boldsymbol{u}_{,\xi}+\frac{1}{\xi}\boldsymbol{b}_2\boldsymbol{u}_{,\eta}\right) \tag{2.15}$$

式中：$\boldsymbol{D}$ 为弹性矩阵。

2.3 比例边界有限元法的动力学平衡方程推导

选取边界上任意一个单元进行分析。对式（2.1）在局部坐标系（ξ，η）下采用迦辽金法[52]，结合式（2.14），左乘加权函数 $\boldsymbol{w}=\boldsymbol{w}(\xi,\eta)$ 并对该单元对应的区域积分，得到

$$\int_V \boldsymbol{w}^{\mathrm{T}}\boldsymbol{b}_1^{\mathrm{T}}\boldsymbol{\sigma}_{,\xi}\mathrm{d}V+\int_V \boldsymbol{w}^{\mathrm{T}}\frac{1}{\xi}\boldsymbol{b}_2^{\mathrm{T}}\boldsymbol{\sigma}_{,\eta}\mathrm{d}V+\omega^2\int_V \boldsymbol{w}^{\mathrm{T}}\rho\boldsymbol{u}\mathrm{d}V=0 \tag{2.16}$$

并且，在比例边界坐标变换中，区域 V 的面积计算为

$$\mathrm{d}V=\xi|\boldsymbol{J}|\mathrm{d}\xi\mathrm{d}\eta \tag{2.17}$$

单独考虑式（2.16）中的第二项，采用分部积分技术，并注意到其中隐含的求导关系$(\boldsymbol{b}_2|\boldsymbol{J}|)_{,\eta}=-\boldsymbol{b}_1|\boldsymbol{J}|$，从而得到

$$\begin{aligned}\int_V \boldsymbol{w}^{\mathrm{T}}\frac{1}{\xi}\boldsymbol{b}_2^{\mathrm{T}}\boldsymbol{\sigma}_{,\eta}\mathrm{d}V&=\int_{+1}^{+\infty}\int_{-1}^{+1}\boldsymbol{w}^{\mathrm{T}}\boldsymbol{b}_2^{\mathrm{T}}\boldsymbol{\sigma}_{,\eta}|\boldsymbol{J}|\mathrm{d}\eta\mathrm{d}\xi\\&=\int_{+1}^{+\infty}\left[\boldsymbol{w}^{\mathrm{T}}\boldsymbol{b}_2^{\mathrm{T}}\boldsymbol{\sigma}|\boldsymbol{J}|\big|_{-1}^{+1}-\int_{-1}^{+1}(\boldsymbol{w}^{\mathrm{T}}\boldsymbol{b}_2^{\mathrm{T}}|\boldsymbol{J}|)_{,\eta}\boldsymbol{\sigma}\mathrm{d}\eta\right]\mathrm{d}\xi\\&=\int_{+1}^{+\infty}\left(\boldsymbol{w}^{\mathrm{T}}\boldsymbol{b}_2^{\mathrm{T}}\boldsymbol{\sigma}|\boldsymbol{J}|\big|_{-1}^{+1}-\int_{-1}^{+1}(-\boldsymbol{w}^{\mathrm{T}}\boldsymbol{b}_1^{\mathrm{T}}+\boldsymbol{w}_{,\eta}^{\mathrm{T}}\boldsymbol{b}_2^{\mathrm{T}})\boldsymbol{\sigma}|\boldsymbol{J}|\mathrm{d}\eta\right)\mathrm{d}\xi\end{aligned} \tag{2.18}$$

将式（2.18）代入式（2.16）中得到

$$\begin{aligned}&\int_{+1}^{+\infty}\left[\int_{-1}^{+1}(\xi\boldsymbol{w}^{\mathrm{T}}\boldsymbol{b}_1^{\mathrm{T}}\boldsymbol{\sigma}_{,\xi}|\boldsymbol{J}|+\boldsymbol{w}^{\mathrm{T}}\boldsymbol{b}_1^{\mathrm{T}}\boldsymbol{\sigma}|\boldsymbol{J}|-\boldsymbol{w}_{,\eta}^{\mathrm{T}}\boldsymbol{b}_2^{\mathrm{T}}\boldsymbol{\sigma}|\boldsymbol{J}|)\mathrm{d}\eta\right.\\&\left.+\boldsymbol{w}^{\mathrm{T}}\boldsymbol{b}_2^{\mathrm{T}}\boldsymbol{\sigma}|\boldsymbol{J}|\big|_{-1}^{+1}+\omega^2\int_{-1}^{+1}\xi\boldsymbol{w}^{\mathrm{T}}\rho\boldsymbol{u}|\boldsymbol{J}|\mathrm{d}\eta\right]\mathrm{d}\xi=0\end{aligned} \tag{2.19}$$

要使式（2.19）完全成立，则必须使 ξ 方向上的被积式等于零，这使得运动方程在 ξ 方向上严格满足，即

$$\begin{aligned}&\int_{-1}^{+1}(\xi\boldsymbol{w}^{\mathrm{T}}\boldsymbol{b}_1^{\mathrm{T}}\boldsymbol{\sigma}_{,\xi}|\boldsymbol{J}|+\boldsymbol{w}^{\mathrm{T}}\boldsymbol{b}_1^{\mathrm{T}}\boldsymbol{\sigma}|\boldsymbol{J}|-\boldsymbol{w}_{,\eta}^{\mathrm{T}}\boldsymbol{b}_2^{\mathrm{T}}\boldsymbol{\sigma}|\boldsymbol{J}|)\mathrm{d}\eta\\&+\boldsymbol{w}^{\mathrm{T}}\boldsymbol{b}_2^{\mathrm{T}}\boldsymbol{\sigma}|\boldsymbol{J}|\big|_{-1}^{+1}+\omega^2\int_{-1}^{+1}\xi\boldsymbol{w}^{\mathrm{T}}\rho\boldsymbol{u}|\boldsymbol{J}|\mathrm{d}\eta=0\end{aligned} \tag{2.20}$$

在边界 $\xi=1$ 上，线单元的位移采用 $\boldsymbol{N}(\eta)$ 作为形函数进行插值，并假设域内对应常数 ξ 的所有线用同样的形函数，即

$$\boldsymbol{u}(\xi,\eta)=\boldsymbol{N}(\eta)\boldsymbol{u}(\xi) \tag{2.21}$$

将式（2.21）代入式（2.15）中，得到

$$\boldsymbol{\sigma}(\xi,\eta)=\boldsymbol{D}\left[\boldsymbol{B}_1\boldsymbol{u}(\xi)_{,\xi}+\frac{1}{\xi}\boldsymbol{B}_2\boldsymbol{u}(\xi)\right] \tag{2.22}$$

其中

$$\boldsymbol{B}_1=\boldsymbol{b}_1\boldsymbol{N}(\eta) \tag{2.23a}$$

$$\boldsymbol{B}_2=\boldsymbol{b}_2\boldsymbol{N}(\eta)_{,\eta} \tag{2.23b}$$

可以看出，$\boldsymbol{B}_1$、$\boldsymbol{B}_2$ 与 ξ 无关。对权函数采用相同的插值形式进行离散，即

$$\boldsymbol{w}(\xi,\eta)=\boldsymbol{N}(\eta)\boldsymbol{w}(\xi) \tag{2.24}$$

将式（2.21）～式（2.24）代入式（2.20）中，得到

$$\begin{aligned}&\xi\int_{-1}^{+1}\boldsymbol{w}(\xi)^{\mathrm{T}}\boldsymbol{B}_1^{\mathrm{T}}\boldsymbol{D}\left[\boldsymbol{B}_1\boldsymbol{u}(\xi)_{,\xi\xi}+\frac{1}{\xi}\boldsymbol{B}_2\boldsymbol{u}(\xi)_{,\xi}-\frac{1}{\xi^2}\boldsymbol{B}_2\boldsymbol{u}(\xi)\right]|\boldsymbol{J}|\,\mathrm{d}\eta\\&+\int_{-1}^{+1}\boldsymbol{w}(\xi)^{\mathrm{T}}(\boldsymbol{B}_1^{\mathrm{T}}-\boldsymbol{B}_2^{\mathrm{T}})\boldsymbol{D}\left[\boldsymbol{B}_1\boldsymbol{u}(\xi)_{,\xi}+\frac{1}{\xi}\boldsymbol{B}_2\boldsymbol{u}(\xi)\right]|\boldsymbol{J}|\,\mathrm{d}\eta\\&+\omega^2\xi\int_{-1}^{+1}\boldsymbol{w}(\xi)^{\mathrm{T}}\boldsymbol{N}(\eta)^{\mathrm{T}}\rho\boldsymbol{N}(\eta)\boldsymbol{u}(\xi)|\boldsymbol{J}|\,\mathrm{d}\eta+\boldsymbol{w}(\xi)^{\mathrm{T}}\boldsymbol{b}_2^{\mathrm{T}}\boldsymbol{\sigma}|\boldsymbol{J}|\Big|_{-1}^{+1}=0\end{aligned} \tag{2.25}$$

将式（2.25）乘以 ξ，并化简得到二维情况下的比例边界有限元法的控制方程，该方程为关于边界控制点变量的二阶常微分方程，即

$$\begin{aligned}&\boldsymbol{E}_0\xi^2\boldsymbol{u}(\xi)_{,\xi\xi}+[\boldsymbol{E}_0-\boldsymbol{E}_1+(\boldsymbol{E}_1)^{\mathrm{T}}]\xi\boldsymbol{u}(\xi)_{,\xi}\\&-\boldsymbol{E}_2\boldsymbol{u}(\xi)+\omega^2\boldsymbol{M}_0\xi^2\boldsymbol{u}(\xi)+\boldsymbol{F}(\xi)=0\end{aligned} \tag{2.26}$$

其中

$$\boldsymbol{F}(\xi)=\xi\boldsymbol{F}^t(\xi)=\xi\boldsymbol{b}_2^{\mathrm{T}}\boldsymbol{\sigma}|\boldsymbol{J}|\Big|_{-1}^{+1} \tag{2.27}$$

并且系数矩阵表示为

$$\boldsymbol{E}_0=\int_{-1}^{+1}\boldsymbol{B}_1^{\mathrm{T}}\boldsymbol{D}\boldsymbol{B}_1\,|\,\boldsymbol{J}\,|\,\mathrm{d}\eta \tag{2.28a}$$

$$\boldsymbol{E}_1=\int_{-1}^{+1}\boldsymbol{B}_2^{\mathrm{T}}\boldsymbol{D}\boldsymbol{B}_1\,|\,\boldsymbol{J}\,|\,\mathrm{d}\eta \tag{2.28b}$$

$$\boldsymbol{E}_2=\int_{-1}^{+1}\boldsymbol{B}_2^{\mathrm{T}}\boldsymbol{D}\boldsymbol{B}_2\,|\,\boldsymbol{J}\,|\,\mathrm{d}\eta \tag{2.28c}$$

$$\boldsymbol{M}_0=\int_{-1}^{+1}\boldsymbol{N}(\eta)^{\mathrm{T}}\rho\boldsymbol{N}(\eta)\,\mathrm{d}\eta \tag{2.28d}$$

由式（2.28）可以看出，上述系数矩阵与 ξ 无关，在边界 $\xi=1$ 上对 η 进行积分，它们只取决于单元的几何形状和材料参数。$\boldsymbol{E}_0$、$\boldsymbol{E}_1$、$\boldsymbol{E}_2$ 类似有限元法中的刚度矩阵，$\boldsymbol{M}_0$ 则类似质量矩阵。可以证明，$\boldsymbol{E}_0$、$\boldsymbol{M}_0$ 是正定矩阵，$\boldsymbol{E}_2$ 是半正定矩阵，$\boldsymbol{E}_1$ 是非对称矩阵[51]。

同理，三维情况下可类似推导，系数矩阵表示为

$$\boldsymbol{E}_0=\int_{-1}^{+1}\int_{-1}^{+1}\boldsymbol{B}_1^{\mathrm{T}}\boldsymbol{D}\boldsymbol{B}_1\,|\,\boldsymbol{J}\,|\,\mathrm{d}\eta\mathrm{d}\zeta \tag{2.29a}$$

$$\boldsymbol{E}_1=\int_{-1}^{+1}\int_{-1}^{+1}\boldsymbol{B}_2^{\mathrm{T}}\boldsymbol{D}\boldsymbol{B}_1\,|\,\boldsymbol{J}\,|\,\mathrm{d}\eta\mathrm{d}\zeta \tag{2.29b}$$

$$\boldsymbol{E}_2=\int_{-1}^{+1}\int_{-1}^{+1}\boldsymbol{B}_2^{\mathrm{T}}\boldsymbol{D}\boldsymbol{B}_2\,|\,\boldsymbol{J}\,|\,\mathrm{d}\eta\mathrm{d}\zeta \tag{2.29c}$$

$$\boldsymbol{M}_0=\int_{-1}^{+1}\int_{-1}^{+1}\boldsymbol{N}(\eta,\zeta)^{\mathrm{T}}\rho\boldsymbol{N}(\eta,\zeta)\,|\,\boldsymbol{J}\,|\,\mathrm{d}\eta\mathrm{d}\zeta \tag{2.29d}$$

因此，采用位移表示的控制方程统一表示为

$$\begin{aligned}&\boldsymbol{E}_0\xi^2\boldsymbol{u}(\xi)_{,\xi\xi}+[(s-1)\boldsymbol{E}_0-\boldsymbol{E}_1+\boldsymbol{E}_1^{\mathrm{T}}]\xi\boldsymbol{u}(\xi)_{,\xi}\\&+[(s-2)\boldsymbol{E}_1^{\mathrm{T}}-\boldsymbol{E}_2]\boldsymbol{u}(\xi)+\omega^2\boldsymbol{M}_0\xi^2\boldsymbol{u}(\xi)+\boldsymbol{F}(\xi)=0\end{aligned} \tag{2.30a}$$

$$\boldsymbol{q}(\xi)=\xi^{s-2}[\boldsymbol{E}_0\xi\boldsymbol{u}(\xi)_{,\xi}+(\boldsymbol{E}_1)^{\mathrm{T}}\boldsymbol{u}(\xi)] \tag{2.30b}$$

其中，$s=2$ 或 3 分别表示二维、三维问题；$\boldsymbol{u}(\xi)$、$\boldsymbol{q}(\xi)$ 分别为节点的位移函数和内力函数。

上述过程是基于加权余量法推导的，同样采用虚功原理也可以推导出上述控制方程，详见文献［57］。

式（2.30a）也可以采用动力刚度矩阵表示，有限域、无限域

的控制方程分别表示为

$$[\boldsymbol{S}^{b}(x)-\boldsymbol{E}_1]\boldsymbol{E}_0^{-1}[\boldsymbol{S}^{b}(x)-\boldsymbol{E}_1^{\mathrm{T}}]+(s-2)\boldsymbol{S}^{b}(x)+2x\boldsymbol{S}^{b}(x)_{,x}-\boldsymbol{E}_2-x\boldsymbol{M}_0=0 \tag{2.31}$$

$$[\boldsymbol{S}^{\infty}(\omega)+\boldsymbol{E}_1]\boldsymbol{E}_0^{-1}[\boldsymbol{S}^{\infty}(\omega)+\boldsymbol{E}_1^{\mathrm{T}}]-(s-2)\boldsymbol{S}^{\infty}(\omega)-\omega\boldsymbol{S}^{\infty}(\omega)_{,\omega}-\boldsymbol{E}_2+\omega^2\boldsymbol{M}_0=0 \tag{2.32}$$

式中：$\boldsymbol{S}^{b}(x)$、$\boldsymbol{S}^{\infty}(\omega)$ 分别为有限域、无限域的动力刚度矩阵，并且独立变量之间的关系为 $x=-\omega^2$。

式（2.31）、式（2.32）在整体上是严格的，是以动力刚度矩阵 $\boldsymbol{S}(\omega)$ 为未知量关于 ω 的一阶常微分方程，可以采用 Runge - Kutta[222-223] 等方法在频域内求出其解析解。

2.4　比例边界有限元法的方程求解

当频率 $\omega=0$ 时，原二维动力学平衡方程［式（2.26）或式（2.30a）］可转化为静力平衡方程

$$\boldsymbol{E}_0\xi^2\boldsymbol{u}(\xi)_{,\xi\xi}+[\boldsymbol{E}_0-\boldsymbol{E}_1+(\boldsymbol{E}_1)^{\mathrm{T}}]\xi\boldsymbol{u}(\xi)_{,\xi}-\boldsymbol{E}_2\boldsymbol{u}(\xi)=0 \tag{2.33}$$

式（2.33）为 Euler - Cauchy 方程，可以进行解析求解。引入辅助变量

$$\boldsymbol{X}(\xi)=\begin{Bmatrix}\boldsymbol{u}(\xi)\\ \boldsymbol{q}(\xi)\end{Bmatrix} \tag{2.34}$$

结合式（2.30b），将式（2.33）转化为一阶常微分方程

$$\xi\boldsymbol{X}(\xi)_{,\xi}=-\boldsymbol{Z}\boldsymbol{X}(\xi) \tag{2.35}$$

其中，Hamilton 矩阵 $\boldsymbol{Z}$ 可表示为

$$\boldsymbol{Z}=\begin{bmatrix}(\boldsymbol{E}_0)^{-1}(\boldsymbol{E}_1)^{\mathrm{T}} & -(\boldsymbol{E}_0)^{-1}\\ -\boldsymbol{E}_2+\boldsymbol{E}_1(\boldsymbol{E}_0)^{-1}(\boldsymbol{E}_1)^{\mathrm{T}} & -\boldsymbol{E}_1(\boldsymbol{E}_0)^{-1}\end{bmatrix} \tag{2.36}$$

由矩阵理论可知，Hamilton 矩阵可采用 Schur 分解成为含有共轭复数的特征值方程

$$\boldsymbol{Z}\boldsymbol{V}=\boldsymbol{V}\boldsymbol{S} \tag{2.37}$$

式中：$\boldsymbol{S}$ 和 $\boldsymbol{V}$ 分别为 Hamilton 矩阵 $\boldsymbol{Z}$ 的特征值和特征值向量。

将分块矩阵 $\boldsymbol{S}$ 按照特征值实部从负到正递增排序，变换矩阵 $\boldsymbol{V}$

也按照特征值排序作相应调整，则 $\boldsymbol{S}$ 和 $\boldsymbol{V}$ 可表示为

$$\boldsymbol{S}=\begin{bmatrix}\boldsymbol{S}_{11} & \boldsymbol{S}_{12}\\ 0 & \boldsymbol{S}_{22}\end{bmatrix},\boldsymbol{V}=\begin{bmatrix}\boldsymbol{V}_{11} & \boldsymbol{V}_{12}\\ \boldsymbol{V}_{21} & \boldsymbol{V}_{22}\end{bmatrix} \tag{2.38}$$

式中：$\boldsymbol{S}_{11}$包含所有非正特征值；$\boldsymbol{V}_{11}$为对应的特征值向量。

根据式（2.34）～式（2.38），位移函数 $\boldsymbol{u}(\xi)$ 和内力函数 $\boldsymbol{q}(\xi)$ 可以表示为

$$\boldsymbol{u}(\xi)=\boldsymbol{V}_{11}\xi^{-\boldsymbol{S}_{11}}\boldsymbol{c},\boldsymbol{q}(\xi)=\boldsymbol{V}_{21}\xi^{-\boldsymbol{S}_{11}}\boldsymbol{c} \tag{2.39}$$

其中，积分常数 c 由边界条件确定。因此，单元的静力刚度矩阵 $\boldsymbol{K}$ 可根据其定义，表示为

$$\boldsymbol{K}=\boldsymbol{V}_{21}\boldsymbol{V}_{11}^{-1} \tag{2.40}$$

将式（2.39）代入式（2.21），即可得到单元内任意点（ξ，η）的位移函数表达式为

$$\boldsymbol{u}(\xi,\eta)=\boldsymbol{N}(\eta)\boldsymbol{V}_{11}\xi^{-\boldsymbol{S}_{11}}\boldsymbol{c} \tag{2.41}$$

同有限元一样，模型的整体静力刚度矩阵 $\boldsymbol{K}_b$ 可以由各单元的静力刚度矩阵$\boldsymbol{K}$ 拼装而成，在求得等效节点荷载后，通过求解平衡方程即可得到模型的边界节点位移 $\boldsymbol{u}(\xi=1)$。将求得的边界节点位移 $\boldsymbol{u}(\xi=1)$ 代入式（2.39），即可得到积分常数 c 的表达式

$$\boldsymbol{c}=\boldsymbol{V}_{11}^{-1}\boldsymbol{u}(\xi=1) \tag{2.42}$$

此时，各单元内部的位移场和应力场可分别通过式（2.41）和式（2.43）求得

$$\boldsymbol{\sigma}(\xi,\eta)=-\boldsymbol{D}\boldsymbol{B}_1(\eta)\boldsymbol{V}_{11}\boldsymbol{S}_{11}\xi^{-\boldsymbol{S}_{11}-\boldsymbol{I}}\boldsymbol{c}+\boldsymbol{D}\boldsymbol{B}_2(\eta)\boldsymbol{V}_{11}\xi^{-\boldsymbol{S}_{11}-\boldsymbol{I}}\boldsymbol{c} \tag{2.43}$$

2.5 基于 Guass–Lobatto–Legendre 积分的高阶单元

式（2.28）、式（2.29）中的系数矩阵 $\boldsymbol{E}_0$、$\boldsymbol{M}_0$ 与形函数的导

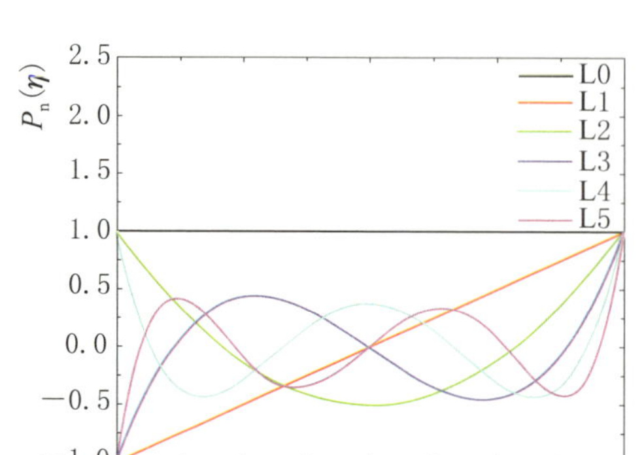

图 2.3 前六阶 Legendre 多项式曲线（$n=0\sim5$）

数无关，类似有限元法中对角化质量矩阵[224]做法，采用 Guass - Lobatto - Legendre（GLL）节点求积方法[225]对角化 $\boldsymbol{E}_0$、$\boldsymbol{M}_0$。这样不仅能有效减少对内存的需求、提高计算效率，更有利于特征值问题的求解[226,227]。

n 阶 Legendre 多项式 $P_n(\eta)$（前 6 阶如图 2.3 所示）定义如下

$$P_n(\eta)=\frac{1}{2^n n!}\frac{d^n}{d\eta^n}[(\eta^2-1)^n] \tag{2.44}$$

采用递推方式，$P_n(\eta)$ 进一步可表示为

$$P_0(\eta)=1 \tag{2.45a}$$

$$P_1(\eta)=\eta \tag{2.45b}$$

$$P_n(\eta)=\frac{2n-1}{n}\eta P_{n-1}(\eta)-\frac{n-1}{n}P_{n-2}(\eta),n\geqslant 2 \tag{2.45c}$$

以二维问题为例，在局部坐标系 η 中（$-1\leqslant\eta\leqslant1$），定义 n 阶母单元，含有 $n+1$ 个节点，其中两个节点位于局部坐标的端点处（$\eta=\pm1$），$n-1$ 个内部节点位于 GLL 点处，其局部坐标值满足

$$P'_n(\eta)=0 \tag{2.46}$$

其中，前 10 阶 GLL 节点坐标见表 2.1。

表 2.1 前 10 阶 GLL 节点坐标

n	η_i					
1	±1					
2	±1	0				
3	±1	±0.447214				

续表

n	η_i					
4	±1	±0.654653	0			
5	±1	±0.765055	±0.285232			
6	±1	±0.830224	±0.468849	0		
7	±1	±0.871740	±0.591700	±0.209299		
8	±1	±0.899758	±0.677186	±0.363117	0	
9	±1	±0.919534	±0.738774	±0.477925	±0.165279	
10	±1	±0.934001	±0.784483	±0.565235	±0.295758	0

Guass－Lobatto－Legendre 形函数采用 Lagrange 插值基函数，即

$$N_i(\eta)=\prod_{k=1,k\neq i}^{n+1}\frac{\eta-\eta_k}{\eta_i-\eta_k} \tag{2.47}$$

并且，根据 Legendre 多项式的正交性，形函数在节点处为 1 或 0，即

$$N_i(\eta_j)=\delta_{ij} \tag{2.48}$$

式中　δ_{ij} 为 Kronecker 符号。

当采用 Guass－Lobatto－Legendre 进行数值积分时，积分点与节点重合，并且节点 η_i 处的权系数为

$$w_i=\frac{2}{n(n+1)[P_n(\eta_i)]^2} \tag{2.49}$$

其中，前 10 阶 GLL 节点权系数见表 2.2。

表 2.2　　　前 10 阶 GLL 节点权系数

n	w_i				
1	1.000000				
2	0.333333	1.333333			
3	0.166667	0.833333			
4	0.100000	0.544444	0.711111		
5	0.066667	0.378475	0.554858		

续表

n	w_i					
6	0.047619	0.276826	0.431745	0.487619		
7	0.035714	0.210704	0.341123	0.412459		
8	0.027778	0.165495	0.274539	0.346429	0.371519	
9	0.022222	0.133306	0.224889	0.292043	0.327540	
10	0.018182	0.109612	0.187170	0.248048	0.286879	0.300218

注　此表中的权系数与表 2.1 中的坐标对应。

因此，对角化后的系数矩阵 $\boldsymbol{E}_0$、$\boldsymbol{M}_0$ 元素[145]为

$$(\boldsymbol{E}_0)_{ij}=\delta_{ij}w_i[\boldsymbol{b}_1(\eta_i)^{\mathrm{T}}\boldsymbol{D}\boldsymbol{b}_1(\eta_i)]|\boldsymbol{J}(\eta_i)| \tag{2.50}$$

$$(\boldsymbol{M}_0)_{ij}=\delta_{ij}w_i\rho|\boldsymbol{J}(\eta_i)|\boldsymbol{I} \tag{2.51}$$

同时，由式（2.47）～式（2.49）所示的形函数及对应的权系数，形成了基于 GLL 节点积分的高阶单元。

2.6　比例边界有限元法的单元形式

2012 年，Ooi、Song 等[196]提出了基于三角形背景网格的多边形比例边界有限元网格生成方法，并成功地应用于结构的断裂力学和裂纹扩展分析之中。多边形单元具有任意边数和在单元边界形函数呈线性的特点，使其在复杂几何区域网格适应性问题、疏密网格过渡问题等方面具有独特的优势。2015 年，Ooi、Man 等[198]提出基于数据储存结构分层的四叉树网格生成方法。基于四叉树数据结构的网格剖分技术为多边形比例边界有限元法提供了一种方便快捷的前处理途径。

本节在此基础上，详细介绍多边形比例边界有限元网格及平衡四叉树网格的生成方法，为后续应用奠定基础。

2.6.1　多边形单元

在生成多边形网格之前，首先要形成三角形背景网格。作者通过开源的三角形网格划分程序“Distmesh”来生成三角形背景网

格。此程序仅需通过调整节点距离函数 f_d 和网格密度函数 f_h 即可将结构快速划分成三角形网格并输出节点信息和单元信息。如图 2.4 所示为采用“Distmesh”生成的复杂形状“Big C”的均匀三角形网格。

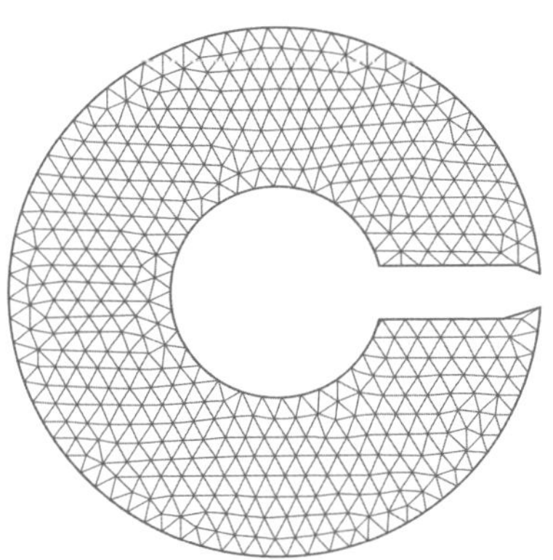

图 2.4 “Big C”的均匀三角形网格

为详细说明多边形网格的生成过程，以图 2.5 所示的矩形为例。首先根据三角形节点的不同位置及作用，将其分为三类节点：①内部节点（interior node）；②外部节点（exterior node）；③拐点（inflection node），其中拐点用于描述结构的形状。然后结合程序输出的节点信息和单元信息，在每个三角形形心处生成节点，同时选取处于几何边界的三角形单元的边，在其中点也生成节点。最后，根据这些节点信息和三类不同的节点，分三种情况生成对应的多边形单元。

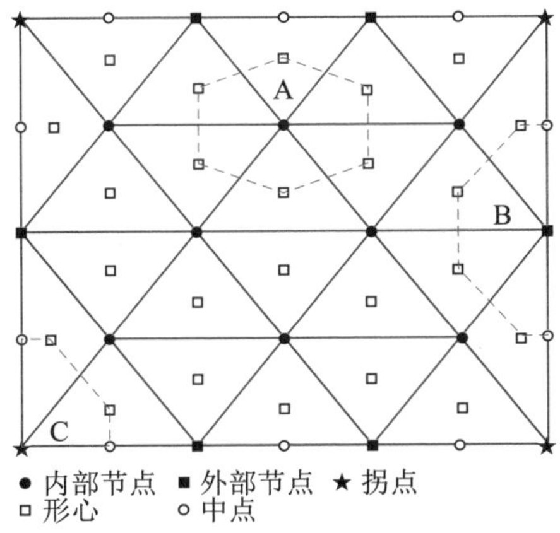

图 2.5 多边形网格生成示意图

(1) 对于内部节点（A），将位于其周围的三角形形心依次连线，即可形成多边形单元，内部节点（A）为该多边形单元的比例中心。

(2) 对于外部节点 (B)，将位于其周围的三角形形心以及与该节点相连的外部边界的中点依次连线，即可形成多边形单元，多边形单元的比例中心选取在单元形心处。

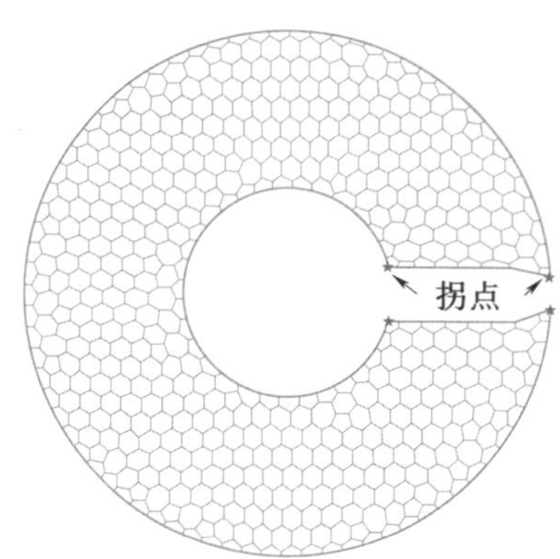

图 2.6　比例边界有限元的多边形网格

(3) 对于拐点 (C)，由于需要用其描述结构的边界，因此需在情况 2 生成的多边形单元基础上，额外加入拐点 (C) 的位置信息。

如图 2.6 所示为基于“Big C”的三角形网格生成的多边形网格。在后续计算过程中，每一个多边形都看作是比例边界有限元法中的一个单元，其节点按照逆时针顺序排列。在赋予材料属性及施加边界条件后，该多边形网格便可直接用于计算处理。由此可以看出，多边形比例边界有限元的提出，简化了比例边界有限元网格的生成过程，极大地推广了比例边界有限元法在大型或者复杂结构中的应用。

2.6.2　四叉树单元

四叉树单元是二维非结构网格中具有代表性的一种网格离散方法，适用于任意平面问题的网格划分，其网格剖分的基本思想是将二维结构域等分为 4 个正四边形，重复递归划分直至满足尺寸终止条件。该网格离散算法构造简单，易于实现。四叉树网格剖分质量优于传统网格剖分方法，除局部边界外其单元均是由正四边形组成，避免了三角形单元低精度的不足，可以处理任意复杂几何形状，避开了四边形网格适应性差的缺陷。该网格离散算法简单高效，但其在有限元分析中的直接应用主要受到两个问题的限制：一个是存在不同大小单元之间的节点悬挂现象；另一个是很难用正方形来表示一个曲线边界。这两个问题在比例边界有限元法中得到了有效的解决。

对区域进行四叉树分解，得到的四叉树网格均为规则的正方形。若忽略单元边长的差异，各个网格的区别主要是边界上节点数量的差异。其产生原因是由于四叉树数据结构的分级特性，在四叉树分解过程中，相邻单元不在相同层级。为此引入“2∶1原则”的概念，如图2.7所示，A单元与B单元为相邻单元且层级数差值为1，此时单元A上1－2边界只包含一个中间节点，若对单元B进一步分解得到新的子单元，则在1－a边界上会产生新的中间节点，同时此节点又会在边界1－2上距离1点1/4边长位置处。为了规定四叉树分解停止的条件，规定相邻单元边长比例最大为2∶1，即所谓的“2∶1原则”，此时四叉树分解达到平衡。这样使得任意相邻单元之间所处层数差，限制了相邻单元的尺寸变化梯度，进而有效地避免相邻单元间尺寸过于悬殊。

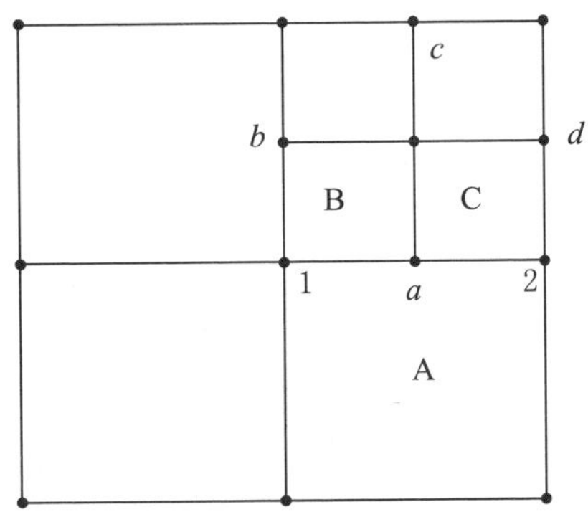

图2.7　四叉树网格示意图

在“2∶1原则”的约束下，单元边界上最多包含一个中间节点，这使得根据包含中间的数量不同，对单元进行分类，使得到的平衡四叉树网格中仅包含图2.8中的6种，将这6种单元称为四叉树网格的基本单元。在数值计算中，只需对这6种基本单元进行计算，得到的矩阵对相同模式的单元可以进行直接调用，这样可以提

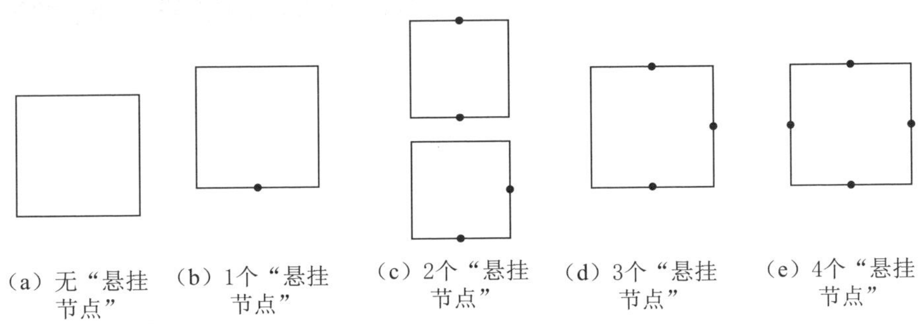

图2.8　二维多边形-四叉树网格

高计算效率。由于四叉树网格高效生成，快速调用等优点，非常适合自适应网格划分，基于相同的数据结构和分解规则，可以很好地推广到三维问题中，即通过三维的八叉树分解，得到八叉树立方体网格，如图 2.9 所示。

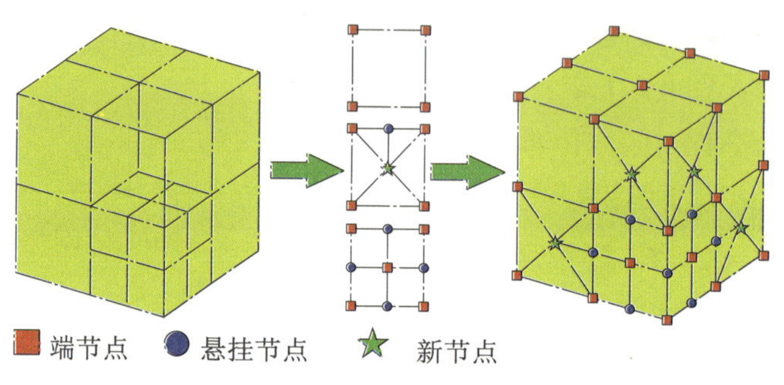

图 2.9　三维多面体-八叉树网格

图 2.10（a）为有三个圆孔的正方形薄板，对其进行四叉树网格划分，可以看出在圆孔处采用四叉树网格进行了加密；图 2.10（b）为某重力坝-地基库水系统的四叉树网格划分，在坝体较易发生损坏的坝踵、坝趾及下游折坡处进行了网格加密。

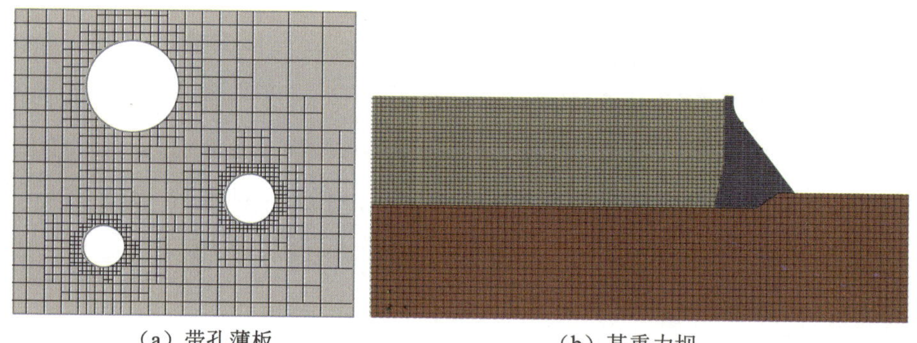

（a）带孔薄板　　（b）某重力坝

图 2.10　复杂结构的四叉树网格划分

2.7 本章小结

在比例边界几何坐标变换的基础上，利用加权余量法将控制偏微分方程进行离散处理，半弱化为关于边界控制点变量的二阶常微

分方程，详细介绍了比例边界有限元法的平衡方程推导和求解过程。类似于有限元法中对角化质量矩阵做法，采用 Guass - Lobatto - Legendre节点求积方法对角化系数矩阵 $\boldsymbol{E}_0$、$\boldsymbol{M}_0$，同时形成了基于 GLL 积分的高阶单元；该方法不仅能有效减少对内存的需求，提高计算效率，更有利于特征值问题的求解。最后，介绍了基于三角形背景网格的多边形比例边界有限元网格及平衡四叉树网格生成方法。

第3章 基于比例边界有限元法的近场结构动力分析

比例边界有限元法是从解决结构-地基动力相互作用问题开始的。它不仅能很好地解决无限域问题（$1\leqslant\xi<\infty$），在解决有限域问题方面（$0\leqslant\xi\leqslant1$）也有很强的优势。本章在文献［58，146，147］的工作基础上，针对自由度较多的结构系统当连分式阶数逐渐增大时，原连分式算法可能会造成矩阵运算病态的问题，将改进的连分式法拓展到有限域的动力分析中，以有效地提高数值计算稳定性。最后通过4个算例说明改进算法的必要性、合理性，以及计算程序的准确性、可靠性。

3.1 改进的连分式法求解有限域动力刚度矩阵

采用有限域动力刚度矩阵表示的比例边界有限元方程[51,55]为

$$[\boldsymbol{S}^b(x)-\boldsymbol{E}_1]\boldsymbol{E}_0^{-1}[\boldsymbol{S}^b(x)-\boldsymbol{E}_1^{\mathrm{T}}]+(s-2)\boldsymbol{S}^b(x)+2x\boldsymbol{S}^b(x)_{,x}-\boldsymbol{E}_2-x\boldsymbol{M}_0=0 \tag{3.1}$$

有限域动力刚度矩阵 $\boldsymbol{S}^b(x)$ 表示为

$$\boldsymbol{S}^b(x)=\boldsymbol{K}+x\boldsymbol{M}-x^2\boldsymbol{R}^{(1)}(x) \tag{3.2}$$

式中：$\boldsymbol{K}$、$\boldsymbol{M}$ 分别为静力刚度矩阵和质量矩阵，表示动力刚度矩阵 $\boldsymbol{S}^b(x)$ 的低频响应。$\boldsymbol{R}^{(1)}(x)$ 为未知余项，包含了连分式求解的高阶项，表示为高频响应。

将式（3.2）代入式（3.1），得到

$$[\boldsymbol{K}-\boldsymbol{E}_1+x\boldsymbol{M}-x^2\boldsymbol{R}^{(1)}(x)]\boldsymbol{E}_0^{-1}[\boldsymbol{K}-\boldsymbol{E}_1^{\mathrm{T}}+x\boldsymbol{M}-x^2\boldsymbol{R}^{(1)}(x)]+(s-2)[\boldsymbol{K}+x\boldsymbol{M}-x^2\boldsymbol{R}^{(1)}(x)]+2x[\boldsymbol{M}-2x\boldsymbol{R}^{(1)}(x)-x^2\boldsymbol{R}^{(1)}(x)_{,x}]-\boldsymbol{E}_2-x\boldsymbol{M}_0=0 \tag{3.3}$$

将式（3.3）展开并按 x 的升幂排列，只有 x 的系数为 0 时，式（3.3）才成立，因此，

x^0：

$$(\boldsymbol{K}-\boldsymbol{E}_1)\boldsymbol{E}_0^{-1}(\boldsymbol{K}-\boldsymbol{E}_1^{\mathrm{T}})-\boldsymbol{E}_2+(s-2)\boldsymbol{K}=0 \tag{3.4}$$

x：

$$(\boldsymbol{K}-\boldsymbol{E}_1)\boldsymbol{E}_0^{-1}\boldsymbol{M}+\boldsymbol{M}\boldsymbol{E}_0^{-1}(\boldsymbol{K}-\boldsymbol{E}_1^{\mathrm{T}})+s\boldsymbol{M}-\boldsymbol{M}_0=0 \tag{3.5}$$

x^2：

$$\begin{aligned}&\boldsymbol{M}\boldsymbol{E}_0^{-1}\boldsymbol{M}-(\boldsymbol{K}-\boldsymbol{E}_1)\boldsymbol{E}_0^{-1}\boldsymbol{R}^{(1)}(\boldsymbol{x})-\boldsymbol{R}^{(1)}(\boldsymbol{x})\boldsymbol{E}_0^{-1}(\boldsymbol{K}-\boldsymbol{E}_1^{\mathrm{T}})\\&-(s+2)\boldsymbol{R}^{(1)}(x)-x\boldsymbol{M}\boldsymbol{E}_0^{-1}\boldsymbol{R}^{(1)}(x)-x\boldsymbol{R}^{(1)}(x)\boldsymbol{E}_0^{-1}\boldsymbol{M}\\&-2x\boldsymbol{R}^{(1)}(x)_{1x}+x^2\boldsymbol{R}^{(1)}(x)\boldsymbol{E}_0^{-1}\boldsymbol{R}^{(1)}(x)=0\end{aligned} \tag{3.6}$$

对于式（3.4），采用如下的 Schur 分解[228]求解 $\boldsymbol{K}$，即

$$\begin{bmatrix}\boldsymbol{E}_0^{-1}\boldsymbol{E}_1^{\mathrm{T}}-0.5(s-2)\boldsymbol{I} & -\boldsymbol{E}_0^{-1}\\ -\boldsymbol{E}_2+\boldsymbol{E}_1\boldsymbol{E}_0^{-1}\boldsymbol{E}_1^{\mathrm{T}} & -\boldsymbol{E}_1\boldsymbol{E}_0^{-1}+0.5(s-2)\boldsymbol{I}\end{bmatrix}\begin{bmatrix}\boldsymbol{V}_{11} & \boldsymbol{V}_{12}\\ \boldsymbol{V}_{21} & \boldsymbol{V}_{22}\end{bmatrix}=\begin{bmatrix}\boldsymbol{V}_{11} & \boldsymbol{V}_{12}\\ \boldsymbol{V}_{21} & \boldsymbol{V}_{22}\end{bmatrix}\begin{bmatrix}\boldsymbol{S}_{11} & \boldsymbol{S}_{12}\\ 0 & \boldsymbol{S}_{22}\end{bmatrix} \tag{3.7}$$

因此，

$$\boldsymbol{K}=\boldsymbol{V}_{21}\boldsymbol{V}_{11}^{-1} \tag{3.8}$$

对式（3.5）进行变换，得到关于 $\boldsymbol{M}$ 的 Lyapunov 方程为

$$[(\boldsymbol{K}-\boldsymbol{E}_1)\boldsymbol{E}_0^{-1}+0.5s\boldsymbol{I}]\boldsymbol{M}+\boldsymbol{M}[\boldsymbol{E}_0^{-1}(\boldsymbol{K}-\boldsymbol{E}_1^{\mathrm{T}})+0.5s\boldsymbol{I}]=\boldsymbol{M}_0 \tag{3.9}$$

对于式（3.5），也可以采用上一步 Schur 分解的结果求解 $\boldsymbol{M}$，即

$$\boldsymbol{M}=\boldsymbol{V}_{11}^{-\mathrm{T}}\boldsymbol{m}\boldsymbol{V}_{11}^{-1} \tag{3.10}$$

其中，$\boldsymbol{m}$ 是以下 Lyapunov 方程的解

$$(\boldsymbol{I}-\boldsymbol{S}_{11}^{\mathrm{T}})\boldsymbol{m}+\boldsymbol{m}(\boldsymbol{I}-\boldsymbol{S}_{11})=\boldsymbol{V}_{11}^{\mathrm{T}}\boldsymbol{M}_0\boldsymbol{V}_{11} \tag{3.11}$$

因此，$\boldsymbol{K}$、$\boldsymbol{M}$ 可以求出，其中 $\boldsymbol{K}$ 为半正定矩阵，$\boldsymbol{M}$ 为对称矩阵。式（3.2）中的未知余项 $\boldsymbol{R}^{(1)}(x)$ 可表达为式（3.12）$i=1$（$i=1$，2，…，M；M 为连分式展开的阶数）的情况，即

$$\boldsymbol{R}^{(i)}(x)=\boldsymbol{X}^{(i)}\boldsymbol{S}^{(i)}(x)^{-1}(\boldsymbol{X}^{(i)})^{\mathrm{T}} \tag{3.12}$$

并且

$$\boldsymbol{S}^{(i)}(x)=\boldsymbol{S}_0^{(i)}+x\boldsymbol{S}_1^{(i)}-x^2\boldsymbol{R}^{(i+1)}(x) \tag{3.13}$$

式中：$\boldsymbol{X}^{(i)}$ 为未知项；$\boldsymbol{S}_0^{(i)}$、$\boldsymbol{S}_1^{(i)}$ 为对应第 i 阶连分式的常数项；$\boldsymbol{R}^{(i+1)}(x)$ 为第 i 阶连分式展开的余项。

最初采用连分式法[58,146]求解动力刚度矩阵时，系数矩阵取 $\boldsymbol{X}^{(i)}=\boldsymbol{I}$，对于自由度较少并且连分式阶数较低时，该算法能保持稳定；但对于自由度较多且连分式阶数逐渐增大时，该算法可能会造成矩阵运算病态，求解结果甚至是错误的。式（3.12）中引入 $\boldsymbol{X}^{(i)}$ 的主要作用就是增强系统稳定性[229]，$\boldsymbol{X}^{(i)}$ 矩阵的确定方法见 3.3.1 节。

对 $\boldsymbol{R}^{(i)}(x)$ 进行求导，$\boldsymbol{R}^{(i)}(x)_{,x}$ 表示为

$$\begin{aligned}\boldsymbol{R}^{(i)}(x)_{,x}&=\boldsymbol{X}^{(i)}[\boldsymbol{S}^{(i)}(x)^{-1}]_{,x}(\boldsymbol{X}^{(i)})^{\mathrm{T}}\\&=-\boldsymbol{X}^{(i)}\boldsymbol{S}^{(i)}(x)^{-1}\boldsymbol{S}^{(i)}(x)_{,x}\boldsymbol{S}^{(i)}(x)^{-1}(\boldsymbol{X}^{(i)})^{\mathrm{T}}\end{aligned} \tag{3.14}$$

将式（3.12）、式（3.14）代入式（3.6）得到

$$\begin{aligned}&\boldsymbol{M}\boldsymbol{E}_0^{-1}\boldsymbol{M}-(\boldsymbol{K}-\boldsymbol{E}_1)\boldsymbol{E}_0^{-1}\boldsymbol{X}^{(1)}\boldsymbol{S}^{(1)}(\boldsymbol{x})^{-1}(\boldsymbol{X}^{(1)})^{\mathrm{T}}\\&-\boldsymbol{X}^{(1)}\boldsymbol{S}^{(1)}(\boldsymbol{x})^{-1}(\boldsymbol{X}^{(1)})^{\mathrm{T}}\boldsymbol{E}_0^{-1}(\boldsymbol{K}-\boldsymbol{E}_1^{\mathrm{T}})-(s+2)\boldsymbol{X}^{(1)}\boldsymbol{S}^{(1)}(x)^{-1}(\boldsymbol{X}^{(1)})^{\mathrm{T}}\\&-x\boldsymbol{M}\boldsymbol{E}_0^{-1}\boldsymbol{X}^{(1)}\boldsymbol{S}^{(1)}(\boldsymbol{x})^{-1}(\boldsymbol{X}^{(1)})^{\mathrm{T}}-x\boldsymbol{X}^{(1)}\boldsymbol{S}^{(1)}(x)^{-1}(\boldsymbol{X}^{(1)})^{\mathrm{T}}\boldsymbol{E}_0^{-1}\boldsymbol{M}\\&+2x\boldsymbol{X}^{(1)}\boldsymbol{S}^{(1)}(x)^{-1}S^{(1)}(x)_{,x}\boldsymbol{S}^{(1)}(x)^{-1}(\boldsymbol{X}^{(1)})^{\mathrm{T}}\\&+x^2\boldsymbol{X}^{(1)}\boldsymbol{S}^{(1)}(x)^{-1}(\boldsymbol{X}^{(1)})^{\mathrm{T}}\boldsymbol{E}_0^{-1}\boldsymbol{X}^{(1)}\boldsymbol{S}^{(1)}(x)^{-1}(\boldsymbol{X}^{(1)})^{\mathrm{T}}=0\end{aligned} \tag{3.15}$$

将式（3.15）分别前乘 $\boldsymbol{S}^{(1)}(x)(\boldsymbol{X}^{(1)})^{-1}$ 和后乘 $(\boldsymbol{X}^{(1)})^{-\mathrm{T}}\boldsymbol{S}^{(1)}(x)$ 得到

$$\begin{aligned}&\boldsymbol{S}^{(1)}(x)(\boldsymbol{X}^{(1)})^{-1}\boldsymbol{M}\boldsymbol{E}_0^{-1}\boldsymbol{M}(\boldsymbol{X}^{(1)})^{-\mathrm{T}}\boldsymbol{S}^{(1)}(x)-\boldsymbol{S}^{(1)}(x)(\boldsymbol{X}^{(1)})^{-1}(\boldsymbol{K}-\boldsymbol{E}_1)\\&\boldsymbol{E}_0^{-1}\boldsymbol{X}^{(1)}-(\boldsymbol{X}^{(1)})^{\mathrm{T}}\boldsymbol{E}_0^{-1}(\boldsymbol{K}-\boldsymbol{E}_1^{\mathrm{T}})(\boldsymbol{X}^{(1)})^{-\mathrm{T}}\boldsymbol{S}^{(1)}(x)-(s+2)\boldsymbol{S}^{(1)}(x)\\&-x\boldsymbol{S}^{(1)}(x)(\boldsymbol{X}^{(1)})^{-1}\boldsymbol{M}\boldsymbol{E}_0^{-1}\boldsymbol{X}^{(1)}-x(\boldsymbol{X}^{(1)})^{\mathrm{T}}\boldsymbol{E}_0^{-1}\boldsymbol{M}(\boldsymbol{X}^{(1)})^{-\mathrm{T}}\\&\boldsymbol{S}^{(1)}(x)+2x\boldsymbol{S}^{(i)}(x)_{,x}+x^2(\boldsymbol{X}^{(1)})^{\mathrm{T}}\boldsymbol{E}_0^{-1}\boldsymbol{X}^{(1)}=0\end{aligned} \tag{3.16}$$

式（3.16）可进一步表示为

$$\begin{aligned}&\boldsymbol{S}^{(1)}(x)(\boldsymbol{X}^{(1)})^{-1}\boldsymbol{M}\boldsymbol{E}_0^{-1}\boldsymbol{M}(\boldsymbol{X}^{(1)})^{-\mathrm{T}}\boldsymbol{S}^{(1)}(x)-\boldsymbol{S}^{(1)}(x)(\boldsymbol{X}^{(1)})^{-1}\\&\boldsymbol{V}_{11}^{-\mathrm{T}}(2\boldsymbol{I}-\boldsymbol{S}_{11}^{\mathrm{T}})\boldsymbol{V}_{11}^{\mathrm{T}}\boldsymbol{X}^{(1)}-(\boldsymbol{X}^{(1)})^{\mathrm{T}}\boldsymbol{V}_{11}(2\boldsymbol{I}-\boldsymbol{S}_{11})\boldsymbol{V}_{11}^{-1}(\boldsymbol{X}^{(1)})^{-\mathrm{T}}\boldsymbol{S}^{(1)}(x)\\&-x\boldsymbol{S}^{(1)}(x)(\boldsymbol{X}^{(1)})^{-1}\boldsymbol{M}\boldsymbol{E}_0^{-1}\boldsymbol{X}^{(1)}-x(\boldsymbol{X}^{(1)})^{\mathrm{T}}\boldsymbol{E}_0^{-1}\boldsymbol{M}(\boldsymbol{X}^{(1)})^{-\mathrm{T}}\boldsymbol{S}^{(1)}(x)\\&+2x\boldsymbol{S}^{(i)}(x)_{,x}+x^2(\boldsymbol{X}^{(1)})^{\mathrm{T}}\boldsymbol{E}_0^{-1}\boldsymbol{X}^{(1)}=0\end{aligned} \tag{3.17}$$

通过建立递推关系，式（3.17）可以表示为式（3.18）中 $i=1$

的情况，即

$$
\begin{aligned}
&\boldsymbol{S}^{(i)}(x)\boldsymbol{c}^{(i)}\boldsymbol{S}^{(i)}(x)-\boldsymbol{S}^{(i)}(x)(\boldsymbol{b}_0^{(i)})^{\mathrm{T}}-\boldsymbol{b}_0^{(i)}\boldsymbol{S}^{(i)}(x)\\
&-x\boldsymbol{S}^{(i)}(x)(\boldsymbol{b}_1^{(i)})^{\mathrm{T}}-x\boldsymbol{b}_1^{(i)}\boldsymbol{S}^{(i)}(x)+2x\boldsymbol{S}^{(i)}(x)_{,x}+x^2\boldsymbol{a}^{(i)}=0
\end{aligned}
\tag{3.18}
$$

其中

$$\boldsymbol{a}^{(1)}=(\boldsymbol{X}^{(1)})^{\mathrm{T}}\boldsymbol{E}_0^{-1}\boldsymbol{X}^{(1)} \tag{3.19a}$$

$$\boldsymbol{b}_0^{(1)}=(\boldsymbol{X}^{(1)})^{\mathrm{T}}\boldsymbol{V}_{11}(2\boldsymbol{I}-\boldsymbol{S}_{11})\boldsymbol{V}_{11}^{-1}(\boldsymbol{X}^{(1)})^{-\mathrm{T}} \tag{3.19b}$$

$$\boldsymbol{b}_1^{(1)}=(\boldsymbol{X}^{(1)})^{\mathrm{T}}\boldsymbol{E}_0^{-1}\boldsymbol{M}(\boldsymbol{X}^{(1)})^{-\mathrm{T}} \tag{3.19c}$$

$$\boldsymbol{c}^{(1)}=(\boldsymbol{X}^{(1)})^{-1}\boldsymbol{M}\boldsymbol{E}_0^{-1}\boldsymbol{M}(\boldsymbol{X}^{(1)})^{-\mathrm{T}} \tag{3.19d}$$

同理，将式（3.13）代入式（3.18）中展开并按 x 的升幂排列，只有 x 的系数为 0 时，等式才成立，因此

x^0：

$$-\boldsymbol{b}_0^{(i)}\boldsymbol{S}_0^{(i)}-\boldsymbol{S}_0^{(i)}(\boldsymbol{b}_0^{(i)})^{\mathrm{T}}+\boldsymbol{S}_0^{(i)}\boldsymbol{c}^{(i)}\boldsymbol{S}_0^{(i)}=0 \tag{3.20}$$

x：

$$
\begin{aligned}
&(-\boldsymbol{b}_0^{(i)}+\boldsymbol{S}_0^{(i)}\boldsymbol{c}^{(i)})\boldsymbol{S}_1^{(i)}+\boldsymbol{S}_1^{(i)}[-(\boldsymbol{b}_0^{(i)})^{\mathrm{T}}+\boldsymbol{c}^{(i)}\boldsymbol{S}_0^{(i)}]+2\boldsymbol{S}_1^{(i)}\\
&=\boldsymbol{b}_1^{(i)}\boldsymbol{S}_0^{(i)}+\boldsymbol{S}_0^{(i)}(\boldsymbol{b}_1^{(i)})^{\mathrm{T}}
\end{aligned}
\tag{3.21}
$$

x^2：

$$
\begin{aligned}
&\boldsymbol{a}^{(i)}-\boldsymbol{b}_1^{(i)}\boldsymbol{S}_1^{(i)}-\boldsymbol{S}_1^{(i)}(\boldsymbol{b}_1^{(i)})^{\mathrm{T}}+\boldsymbol{S}_1^{(i)}\boldsymbol{c}^{(i)}\boldsymbol{S}_1^{(i)}-(2\boldsymbol{I}-\boldsymbol{b}_0^{(i)}+\boldsymbol{S}_0^{(i)}\boldsymbol{c}^{(i)})\boldsymbol{R}^{(i+1)}(x)\\
&-\boldsymbol{R}^{(i+1)}(x)[2\boldsymbol{I}-(\boldsymbol{b}_0^{(i)})^{\mathrm{T}}+\boldsymbol{c}^{(i)}\boldsymbol{S}_0^{(i)}]-x(-\boldsymbol{b}_1^{(i)}+\boldsymbol{S}_1^{(i)}\boldsymbol{c}^{(i)})\boldsymbol{R}^{(i+1)}(x)\\
&-x\boldsymbol{R}^{(i+1)}(x)[-(\boldsymbol{b}_1^{(i)})^{\mathrm{T}}+\boldsymbol{c}^{(i)}\boldsymbol{S}_1^{(i)}]-2x\boldsymbol{R}^{(i+1)}(x)_{,x}\\
&+x^2\boldsymbol{R}^{(i+1)}(x)\boldsymbol{c}^{(i)}\boldsymbol{R}^{(i+1)}(x)=0
\end{aligned}
\tag{3.22}
$$

对式（3.20）分别前乘、后乘$(\boldsymbol{S}_0^{(i)})^{-1}$，得到关于$(\boldsymbol{S}_0^{(i)})^{-1}$的 Lyapunov 方程为

$$(\boldsymbol{S}_0^{(i)})^{-1}\boldsymbol{b}_0^{(i)}+(\boldsymbol{b}_0^{(i)})^{\mathrm{T}}(\boldsymbol{S}_0^{(i)})^{-1}=\boldsymbol{c}^{(i)} \tag{3.23}$$

对式（3.21）进行变换，得到关于 $\boldsymbol{S}_1^{(i)}$ 的 Lyapunov 方程为

$$
\begin{aligned}
&[\boldsymbol{I}-\boldsymbol{b}_0^{(i)}+\boldsymbol{S}_0^{(i)}\boldsymbol{c}^{(i)}]\boldsymbol{S}_1^{(i)}+\boldsymbol{S}_1^{(i)}[\boldsymbol{I}-(\boldsymbol{b}_0^{(i)})^{\mathrm{T}}+\boldsymbol{c}^{(i)}\boldsymbol{S}_0^{(i)}]\\
&=\boldsymbol{b}_1^{(i)}\boldsymbol{S}_0^{(i)}+\boldsymbol{S}_0^{(i)}(\boldsymbol{b}_1^{(i)})^{\mathrm{T}}
\end{aligned}
\tag{3.24}
$$

式（3.23）、式（3.24）中的 Lyapunov 方程可以利用现有软件包方便求解，例如，Matlab 中的 lyap 函数。

将式（3.22）分别前乘 $\boldsymbol{S}^{(i+1)}(x)(\boldsymbol{X}^{(i+1)})^{-1}$和后乘$(\boldsymbol{X}^{(i+1)})^{-\mathrm{T}}$

$\boldsymbol{S}^{(i+1)}(x)$，并建立递推形式得到

$$\boldsymbol{S}^{(i+1)}(x)\boldsymbol{c}^{(i+1)}\boldsymbol{S}^{(i+1)}(x)-\boldsymbol{S}^{(i+1)}(x)(\boldsymbol{b}_0^{(i+1)})^{\mathrm{T}}-\boldsymbol{b}_0^{(i+1)}\boldsymbol{S}^{(i+1)}(x)$$
$$-x\boldsymbol{S}^{(i+1)}(x)(\boldsymbol{b}_1^{(i+1)})^{\mathrm{T}}-x\boldsymbol{b}_1^{(i+1)}\boldsymbol{S}^{(i+1)}(x)+2x\boldsymbol{S}^{(i+1)}(x)_{,x}+x^2\boldsymbol{a}^{(i+1)}=0 \tag{3.25}$$

其中

$$\boldsymbol{a}^{(i+1)}=(\boldsymbol{X}^{(i+1)})^{\mathrm{T}}\boldsymbol{c}^{(i)}\boldsymbol{X}^{(i+1)} \tag{3.26a}$$

$$\boldsymbol{b}_0^{(i+1)}=(\boldsymbol{X}^{(i+1)})^{\mathrm{T}}[2\boldsymbol{I}-(\boldsymbol{b}_0^{(i)})^{\mathrm{T}}+\boldsymbol{c}^{(i)}\boldsymbol{S}_0^{(i)}](\boldsymbol{X}^{(i+1)})^{-\mathrm{T}} \tag{3.26b}$$

$$\boldsymbol{b}_1^{(i+1)}=(\boldsymbol{X}^{(i+1)})^{\mathrm{T}}[-(\boldsymbol{b}_1^{(i)})^{\mathrm{T}}+\boldsymbol{c}^{(i)}\boldsymbol{S}_1^{(i)}](\boldsymbol{X}^{(i+1)})^{-\mathrm{T}} \tag{3.26c}$$

$$\boldsymbol{c}^{(i+1)}=(\boldsymbol{X}^{(i+1)})^{-1}[\boldsymbol{a}^{(i)}-\boldsymbol{b}_1^{(i)}\boldsymbol{S}_1^{(i)}-\boldsymbol{S}_1^{(i)}(\boldsymbol{b}_1^{(i)})^{\mathrm{T}}+\boldsymbol{S}_1^{(i)}\boldsymbol{c}^{(i)}\boldsymbol{S}_1^{(i)}]$$
$$(\boldsymbol{X}^{(i+1)})^{-\mathrm{T}} \tag{3.26d}$$

3.2　广义质量、刚度矩阵集成

考察边界 $\xi=1$ 上的力-位移关系，即

$$\boldsymbol{F}=(\boldsymbol{K}+x\boldsymbol{M})\boldsymbol{u}-x\boldsymbol{X}^{(1)}\boldsymbol{u}^{(1)} \tag{3.27}$$

式中：$\boldsymbol{u}$ 为有限域的节点位移。

辅助变量 $\boldsymbol{u}^{(1)}$ 定义为

$$x(\boldsymbol{X}^{(1)})^{\mathrm{T}}\boldsymbol{u}=\boldsymbol{S}^{(1)}(x)\boldsymbol{u}^{(1)} \tag{3.28}$$

将式（3.28）递推到一般形式 $i\geqslant1$，得到

$$x(\boldsymbol{X}^{(i)})^{\mathrm{T}}\boldsymbol{u}^{(i-1)}=\boldsymbol{S}^{(i)}(x)\boldsymbol{u}^{(i)} \tag{3.29}$$

式中：$\boldsymbol{u}^{(i)}$ 为辅助变量。

然后，将式（3.13）代入式（3.29）中，得到

$$-x(\boldsymbol{X}^{(i)})^{\mathrm{T}}\boldsymbol{u}^{(i-1)}+(\boldsymbol{S}_0^{(i)}+x\boldsymbol{S}_1^{(i)})\boldsymbol{u}^{(i)}-x\boldsymbol{X}^{(i+1)}\boldsymbol{u}^{(i+1)}=0 \tag{3.30}$$

当取 M 阶连分式时，近似取 $\boldsymbol{u}^{(M+1)}=0$。根据式（3.27）、式（3.30），对于 M 阶连分式，用矩阵表示为

$$(\boldsymbol{K}_{\mathrm{b}}-\omega^2\boldsymbol{M}_{\mathrm{b}})\boldsymbol{Z}(\omega)=\boldsymbol{F}(\omega) \tag{3.31}$$

其中，独立变量间的关系为 $x=-\omega^2$；系数矩阵 $\boldsymbol{K}_b$、$\boldsymbol{M}_b$，待求向量 $\boldsymbol{Z}(\omega)$，以及右端荷载向量 $\boldsymbol{F}(\omega)$ 分别表示为

$$\boldsymbol{M}_b=\begin{bmatrix} \boldsymbol{M} & -\boldsymbol{X}^{(1)} & \boldsymbol{0} & \cdots & \boldsymbol{0} & \boldsymbol{0} \\ -(\boldsymbol{X}^{(1)})^{\mathrm{T}} & \boldsymbol{S}_1^{(1)} & -\boldsymbol{X}^{(2)} & \cdots & \boldsymbol{0} & \boldsymbol{0} \\ \boldsymbol{0} & -(\boldsymbol{X}^{(2)})^{\mathrm{T}} & \boldsymbol{S}_1^{(2)} & \cdots & \boldsymbol{0} & \boldsymbol{0} \\ \vdots & \vdots & \vdots & \ddots & -\boldsymbol{X}^{(M-1)} & \boldsymbol{0} \\ \boldsymbol{0} & \boldsymbol{0} & \boldsymbol{0} & -(\boldsymbol{X}^{(M-1)})^{\mathrm{T}} & \boldsymbol{S}_1^{(M-1)} & -\boldsymbol{X}^{(M)} \\ \boldsymbol{0} & \boldsymbol{0} & \boldsymbol{0} & \boldsymbol{0} & -(\boldsymbol{X}^{(M)})^{\mathrm{T}} & \boldsymbol{S}_1^{(M)} \end{bmatrix} \tag{3.32}$$

$$\boldsymbol{K}_b=\begin{bmatrix} \boldsymbol{K} & & & & & \\ & \boldsymbol{S}_0^{(1)} & & & & \\ & & \boldsymbol{S}_0^{(2)} & & & \\ & & & \ddots & & \\ & & & & \boldsymbol{S}_0^{(M-1)} & \\ & & & & & \boldsymbol{S}_0^{(M)} \end{bmatrix} \tag{3.33}$$

$$\boldsymbol{Z}(\omega)=\begin{Bmatrix} \boldsymbol{u}(\omega) \\ \boldsymbol{u}^{(1)}(\omega) \\ \boldsymbol{u}^{(2)}(\omega) \\ \vdots \\ \boldsymbol{u}^{(M-1)}(\omega) \\ \boldsymbol{u}^{(M)}(\omega) \end{Bmatrix},\boldsymbol{F}(\omega)=\begin{Bmatrix} \boldsymbol{R}(\omega) \\ \boldsymbol{0} \\ \boldsymbol{0} \\ \vdots \\ \boldsymbol{0} \\ \boldsymbol{0} \end{Bmatrix} \tag{3.34}$$

式中：$\boldsymbol{M}_b$ 为有限域广义的质量矩阵，是三块对角矩阵，主对角块由 $\boldsymbol{M}$ 和 $\boldsymbol{S}_1^{(i)}$ 组成，次对角块由 $-\boldsymbol{X}^{(i)}$ 及其转置矩阵填充；$\boldsymbol{K}_b$ 是有限域广义的刚度矩阵，为由 $\boldsymbol{K}$ 和 $\boldsymbol{S}_0^{(i)}$ 组成的块对角矩阵。

若结构自由度大小为 nd，则 $\boldsymbol{K}_b$、$\boldsymbol{M}_b$ 矩阵维数为 $(M+1)nd\times(M+1)nd$。同时，由于系数矩阵 $\boldsymbol{K}$、$\boldsymbol{M}$、$\boldsymbol{S}_0^{(i)}$、$\boldsymbol{S}_1^{(i)}$ 都是对称的，所以 $\boldsymbol{K}_b$、$\boldsymbol{M}_b$ 是对称并且是稀疏的。实际编程计算时，根据稀疏矩阵性质（如采用 Matlab 中的 sparse 函数存储 $\boldsymbol{M}_b$ 矩阵中的非零元素），可以减小矩阵存储量，有效地提高计算效率。

将式（3.31）在时域里表示为

$$\boldsymbol{K}_{\mathrm{b}}\boldsymbol{z}(t)+\boldsymbol{M}_{\mathrm{b}}\ddot{\boldsymbol{z}}(t)=\boldsymbol{f}(t) \tag{3.35}$$

式（3.31）、式（3.35）即为基于比例边界有限元法和改进的连分式法的有限域动力学方程，可分别采用广义特征值法和 Newmark 法求解。值得指出的是式（3.35）不含阻尼矩阵，若要考虑材料的阻尼特性，可以引入 Rayleigh 阻尼假定，即

$$\boldsymbol{K}_{\mathrm{b}}\boldsymbol{z}(t)+(\alpha_0\boldsymbol{M}_{\mathrm{b}}+\alpha_1\boldsymbol{K}_{\mathrm{b}})\dot{\boldsymbol{z}}(t)+\boldsymbol{M}_{\mathrm{b}}\ddot{\boldsymbol{z}}(t)=\boldsymbol{f}(t) \tag{3.36}$$

3.3　$\boldsymbol{X}(i)$ 矩阵的确定及算法流程

3.3.1　$\boldsymbol{X}(i)$ 矩阵的确定

在式（3.32）、式（3.33）中，$\boldsymbol{K}$、$\boldsymbol{M}$、$\boldsymbol{S}_0^{(i)}$ 及 $\boldsymbol{S}_1^{(i)}$ 可按照 3.1 节中的公式计算得到，只有 $\boldsymbol{X}^{(i)}$ 是未知变量。最初采用连分式法[58,146]求解动力刚度矩阵时，系数矩阵取 $\boldsymbol{X}^{(i)}=\boldsymbol{I}$，对于自由度较少并且连分式阶数较低时，该算法能保持稳定；但对于自由度较多且连分式阶数逐渐增大时，该算法可能会造成矩阵运算病态，求解结果甚至是错误的。文献［147］中算例表明，无限域的系数矩阵 $\boldsymbol{c}^{(i)}$ 奇异是计算失效的主要原因。因此，采用类似做法对有限域的 $\boldsymbol{c}^{(i)}$ 进行修正。

式（3.19）、式（3.26）中的 $\boldsymbol{c}^{(i)}$ 可表示为

$$\boldsymbol{c}^{(i)}=(\boldsymbol{X}^{(i)})^{-1}\tilde{\boldsymbol{c}}^{(i)}(\boldsymbol{X}^{(i)})^{-\mathrm{T}} \tag{3.37}$$

其中

$$\tilde{\boldsymbol{c}}^{(i)}=\boldsymbol{M}\boldsymbol{E}_0^{-1}\boldsymbol{M},i=1 \tag{3.38a}$$

$$\tilde{\boldsymbol{c}}^{(i)}=\boldsymbol{a}^{(i-1)}-\boldsymbol{b}_1^{(i-1)}\boldsymbol{S}_1^{(i-1)}-\boldsymbol{S}_1^{(i-1)}(\boldsymbol{b}_1^{(i-1)})^{\mathrm{T}}+\boldsymbol{S}_1^{(i-1)}\boldsymbol{c}^{(i-1)}\boldsymbol{S}_1^{(i-1)},i>1 \tag{3.38b}$$

由于 $\tilde{\boldsymbol{c}}^{(i)}$ 是对称的，可以进行 $\boldsymbol{LDL}^{\mathrm{T}}$ 分解[230]，即将其分解为一下三角矩阵 $\boldsymbol{L}^{(i)}$、一个对角矩阵 $\boldsymbol{D}^{(i)}$ 和一个上三角矩阵 $(\boldsymbol{L}^{(i)})^{\mathrm{T}}$，其表达式为

$$\tilde{\boldsymbol{c}}^{(i)}=\boldsymbol{L}^{(i)}\boldsymbol{D}^{(i)}(\boldsymbol{L}^{(i)})^{\mathrm{T}} \tag{3.39}$$

并且，对矩阵 $\boldsymbol{D}^{(i)}$ 进行符号运算，即将 $\mathrm{sign}(\boldsymbol{D}^{(i)})$ 赋给新的

$\boldsymbol{D}^{(i)}$，这样更新后的 $\boldsymbol{D}^{(i)}$ 元素为±1。同时，选择

$$\boldsymbol{X}^{(i)}=\boldsymbol{L}^{(i)} \tag{3.40}$$

将式（3.39）、式（3.40）代入式（3.37）、式（3.38）中，得到

$$\boldsymbol{c}^{(i)}=\boldsymbol{D}^{(i)} \tag{3.41}$$

因此，矩阵 $\boldsymbol{c}^{(i)}$ 更新为对角矩阵且 $\boldsymbol{c}_{kk}^{(i)}=\pm 1$，能保证在计算中不致奇异。因此，式（3.32）、式（3.33）中的矩阵 $\boldsymbol{M}_{\mathrm{b}}$、$\boldsymbol{K}_{\mathrm{b}}$ 就很容易组装出来，然后代入式（3.31）、式（3.35）中进行求解。

3.3.2 有限域问题的算法流程

根据上述有限域问题的算法，设计了如下的求解流程：

（1）采用 Schur 求解式（3.7），得到 $\boldsymbol{K}=\boldsymbol{V}_{21}\boldsymbol{V}_{11}^{-1}$。

（2）求解 Lyapunov 方程式（3.11），求得 $\boldsymbol{M}=\boldsymbol{V}_{11}^{-T}\boldsymbol{m}\boldsymbol{V}_{11}^{-1}$。

（3）初始化如下的系数矩阵，即

$$\widetilde{\boldsymbol{a}}^{(1)}=\boldsymbol{E}_0^{-1} \tag{3.42a}$$

$$\widetilde{\boldsymbol{b}}_1^{(1)}=\boldsymbol{V}_{11}(2\boldsymbol{I}-\boldsymbol{S}_{11})\boldsymbol{V}_{11}^{-1} \tag{3.42b}$$

$$\widetilde{\boldsymbol{b}}_0^{(1)}=\boldsymbol{E}_0^{-1}\boldsymbol{M} \tag{3.42c}$$

$$\widetilde{\boldsymbol{c}}^{(1)}=\boldsymbol{M}\boldsymbol{E}_0^{-1}\boldsymbol{M} \tag{3.42d}$$

（4）分解 $\widetilde{\boldsymbol{c}}^{(1)}=\boldsymbol{L}^{(1)}\boldsymbol{D}^{(1)}(\boldsymbol{L}^{(1)})^{\mathrm{T}}$，并选择 $\boldsymbol{X}^{(1)}=\boldsymbol{L}^{(1)}$。

（5）更新系数矩阵，即

$$\boldsymbol{a}^{(1)}=(\boldsymbol{X}^{(1)})^{\mathrm{T}}\widetilde{\boldsymbol{a}}^{(1)}\boldsymbol{X}^{(1)} \tag{3.43a}$$

$$\boldsymbol{b}_0^{(1)}=(\boldsymbol{X}^{(1)})^{\mathrm{T}}\widetilde{\boldsymbol{b}}_0^{(1)}(\boldsymbol{X}^{(1)})^{-\mathrm{T}} \tag{3.43b}$$

$$\boldsymbol{b}_1^{(1)}=(\boldsymbol{X}^{(1)})^{\mathrm{T}}\widetilde{\boldsymbol{b}}_1^{(1)}(\boldsymbol{X}^{(1)})^{-\mathrm{T}} \tag{3.43c}$$

$$\boldsymbol{c}^{(1)}=\boldsymbol{D}^{(1)} \tag{3.43d}$$

（6）对连分式的阶数进行循环（for $i=1,2,\cdots,M$）。

1）求解 Lyapunov 方程式（3.23），得到 $\boldsymbol{S}_0^{(i)}$。

2）求解 Lyapunov 方程式（3.24），得到 $\boldsymbol{S}_1^{(i)}$。

3）建立递推计算格式：

$$\widetilde{\boldsymbol{a}}^{(i+1)}=\boldsymbol{c}^{(i)} \tag{3.44a}$$

$$\widetilde{\boldsymbol{b}}_0^{(i+1)}=2\boldsymbol{I}-(\boldsymbol{b}_0^{(i)})^{\mathrm{T}}+\boldsymbol{c}^{(i)}\boldsymbol{S}_0^{(i)} \tag{3.44b}$$

$$\widetilde{\boldsymbol{b}}_1^{(i+1)}=-(\boldsymbol{b}_1^{(i)})^{\mathrm{T}}+\boldsymbol{c}^{(i)}\boldsymbol{S}_1^{(i)} \tag{3.44c}$$

$$\widetilde{\boldsymbol{c}}^{(i+1)}=\boldsymbol{a}^{(i)}-\boldsymbol{b}_1^{(i)}\boldsymbol{S}_1^{(i)}-\boldsymbol{S}_1^{(i)}(\boldsymbol{b}_1^{(i)})^{\mathrm{T}}+\boldsymbol{S}_1^{(i)}\boldsymbol{c}^{(i)}\boldsymbol{S}_1^{(i)} \tag{3.44d}$$

4）分解$\widetilde{\boldsymbol{c}}^{(i+1)}=\boldsymbol{L}^{(i+1)}\boldsymbol{D}^{(i+1)}(\boldsymbol{L}^{(i+1)})^{\mathrm{T}}$，并选择$\boldsymbol{X}^{(i+1)}=\boldsymbol{L}^{(i+1)}$。

5）更新系数矩阵：

$$\boldsymbol{a}^{(i+1)}=(\boldsymbol{X}^{(i+1)})^{\mathrm{T}}\widetilde{\boldsymbol{a}}^{(i+1)}\boldsymbol{X}^{(i+1)} \tag{3.45a}$$

$$\boldsymbol{b}_0^{(i+1)}=(\boldsymbol{X}^{(i+1)})^{\mathrm{T}}\widetilde{\boldsymbol{b}}_0^{(i+1)}(\boldsymbol{X}^{(i+1)})^{-\mathrm{T}} \tag{3.45b}$$

$$\boldsymbol{b}_1^{(i+1)}=(\boldsymbol{X}^{(i+1)})^{\mathrm{T}}\widetilde{\boldsymbol{b}}_1^{(i+1)}(\boldsymbol{X}^{(i+1)})^{-\mathrm{T}} \tag{3.45c}$$

$$\boldsymbol{c}^{(i+1)}=\boldsymbol{D}^{(i+1)} \tag{3.45d}$$

循环结束。

根据上述算法，$\boldsymbol{K}$、$\boldsymbol{M}$、$\boldsymbol{S}_0^{(i)}$、$\boldsymbol{S}_1^{(i)}$以及$\boldsymbol{X}^{(i)}$均可求出，这样式（3.32）、式（3.33）中的矩阵$\boldsymbol{M}_{\mathrm{b}}$、$\boldsymbol{K}_{\mathrm{b}}$就很容易组装出来，然后代入式（3.31）、式（3.35）中进行求解。

下面将介绍4个算例，算例1、算例2主要求解式（3.31），即结构的自振频率，算例3主要求解式（3.35），即结构的时程响应；同时，通过算例1、算例3说明在有限域内改进的连分式算法的必要性；算例4作为工程应用，求解了重力坝-地基系统的自振频率和时程响应，并通过与有限元法的结果比较，从计算精度、效率方面阐述该方法的有效性。

3.4　数值算例分析

3.4.1　算例1：正多边形自由振动分析

考虑一正五边形和正八边形[58]，其力学参数为：弹性模量$E=1\mathrm{Pa}$，泊松比$\nu=0.25$，质量密度$\rho=1\mathrm{kg/m^3}$，波速为$c_s=0.6325\mathrm{m/s}$，$c_p=1.0954\mathrm{m/s}$。按平面应力问题考虑，每条边上采

用 1 个九节点高阶单元进行离散，相似中心位于几何中心处，如图 3.1 和图 3.2 所示（图中“□”符号表示节点，“⊕”符号为相似中心，后面网格图相同，不再单独说明）。正五边形中共 40 个节点 80 个自由度，正八边形中共 64 个节点 128 个自由度。

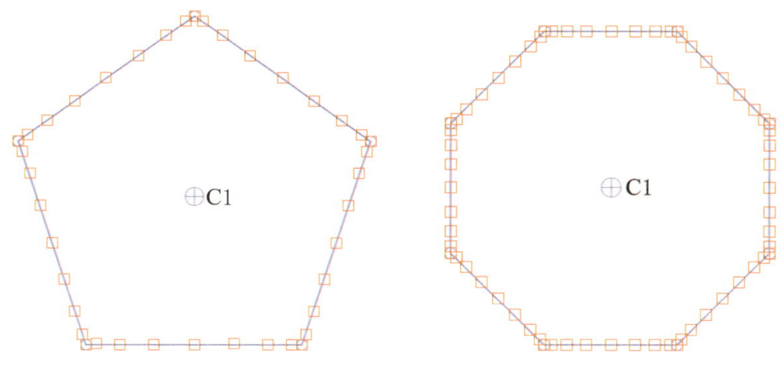

图 3.1 正五边形 SBFE 网格　　图 3.2 正八边形 SBFE 网格

设相似中心到正五边形每条边的垂直距离为 b，则每条边长为 $1.4531b$，到角点距离为 $1.2361b$。当采用高阶单元时，每个波长一般至少需要 6 个节点。当采用九节点单元时，每条边能传播约 1.03 个波长，对应的无量纲频率为 $a_0=\omega b/c_p=1.03\times 2\pi=6.48$，约为第 60 阶频率。另外，每个波长对应连分式展开阶数一般为 3～4 阶。因此，正五边形的前 60 阶模态至少需要 $M\approx 1.2361\times 1.03\times 3\approx 4$。同理，采用类似的估算方法，正八边形的前 150 阶模态至少需要 $M\approx 6$。

采用广义特征值法求解式（3.31），得到结构的自振频率，并与有限元结果进行了比较（有限元分析是基于 ABAQUS 软件完成的，后面的算例相同，不再单独说明），其中相对误差为基于有限元的结果，本例中忽略了前三阶刚体模态，如图 3.3 和图 3.4 所示。可以看出，本书的结果与有限元结果及文献中的结果非常接近，验证了该算法及程序的正确性。

为了说明改进算法的合理性，选取正八边形为例，同时加密了比例边界有限元网格和提高了连分式的阶数，每条边上采用 2 个九节点高阶单元离散，共 128 个节点 256 个自由度。同时，为说明改

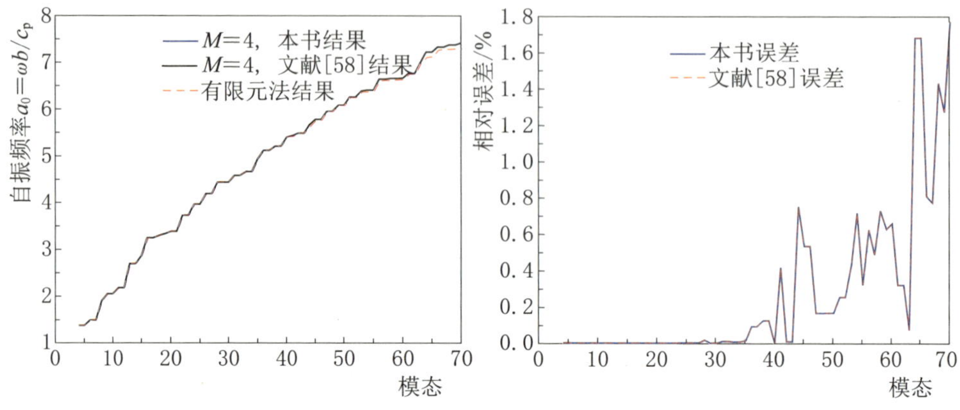

图 3.3　正五边形自振频率及误差（$M=4$）

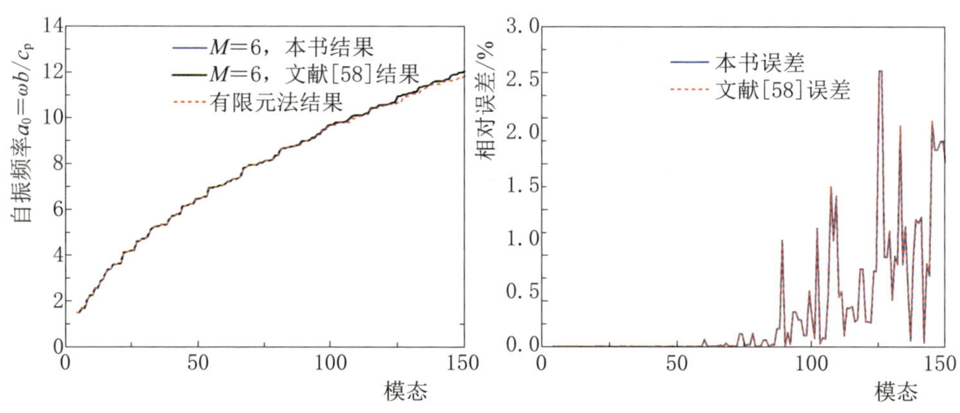

图 3.4　正八边形自振频率及误差（$M=6$）

进算法对高阶模态计算精度的影响，本例将阶数扩展至 400 阶，这样就需要增加连分式阶数。从图 3.5 可看出，当 $M=19$ 时，原算法的误差在低阶模态时小于 5%，但在高阶模态时最大误差接近 10%，这是不合理的，这种不稳定性就是选取 $\boldsymbol{X}^{(i)}=\boldsymbol{I}$ 造成的；而改进算法则避免了这种不稳定性，其结果与有限元的结果基本一致。从图 3.6 可看出，当 $M=20$ 时，原算法的最大相对误差接近 50%，并且绝大部分相对误差均大于 10%，这种误差在实际工程的结构分析中是不能接受的；而改进算法则避免了这种不稳定性，其结果与有限元的结果基本一致。

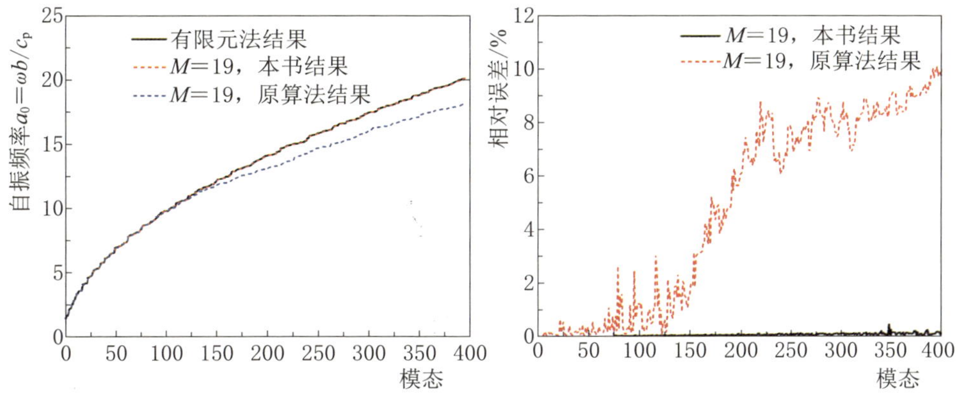

图 3.5 正八边形自振频率及误差（$M=19$）

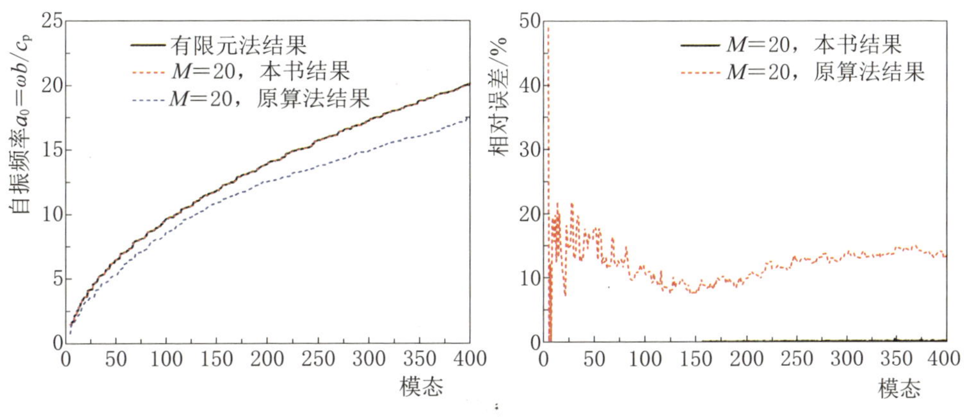

图 3.6 正八边形自振频率及误差（$M=20$）

3.4.2 算例 2：受约束结构振动分析

考虑如图 3.7 所示的 L 型结构[58]，其力学参数为：弹性模量 $E=1\text{Pa}$，泊松比 $\nu=1/3$，质量密度 $\rho=1\text{kg/m}^3$，波速为 $c_s=0.6124\text{m/s}$，$c_p=1.2247\text{m/s}$。按平面应力问题考虑，每长度 b 采用 1 个九节点高阶单元进行离散，共 49 个节点 71 个自由度，相似中心位于 O 点处，网格如图 3.8 所示。值得注意的是通过相似中心的线不用离散。根据算例 1 中的估算方法，本例中前 120 阶频率需要连分式展开阶数 $M\approx6$。

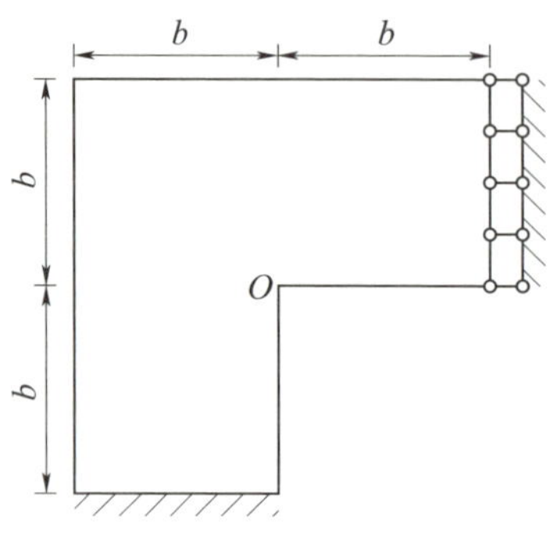

图 3.7　L 型结构几何模型

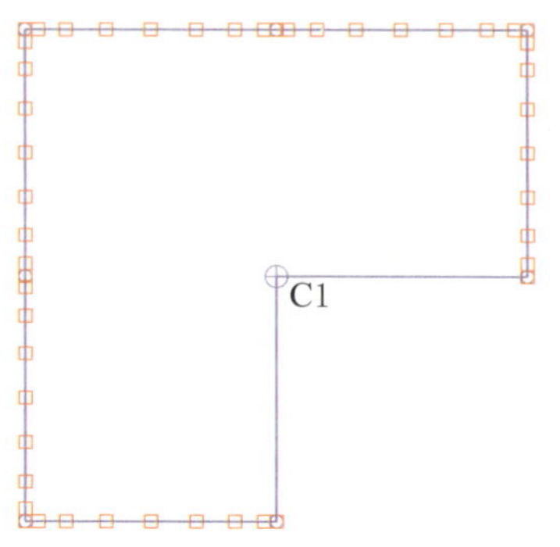

图 3.8　L 型结构比例边界有限元网格图

本算例与算例 1 的区别在于约束条件的处理，需要将刚度矩阵、质量矩阵中受约束的自由度设置为零，在程序实现时容易忽略，需引起注意。

采用广义特征值法得到结构的前 120 阶自振频率，并与有限元结果进行了比较，如图 3.9 所示。可以看出，本书的结果与有限元结果及文献中的结果非常接近，验证了算法及程序的正确性。

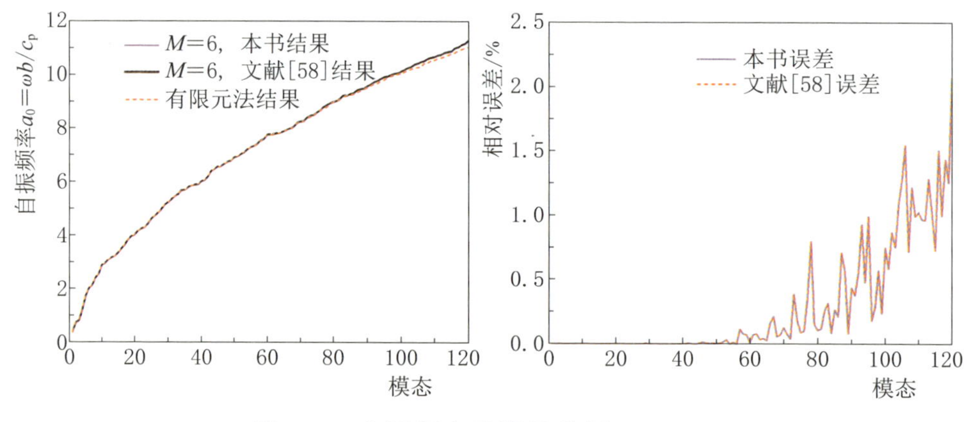

图 3.9　自振频率及误差分析（$M=6$）

3.4.3　算例 3：均质、成层有限地基时域分析

考虑如图 3.10 所示的二维均质有限地基，其力学参数为：剪切模量为 $G=1\text{Pa}$，泊松比 $\nu=0.25$，质量密度为 $\rho=1\text{kg/m}^3$。施加

的三角形荷载时程 $P(t)$ 如图 3.12（a）所示，其频谱图如图 3.12（b）所示。

按平面应变问题考虑，共划分了 1 个多边形，多边形的每条边各采用 2 个十节点的高阶单元进行离散，相似中心位于几何中心处，网格如图 3.11 所示。共划分了 12 个单元 108 个节点。为方便比较，本书针对该问题也进行了有限元分析，有限元网格采用八节点四边形单元离散，单元尺寸大小为 $0.1667b \times 0.1667b$，共 288 个单元 937 个节点。时域计算总时间为 $20b/c_s$，积分步长为$\Delta t = 0.02b/c_s$。

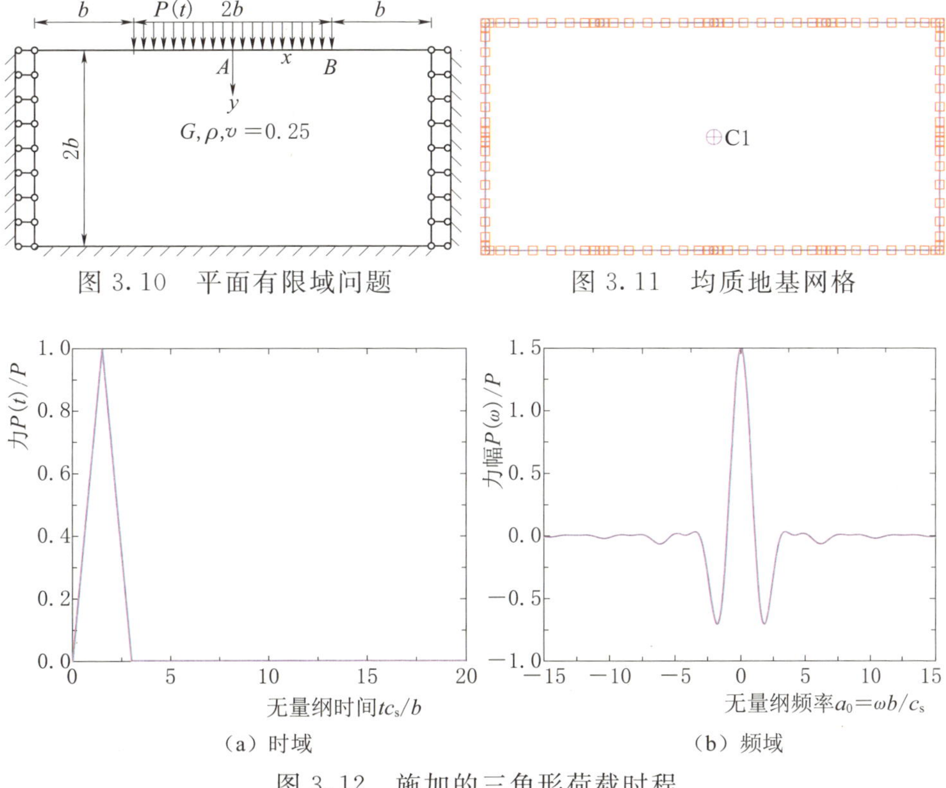

图 3.10 平面有限域问题

图 3.11 均质地基网格

（a）时域

（b）频域

图 3.12 施加的三角形荷载时程

无量纲化后的观测点 A、B 竖向位移响应如图 3.13 所示。可以看出，当连分式阶数增大到 $M=8$ 时，采用原算法由于选取 $\boldsymbol{X}^{(i)}=\boldsymbol{I}$ 造成矩阵奇异，计算结果显示为 NaN（Not a Number），如图 3.14 所示。而采用改进的算法得到的结果与有限元结果非常接近。本例表明，对于连分展开阶数 $M=8$ 不算太高的情况下，改进算法是非常有必要的，改进效果也非常好。

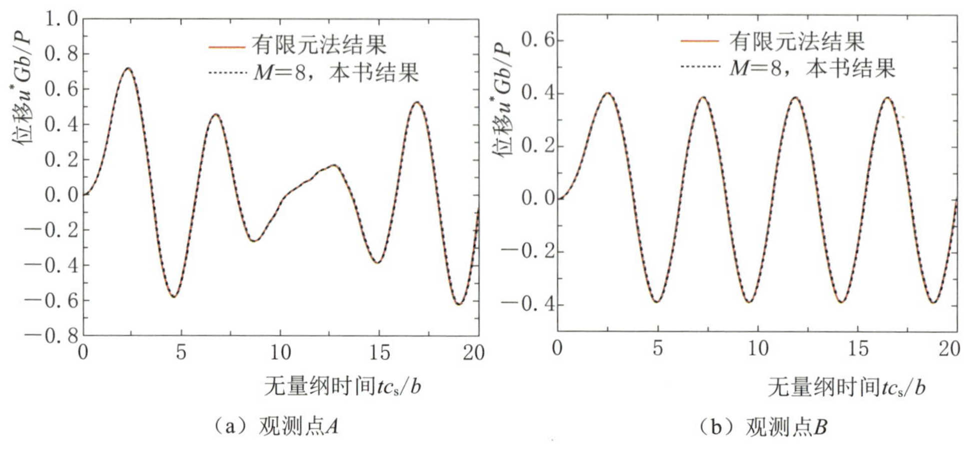

（a）观测点A　　（b）观测点B

图 3.13　均质地基竖向位移时程

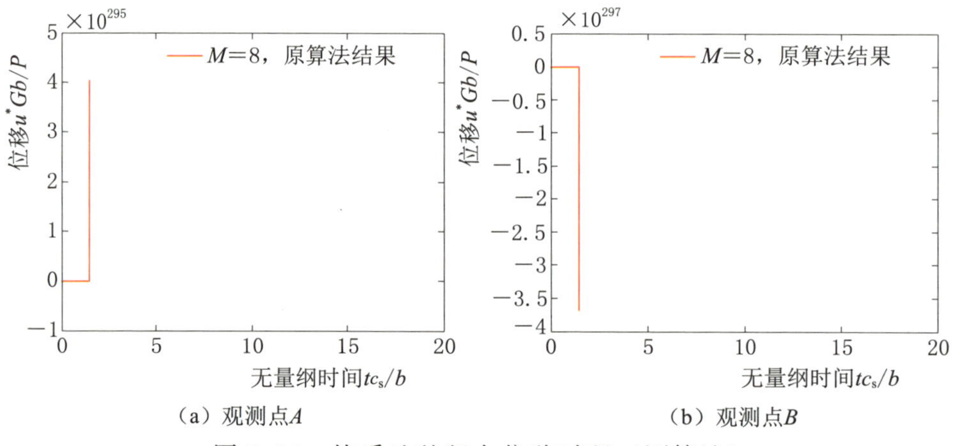

（a）观测点A　　（b）观测点B

图 3.14　均质地基竖向位移时程（原算法）

将图 3.10 中均质地基沿深度方向平均分为两层，上、下层材料参数分别为 $G_1=G=1\text{Pa}$，$\rho_1=\rho=1\text{kg/m}^3$，$\nu_1=0.25$；$G_2=9G=9\text{Pa}$，$\rho_2=\rho=1\text{kg/m}^3$，$\nu_2=0.25$，几何模型如图 3.15 所示。成层地基共划分了 2 个多边形 16 个单元 143 个节点，如图 3.16 所示。计算时采用的边界条件、荷载与均质地基的相同。

无量纲化后的观测点 A、B 的竖向位移如图 3.17 所示。同样，当连分式阶数增大到 $M=7$ 时，采用原算法造成矩阵奇异，计算结果依然显示为 NaN(Not a Number)；而采用改进的算法得到的结果

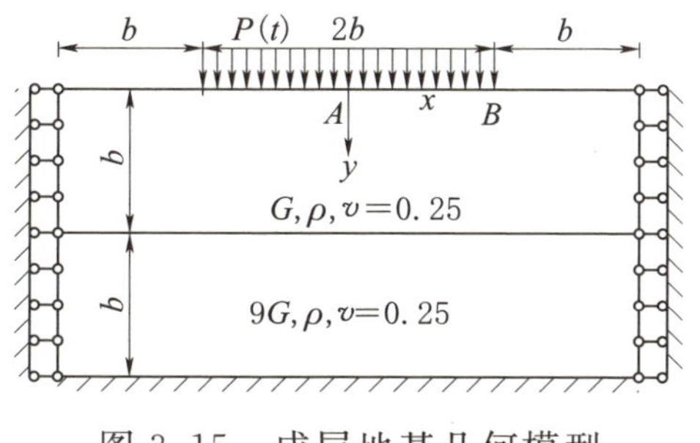

图 3.15　成层地基几何模型

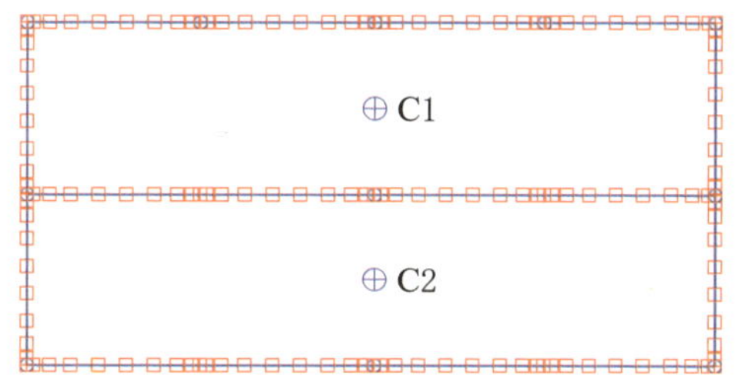

图 3.16　成层地基网格

与有限元结果吻合得很好。因此，对于本例中 $M=7$ 阶数较低的情况下，本书提出的改进算法是非常有必要的，也是很有效的。

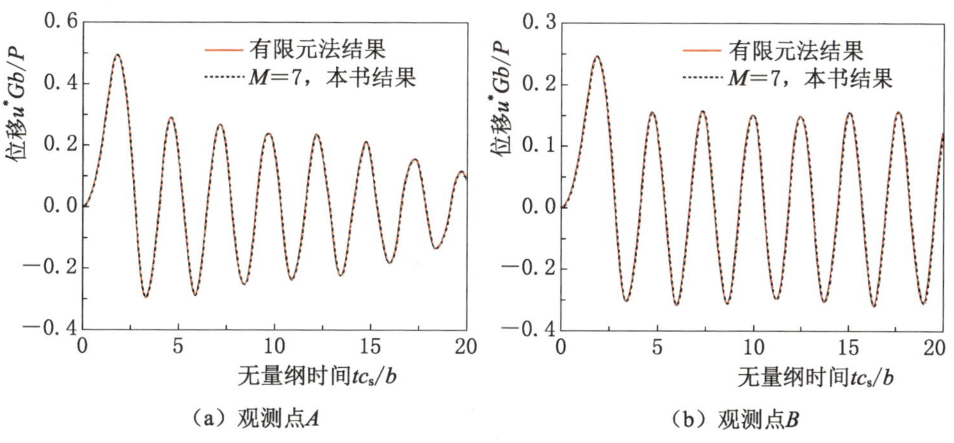

图 3.17　成层地基竖向位移时程

3.4.4　算例 4：重力坝-有限地基系统动力分析

以金安桥碾压混凝土重力坝 4 号挡水坝段为研究对象。该坝段坝顶高程 1424.00m，建基面最低高程 1335.00m，最大坝高 89.0m，坝顶宽 12.0m，下游坝面坡度 1：0.75。大坝混凝土力学参数为：$E_c=25.44$GPa，$\nu_c=0.167$，$\gamma_c=2600\text{kg/m}^3$；坝基岩体按Ⅱ类和Ⅲa 类岩体综合考虑，其综合参数为：$E_r=15.0$GPa，$\nu_r=0.25$，$\gamma_r=2700\text{kg/m}^3$（考虑为无质量地基时忽略地基质量）。

地基计算范围：沿坝踵向上游延伸150.0m（1.67倍最大坝高），沿坝趾向下游延伸150.0m，沿建基面向基础深部延伸150.0m。本部分未考虑无限地基的辐射阻尼影响。施加的边界条件为：对基岩上、下游边界约束顺河向水平位移，底部约束全部位移。按平面应变问题考虑，共划分了7个多边形，采用八节点的高阶单元进行离散，每个多边形的相似中心位于其几何中心处，共划分了42个单元288个节点。为方便比较，本书针对该问题也进行了有限元分析，有限元网格采用八节点四边形单元离散，坝体及地基边界网格离散份数与SBFEM的基本一致，共1720个单元5373个节点。重力坝-地基系统的有限元及SBFEM网格如图3.18所示。

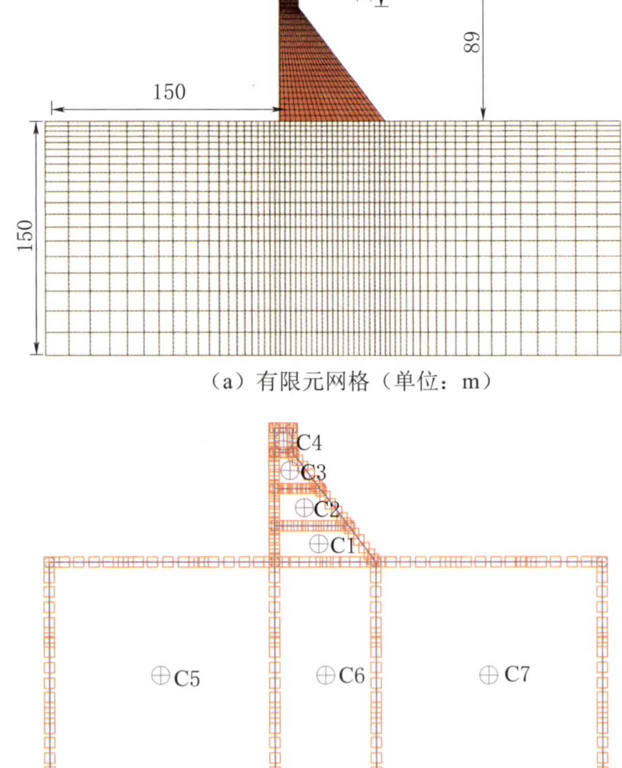

（a）有限元网格（单位：m）

（b）比例边界有限元网格

图3.18　重力坝-地基系统网格图

算例1、3中已经从理论角度充分地说明了改进的连分式算法的必要性和有效性，所以本例中将直接应用改进的算法在频域、时域里进行计算。采用广义特征值法求解得到重力坝-地基系统在空库下的前30阶自振频率，并与有限元结果进行了比较，如表3.1及图3.19所示。可以看出，当$M=6$时，基于SBFEM的结果与有限元的结果非常接近，最大相对误差仅为0.0583%。

表3.1　重力坝-地基系统前30阶自振频率及误差

阶数	SBFEM /Hz	FEM /Hz	误差 /%	阶数	SBFEM /Hz	FEM /Hz	误差 /%
1	2.8316	2.8333	0.0583	16	50.7396	50.7400	0.0008
2	5.9802	5.9806	0.0075	17	52.0388	52.0440	0.0101
3	6.5730	6.5745	0.0227	18	55.1685	55.1790	0.0191
4	11.4790	11.4790	0.0001	19	57.6280	57.6350	0.0122
5	18.8543	18.8540	0.0019	20	58.5201	58.5210	0.0015
6	18.9931	18.9940	0.0050	21	62.5703	62.5770	0.0108
7	26.8826	26.8840	0.0053	22	63.1406	63.1620	0.0339
8	29.0141	29.0150	0.0030	23	64.3324	64.3390	0.0102
9	31.8450	31.8460	0.0031	24	67.8780	67.8880	0.0147
10	34.4216	34.4230	0.0041	25	68.9233	68.9280	0.0068
11	37.1692	37.1750	0.0155	26	70.5230	70.5430	0.0283
12	40.6139	40.6130	0.0022	27	73.5384	73.5630	0.0334
13	43.7864	43.7890	0.0060	28	75.4032	75.4160	0.0170
14	45.1145	45.1180	0.0079	29	75.6907	75.7080	0.0228
15	49.7334	49.7360	0.0053	30	76.5184	76.5260	0.0099

采用本章方法对该坝段进行了时程动力分析，由于式（3.35）中并没有阻尼项，这里为反映混凝土的阻尼特性，采用Rayleigh阻尼[231]假定，即$\boldsymbol{C}=\alpha_0\boldsymbol{M}_b+\alpha_1\boldsymbol{K}_b$，其中当重力坝混凝土的阻尼比取8%时$\alpha_0=1.93191/s$，$\alpha_1=0.0029s$。采用的地震波为印度Koyna大坝地震记录的水平向加速度，如图3.20所示。进行地震响应分析时，将水平向地震加速度幅值调整至金安桥大坝设计地震加速度

峰值 0.3995g，竖向地震加速度取为水平向的 2/3，然后地震作用按照施加惯性力的方式作用到坝体节点上。时域计算总时间为 10s，积分步长为$\Delta t=0.02$s。

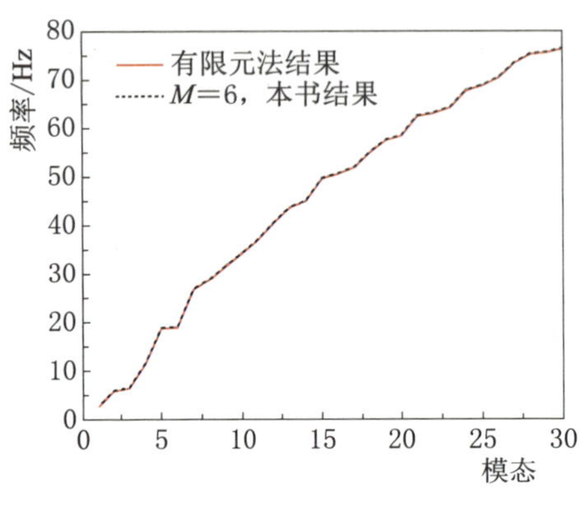

图 3.19　前 30 阶自振频率

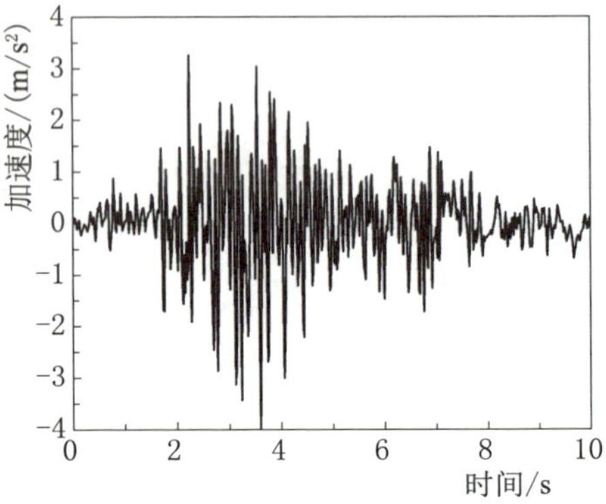

图 3.20　输入的地震加速度时程

比较了比例边界有限元法和有限元法的结果，坝顶水平向、竖向位移和加速度峰值及时程如表 3.2、表 3.3 及图 3.21 所示。坝体水平向位移峰值分别为 3.33cm、3.31cm，相对误差为 0.60%；坝体水平向加速度峰值分别为$-19.43\mathrm{m/s^2}$、$-19.09\mathrm{m/s^2}$，相对误差为 1.78%。由于计算机截断误差及误差累计的原因，比例边界有限元法时域分析的相对误差较频域分析时的略大，但均在可接受范围之内。综合自振频率、时程分析可以看出，比例边界有限元法有限域和有限元法得到的计算结果非常接近。

表 3.2　　坝体位移峰值及误差

项目	FEM	SBFEM	误差	项目	FEM	SBFEM	误差
水平位移	3.31cm	3.33cm	0.60%	竖向位移	−0.97cm	−0.99cm	2.06%

表 3.3　　坝体加速度峰值及误差

项目	FEM	SBFEM	误差%	项目	FEM	SBFEM	误差%
水平加速度	$-19.09\ \mathrm{m/s^2}$	$-19.43\ \mathrm{m/s^2}$	1.78	竖向加速度	$-5.04\ \mathrm{m/s^2}$	$-5.10\ \mathrm{m/s^2}$	1.19

比例边界有限元法只需在求解范围的边界上进行离散，使问题降低一维，同时求解自由度明显减小，计算效率得到提高。本例进

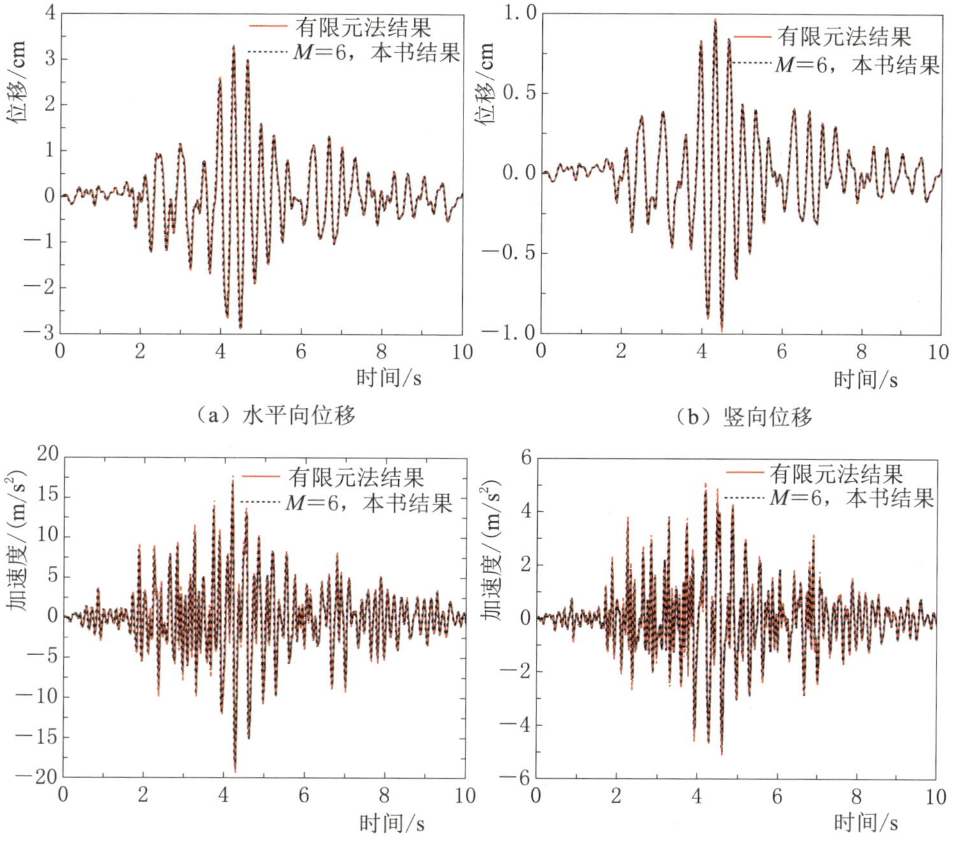

(a) 水平向位移

(b) 竖向位移

(c) 水平向加速度

(d) 竖向加速度

图 3.21 坝顶位移、加速度时程

行时程分析时，采用 ThinkPad SL510k 笔记本电脑，T4400 双核处理器，比例边界有限元法求解大约耗时 87s，而有限元法大约需要 282s。采用大致相同的计算环境（边界网格设置份数、材料参数、积分步长、采用的地震波等均相同），将地基范围分别延伸至 5 倍、10 倍坝高，然后采用比例边界有限元法、有限元法进行动力分析，两种算法的耗时比较如图 3.22 所示。

可以看出，在能保证计算精度的前提下，比例边界有限元法的计算耗时仅为有限元法的 30%～40%，计算效率明显占优。因此，本章算法为混凝土坝-地基系统的动力响应分析提供了一种更有效的计算方法。

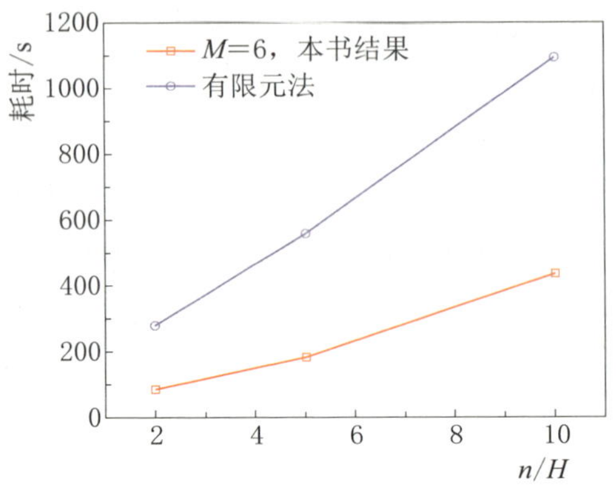

图 3.22　SBFEM 和 FEM 计算耗时比较

3.5　本　章　小　结

基于比例边界有限元理论框架，通过采用连分式展开和引入辅助变量，将有限域的动力刚度矩阵、质量矩阵采用高阶的矩阵表示。采用改进的连分式法求解比例边界有限元方程中的动力刚度矩阵。通过增加连分式展开的阶数，该求解方法能包含动力分析的主要频率范围。针对自由度较多的结构系统当连分式阶数逐渐增大时，原连分式算法［系数矩阵取 $\boldsymbol{X}^{(i)}=\boldsymbol{I}$］可能会造成矩阵运算病态的问题，提出采用改进的连分式算法能有效地提高数值计算稳定性。4 个数值算例表明改进算法的鲁棒性更强，适合任意形状、任意展开阶数的频域、时域动力分析。本章算法为混凝土坝-地基系统的动力响应分析提供了一种更有效的计算方法。

第4章　基于比例边界有限元法的远场无限地基局部高阶透射边界

比例边界有限元法在最初解决结构-地基动力相互作用问题时，无限地基的动力刚度矩阵是由加速度单位脉冲响应函数来描述的，这样每一时步都要涉及卷积积分运算及求解 Ricatti 方程或 Lyapunov 方程。虽然该方法是严格的、精确的，但是计算工作量大。近年来，Bazyar、Song[146] 提出采用连分式方法代替最初的卷积计算［式（1.2）］求解无限域的动力刚度矩阵，建立了适合任意形状的无限域高阶透射边界。该透射边界具有逼近全局卷积算法的高阶精度并且在时间上实现了局部化，相对于早期的卷积算法，计算效率得到很大提高。Birk 等[147-148] 进一步提出了改进的连分式算法以提高波动问题时域分析的高阶透射边界的稳定性与计算精度。

与求解有限域的动力刚度矩阵类似，本章采用改进的连分式法求解无限域的动力刚度矩阵，克服了原连分式算法可能会造成矩阵运算病态的问题。基于改进的连分式法建立的局部高阶透射边界表示为一阶常微分方程组，其稳定性取决于其系数矩阵的广义特征值问题；如果出现虚假模态，采用移谱法来校正系数矩阵以消除虚假模态。通过 4 个算例验证该透射边界以及整套算法的准确性、可靠性。

4.1　改进的连分式法求解无限域动力刚度矩阵

采用无限域动力刚度矩阵表示的比例边界有限元方程[51,55]为

$$[\boldsymbol{S}^{\infty}(\omega)+\boldsymbol{E}_1]\boldsymbol{E}_0^{-1}[\boldsymbol{S}^{\infty}(\omega)+\boldsymbol{E}_1^{\mathrm{T}}]-(s-2)\boldsymbol{S}^{\infty}(\omega)$$

$$-\omega \boldsymbol{S}^{\infty}(\omega)_{,\omega}-\boldsymbol{E}_2+\omega^2\boldsymbol{M}_0=0 \tag{4.1}$$

无限域动力刚度矩阵分解为

$$\boldsymbol{S}^{\infty}(\omega)=\boldsymbol{K}_{\infty}+\mathrm{i}\omega\boldsymbol{C}_{\infty}-\boldsymbol{R}^{(1)}(\omega) \tag{4.2}$$

式中：$\boldsymbol{C}_{\infty}$、$\boldsymbol{K}_{\infty}$为无限域常数阻尼、刚度矩阵；$\boldsymbol{R}^{(1)}(\omega)$ 为 $\boldsymbol{C}_{\infty}$、$\boldsymbol{K}_{\infty}$在高频处（$\omega\rightarrow\infty$）展开的余项。

将式（4.2）代入式（4.1）中，得到

$$\begin{aligned}&[\mathrm{i}\omega\boldsymbol{C}_{\infty}+\boldsymbol{K}_{\infty}-\boldsymbol{R}^{(1)}(\omega)+\boldsymbol{E}_1]\boldsymbol{E}_0^{-1}[\mathrm{i}\omega\boldsymbol{C}_{\infty}+\boldsymbol{K}_{\infty}-\boldsymbol{R}^{(1)}(\omega)+\boldsymbol{E}_1^{\mathrm{T}}]\\&-(s-2)[\mathrm{i}\omega\boldsymbol{C}_{\infty}+\boldsymbol{K}_{\infty}-\boldsymbol{R}^{(1)}(\omega)]-\mathrm{i}\omega\boldsymbol{C}_{\infty}+\omega\boldsymbol{R}^{(1)}(\omega)_{,\omega}-\boldsymbol{E}_2+\omega^2\boldsymbol{M}_0=0\end{aligned} \tag{4.3}$$

将式（4.3）展开并按（iω）的降幂排列，只有（iω）的系数为 0 时，式（4.3）才成立，因此

$(\mathrm{i}\omega)^2$：

$$\boldsymbol{C}_{\infty}\boldsymbol{E}_0^{-1}\boldsymbol{C}_{\infty}-\boldsymbol{M}_0=0 \tag{4.4}$$

$(\mathrm{i}\omega)$：

$$\boldsymbol{C}_{\infty}\boldsymbol{E}_0^{-1}(\boldsymbol{K}_{\infty}+\boldsymbol{E}_1^{\mathrm{T}})+(\boldsymbol{K}_{\infty}+\boldsymbol{E}_1)\boldsymbol{E}_0^{-1}\boldsymbol{C}_{\infty}-(s-1)\boldsymbol{C}_{\infty}=0 \tag{4.5}$$

$(\mathrm{i}\omega)^0$：

$$\begin{aligned}&(\boldsymbol{K}_{\infty}+\boldsymbol{E}_1)\boldsymbol{E}_0^{-1}(\boldsymbol{K}_{\infty}+\boldsymbol{E}_1^{\mathrm{T}})-(\mathrm{i}\omega\boldsymbol{C}_{\infty}+\boldsymbol{K}_{\infty}+\boldsymbol{E}_1)\boldsymbol{E}_0^{-1}\boldsymbol{R}^{(1)}(\omega)\\&-\boldsymbol{R}^{(1)}(\omega)\boldsymbol{E}_0^{-1}(\mathrm{i}\omega\boldsymbol{C}_{\infty}+\boldsymbol{K}_{\infty}+\boldsymbol{E}_1^{\mathrm{T}})+\boldsymbol{R}^{(1)}(\omega)\boldsymbol{E}_0^{-1}\boldsymbol{R}^{(1)}(\omega)\\&-(s-2)\boldsymbol{K}_{\infty}+(s-2)\boldsymbol{R}^{(1)}(\omega)+\omega\boldsymbol{R}^{(1)}(\omega)_{,\omega}-\boldsymbol{E}_2=0\end{aligned} \tag{4.6}$$

采用广义特征值法求解式（4.4），即

$$\boldsymbol{M}_0\boldsymbol{\Phi}=\boldsymbol{E}_0\boldsymbol{\Phi}\boldsymbol{\Lambda}^2 \tag{4.7}$$

式中：$\boldsymbol{\Lambda}^2$ 为正特征值构成的对角阵，即$\boldsymbol{\Lambda}^2=\mathrm{diag}\{\lambda_1^2\quad\lambda_2^2\quad\cdots\quad\lambda_N^2\}$。

将特征向量 $\boldsymbol{\Phi}$ 正交化为

$$\boldsymbol{\Phi}^{\mathrm{T}}\boldsymbol{E}_0\boldsymbol{\Phi}=\boldsymbol{I} \tag{4.8}$$

$$\boldsymbol{\Phi}^{\mathrm{T}}\boldsymbol{M}_0\boldsymbol{\Phi}=\boldsymbol{\Lambda}^2 \tag{4.9}$$

由式（4.8）、式（4.9）可得

$$\boldsymbol{E}_0^{-1}=\boldsymbol{\Phi}\boldsymbol{\Phi}^{\mathrm{T}} \tag{4.10}$$

对式（4.4）前乘 $\boldsymbol{\Phi}^{\mathrm{T}}$ 和后乘 $\boldsymbol{\Phi}$，并结合式（4.10），引入变量 $\boldsymbol{c}_{\infty}$、$\boldsymbol{k}_{\infty}$、$\boldsymbol{e}_1$，并具有以下关系：

$$\boldsymbol{c}_{\infty}=\boldsymbol{\Phi}^{\mathrm{T}}\boldsymbol{C}_{\infty}\boldsymbol{\Phi} \tag{4.11a}$$

$$\boldsymbol{k}_{\infty}=\boldsymbol{\Phi}^{\mathrm{T}}\boldsymbol{K}_{\infty}\boldsymbol{\Phi} \tag{4.11b}$$

$$\boldsymbol{e}_{1}=\boldsymbol{\Phi}^{\mathrm{T}}\boldsymbol{E}_{1}\boldsymbol{\Phi} \tag{4.11c}$$

因此，式（4.12）成立，$\boldsymbol{C}_{\infty}$即可求出。

$$\boldsymbol{C}_{\infty}=\boldsymbol{\Lambda} \tag{4.12}$$

对式（4.5）前乘 $\boldsymbol{\Phi}^{\mathrm{T}}$ 和后乘 $\boldsymbol{\Phi}$，并利用式（4.11）、式（4.12），得到式（4.13）所示的 Lyapunov 方程

$$\boldsymbol{\Lambda}\boldsymbol{k}_{\infty}+\boldsymbol{k}_{\infty}\boldsymbol{\Lambda}=-\boldsymbol{\Lambda}\boldsymbol{e}_{1}^{\mathrm{T}}-\boldsymbol{e}_{1}\boldsymbol{\Lambda}+(s-1)\boldsymbol{\Lambda} \tag{4.13}$$

矩阵 $\boldsymbol{k}_{\infty}$中的元素可通过式（4.14）求解，这样 $\boldsymbol{K}_{\infty}$即可求出。并且 $\boldsymbol{C}_{\infty}$、$\boldsymbol{K}_{\infty}$都是对称矩阵。

$$\boldsymbol{k}_{\infty kl}=\frac{1}{\boldsymbol{\Lambda}_{k}+\boldsymbol{\Lambda}_{l}}\left[-\boldsymbol{\Lambda}_{k}(\boldsymbol{e}_{1})_{lk}-\boldsymbol{\Lambda}_{l}(e_{1})_{kl}+(s-1)\boldsymbol{\Lambda}_{k}\delta_{kl}\right] \tag{4.14}$$

其中，δ_{kl}为 Kronecker 函数，$\delta_{kl}=\begin{cases}1, & k=l\\ 0, & k\neq l\end{cases}$。

下面阐述求解式（4.2）中的未知剩余项 $\boldsymbol{R}^{(1)}(\omega)$，其可表示为式（4.15）、式（4.16）中 $i=1$ 的情况，即

$$\boldsymbol{R}^{(i)}(\omega)=\boldsymbol{X}_{\mathrm{u}}^{(i)}\boldsymbol{Y}^{(i)}(\omega)^{-1}(\boldsymbol{X}_{\mathrm{u}}^{(i)})^{\mathrm{T}} \tag{4.15}$$

$$\boldsymbol{Y}^{(i)}(\omega)=\boldsymbol{Y}_{0}^{(i)}+\mathrm{i}\omega\boldsymbol{Y}_{1}^{(i)}-\boldsymbol{R}^{(i+1)}(\omega) \tag{4.16}$$

式中：$\boldsymbol{X}_{\mathrm{u}}^{(i)}$ 为未知项，同有限域问题的 $\boldsymbol{X}^{(i)}$，引入 $\boldsymbol{X}_{\mathrm{u}}^{(i)}$ 的作用就是增强系统稳定性；$\boldsymbol{Y}_{0}^{(i)}$、$\boldsymbol{Y}_{1}^{(i)}$ 为对应第 i 阶连分式的常数项；$\boldsymbol{R}^{(i+1)}(\omega)$ 为第 i 阶连分式展开的剩余项。

根据式（4.15），将式（4.6）中 $\boldsymbol{R}^{(1)}(\omega)_{,\omega}$写成一般形式，即

$$\begin{aligned}\boldsymbol{R}^{(i)}(\omega)_{,\omega}&=\boldsymbol{X}_{\mathrm{u}}^{(i)}(\boldsymbol{Y}^{(i)}(\omega)^{-1})_{,\omega}(\boldsymbol{X}_{\mathrm{u}}^{(i)})^{\mathrm{T}}\\&=-\boldsymbol{X}_{\mathrm{u}}^{(i)}\boldsymbol{Y}^{(i)}(\omega)^{-1}\boldsymbol{Y}^{(i)}(\omega)_{,\omega}\boldsymbol{Y}^{(i)}(\omega)^{-1}(\boldsymbol{X}_{\mathrm{u}}^{(i)})^{\mathrm{T}}\end{aligned} \tag{4.17}$$

将式（4.15）、式（4.17）代入式（4.6）中，得到

$$\begin{aligned}&(\boldsymbol{K}_{\infty}+\boldsymbol{E}_{1})\boldsymbol{E}_{0}^{-1}(\boldsymbol{K}_{\infty}+\boldsymbol{E}_{1}^{\mathrm{T}})-(\mathrm{i}\omega\boldsymbol{C}_{\infty}+\boldsymbol{K}_{\infty}+\boldsymbol{E}_{1})\boldsymbol{E}_{0}^{-1}\boldsymbol{X}_{\mathrm{u}}^{(1)}\boldsymbol{Y}^{(1)}(\omega)^{-1}(\boldsymbol{X}_{\mathrm{u}}^{(i)})^{\mathrm{T}}\\&-\boldsymbol{X}_{\mathrm{u}}^{(1)}\boldsymbol{Y}^{(1)}(\omega)^{-1}(\boldsymbol{X}_{\mathrm{u}}^{(1)})^{\mathrm{T}}\boldsymbol{E}_{0}^{-1}(\mathrm{i}\omega\boldsymbol{C}_{\infty}+\boldsymbol{K}_{\infty}+\boldsymbol{E}_{1}^{\mathrm{T}})+\boldsymbol{X}_{\mathrm{u}}^{(1)}\boldsymbol{Y}^{(1)}(\omega)^{-1}(\boldsymbol{X}_{\mathrm{u}}^{(1)})^{\mathrm{T}}\\&\boldsymbol{E}_{0}^{-1}\boldsymbol{X}_{\mathrm{u}}^{(1)}\boldsymbol{Y}^{(1)}(\omega)^{-1}(\boldsymbol{X}_{\mathrm{u}}^{(1)})^{\mathrm{T}}-(s-2)\boldsymbol{K}_{\infty}+(s-2)\boldsymbol{X}_{\mathrm{u}}^{(1)}\boldsymbol{Y}^{(1)}(\omega)^{-1}(\boldsymbol{X}_{\mathrm{u}}^{(1)})^{\mathrm{T}}\\&-\omega\boldsymbol{X}_{\mathrm{u}}^{(1)}\boldsymbol{Y}^{(1)}(\omega)^{-1}\boldsymbol{Y}^{(1)}(\omega)_{,\omega}\boldsymbol{Y}^{(1)}(\omega)^{-1}(\boldsymbol{X}_{\mathrm{u}}^{(1)})^{\mathrm{T}}-\boldsymbol{E}_{2}=0\end{aligned} \tag{4.18}$$

将式（4.18）前乘 $\boldsymbol{Y}^{(1)}(\omega)(\boldsymbol{X}_{\mathrm{u}}^{(1)})^{-1}$ 和后乘$(\boldsymbol{X}_{\mathrm{u}}^{(1)})^{-\mathrm{T}}\boldsymbol{Y}^{(1)}(\omega)$，

得到

$$
\begin{aligned}
&(\boldsymbol{X}_{\mathrm{u}}^{(1)})^{\mathrm{T}}\boldsymbol{E}_0^{-1}\boldsymbol{X}_{\mathrm{u}}^{(1)}-\boldsymbol{Y}^{(1)}(\omega)(\boldsymbol{X}_{\mathrm{u}}^{(1)})^{-1}(\mathrm{i}\omega\boldsymbol{C}_{\infty}+\boldsymbol{K}_{\infty}+\boldsymbol{E}_1)\boldsymbol{E}_0^{-1}\boldsymbol{X}_{\mathrm{u}}^{(1)}\\
&-(\boldsymbol{X}_{\mathrm{u}}^{(1)})^{\mathrm{T}}\boldsymbol{E}_0^{-1}(\mathrm{i}\omega\boldsymbol{C}_{\infty}+\boldsymbol{K}_{\infty}+\boldsymbol{E}_1^{\mathrm{T}})(\boldsymbol{X}_{\mathrm{u}}^{(1)})^{-\mathrm{T}}\boldsymbol{Y}^{(1)}(\omega)+(s-2)\boldsymbol{Y}^{(1)}(\omega)\\
&-\omega\boldsymbol{Y}^{(1)}(\omega)_{,\omega}+\boldsymbol{Y}^{(1)}(\omega)(\boldsymbol{X}_{\mathrm{u}}^{(1)})^{-1}[(\boldsymbol{K}_{\infty}+\boldsymbol{E}_1)\boldsymbol{E}_0^{-1}(\boldsymbol{K}_{\infty}+\boldsymbol{E}_1^{\mathrm{T}})-\boldsymbol{E}_2\\
&-(s-2)\boldsymbol{K}_{\infty}](\boldsymbol{X}_{\mathrm{u}}^{(1)})^{-\mathrm{T}}\boldsymbol{Y}^{(1)}(\omega)=0
\end{aligned}\tag{4.19}
$$

通过建立递推关系，式（4.19）可以表示为式（4.20）在 $i=1$ 下的情况，即

$$
\begin{aligned}
&\boldsymbol{a}^{(i)}-\boldsymbol{Y}^{(i)}(\omega)[\mathrm{i}\omega(\boldsymbol{b}_1^{(i)})^{\mathrm{T}}+(\boldsymbol{b}_0^{(i)})^{\mathrm{T}}]-(\mathrm{i}\omega\boldsymbol{b}_1^{(i)}+\boldsymbol{b}_0^{(i)})\boldsymbol{Y}^{(i)}(\omega)\\
&+\boldsymbol{Y}^{(i)}(\omega)\boldsymbol{c}^{(i)}\boldsymbol{Y}^{(i)}(\omega)-\omega\boldsymbol{Y}^{(i)}(\omega)_{,\omega}=0
\end{aligned}\tag{4.20}
$$

其中

$$\boldsymbol{a}^{(1)}=(\boldsymbol{X}_{\mathrm{u}}^{(1)})^{\mathrm{T}}\boldsymbol{\Phi}\boldsymbol{\Phi}^{\mathrm{T}}\boldsymbol{X}_{\mathrm{u}}^{(i)}\tag{4.21a}$$

$$\boldsymbol{b}_0^{(1)}=(\boldsymbol{X}_{\mathrm{u}}^{(1)})^{\mathrm{T}}\boldsymbol{\Phi}\boldsymbol{\Phi}^{\mathrm{T}}(\boldsymbol{K}_{\infty}+\boldsymbol{E}_1^{\mathrm{T}})(\boldsymbol{X}_{\mathrm{u}}^{(1)})^{-\mathrm{T}}-0.5(s-2)\boldsymbol{I}\tag{4.21b}$$

$$\boldsymbol{b}_1^{(1)}=(\boldsymbol{X}_{\mathrm{u}}^{(1)})^{\mathrm{T}}\boldsymbol{\Phi}\boldsymbol{\Lambda}\boldsymbol{\Phi}^{-1}(\boldsymbol{X}_{\mathrm{u}}^{(1)})^{-\mathrm{T}}\tag{4.21c}$$

$$\boldsymbol{c}^{(1)}=(\boldsymbol{X}_{\mathrm{u}}^{(1)})^{-1}[(\boldsymbol{K}_{\infty}+\boldsymbol{E}_1)\boldsymbol{\Phi}\boldsymbol{\Phi}^{\mathrm{T}}(\boldsymbol{K}_{\infty}+\boldsymbol{E}_1^{\mathrm{T}})-\boldsymbol{E}_2-(s-2)\boldsymbol{K}_{\infty}](\boldsymbol{X}_{\mathrm{u}}^{(1)})^{-\mathrm{T}}\tag{4.21d}$$

同理，将式（4.16）代入式（4.20），得到

$$
\begin{aligned}
&\boldsymbol{a}^{(i)}-[\boldsymbol{Y}_0^{(i)}+\mathrm{i}\omega\boldsymbol{Y}_1^{(i)}-\boldsymbol{R}^{(i+1)}(\omega)][\mathrm{i}\omega(\boldsymbol{b}_1^{(i)})^{\mathrm{T}}+(\boldsymbol{b}_0^{(i)})^{\mathrm{T}}]-(\mathrm{i}\omega\boldsymbol{b}_1^{(i)}+\boldsymbol{b}_0^{(i)})\\
&[\boldsymbol{Y}_0^{(i)}+\mathrm{i}\omega\boldsymbol{Y}_1^{(i)}-\boldsymbol{R}^{(i+1)}(\omega)]+[\boldsymbol{Y}_0^{(i)}+\mathrm{i}\omega\boldsymbol{Y}_1^{(i)}-\boldsymbol{R}^{(i+1)}(\omega)]\boldsymbol{c}^{(i)}[\boldsymbol{Y}_0^{(i)}+\mathrm{i}\omega\boldsymbol{Y}_1^{(i)}\\
&-\boldsymbol{R}^{(i+1)}(\omega)]-\mathrm{i}\omega\boldsymbol{Y}_1^{(i)}+\omega\boldsymbol{R}^{(i+1)}(\omega)_{,\omega}=0
\end{aligned}\tag{4.22}
$$

将式（4.22）展开并按（iω）的降幂排列，只有（iω）的系数为 0 时，式（4.22）才成立，因此

$(\mathrm{i}\omega)^2$：

$$-\boldsymbol{Y}_1^{(i)}(\boldsymbol{b}_1^{(i)})^{\mathrm{T}}-\boldsymbol{b}_1^{(i)}\boldsymbol{Y}_1^{(i)}+\boldsymbol{Y}_1^{(i)}\boldsymbol{c}^{(i)}\boldsymbol{Y}_1^{(i)}=0\tag{4.23}$$

$(\mathrm{i}\omega)$：

$$
\begin{aligned}
&(-\boldsymbol{b}_1^{(i)}+\boldsymbol{Y}_1^{(i)}\boldsymbol{c}^{(i)})\boldsymbol{Y}_0^{(i)}+\boldsymbol{Y}_0^{(i)}[-(\boldsymbol{b}_1^{(i)})^{\mathrm{T}}+\boldsymbol{c}^{(i)}\boldsymbol{Y}_1^{(i)}]\\
&=\boldsymbol{Y}_1^{(i)}(\boldsymbol{b}_0^{(i)})^{\mathrm{T}}+\boldsymbol{b}_0^{(i)}\boldsymbol{Y}_1^{(i)}+\boldsymbol{Y}_1^{(i)}
\end{aligned}\tag{4.24}
$$

$(\mathrm{i}\omega)^0$：

$$
\begin{aligned}
&\boldsymbol{a}^{(i)}-\boldsymbol{b}_0^{(i)}\boldsymbol{Y}_0^{(i)}-\boldsymbol{Y}_0^{(i)}(\boldsymbol{b}_0^{(i)})^{\mathrm{T}}+\boldsymbol{Y}_0^{(i)}\boldsymbol{c}^{(i)}\boldsymbol{Y}_0^{(i)}-\boldsymbol{R}^{(i+1)}(\omega)\{-(\boldsymbol{b}_0^{(i)})^{\mathrm{T}}+\boldsymbol{c}^{(i)}\boldsymbol{Y}_0^{(i)}\\
&+\mathrm{i}\omega[-(\boldsymbol{b}_1^{(i)})^{\mathrm{T}}+\boldsymbol{c}^{(i)}\boldsymbol{Y}_1^{(i)}]\}-[-\boldsymbol{b}_0^{(i)}+\boldsymbol{Y}_0^{(i)}\boldsymbol{c}^{(i)}+\mathrm{i}\omega(-\boldsymbol{b}_1^{(i)}+\boldsymbol{Y}_1^{(i)}\boldsymbol{c}^{(i)})]\\
&\boldsymbol{R}^{(i+1)}(\omega)+\boldsymbol{R}^{(i+1)}(\omega)\boldsymbol{c}^{(i)}\boldsymbol{R}^{(i+1)}(\omega)+\omega\boldsymbol{R}^{(i+1)}(\omega)_{,\omega}=0
\end{aligned}\tag{4.25}
$$

将式（4.23）分别前乘、后乘 $(\boldsymbol{Y}_1^{(i)})^{-1}$，得到

$$(\boldsymbol{b}_1^{(i)})^{\mathrm{T}}(\boldsymbol{Y}_1^{(i)})^{-1}+(\boldsymbol{Y}_1^{(i)})^{-1}\boldsymbol{b}_1^{(i)}=\boldsymbol{c}^{(i)} \tag{4.26}$$

式（4.26）、式（4.24）是分别关于 $(\boldsymbol{Y}_1^{(i)})^{-1}$、$\boldsymbol{Y}_0^{(i)}$ 的 Lyapunov 方程，按照式（4.14）的方法求得，并且 $\boldsymbol{Y}_1^{(i)}$、$\boldsymbol{Y}_0^{(i)}$ 都是对称矩阵。

将式（4.15）中 $\boldsymbol{R}^{(i+1)}(\omega)$ 代入式（4.25），并利用式（4.17），得到

$$\begin{aligned}&\boldsymbol{a}^{(i)}-\boldsymbol{b}_0^{(i)}\boldsymbol{Y}_0^{(i)}-\boldsymbol{Y}_0^{(i)}(\boldsymbol{b}_0^{(i)})^{\mathrm{T}}+\boldsymbol{Y}_0^{(i)}\boldsymbol{c}^{(i)}\boldsymbol{Y}_0^{(i)}-\boldsymbol{X}_{\mathrm{u}}^{(i+1)}\boldsymbol{Y}^{(i+1)}(\omega)^{-1}(\boldsymbol{X}_u^{(i+1)})^{\mathrm{T}}\\&\{-(\boldsymbol{b}_0^{(i)})^{\mathrm{T}}+\boldsymbol{c}^{(i)}\boldsymbol{Y}_0^{(i)}+\mathrm{i}\omega[-(\boldsymbol{b}_1^{(i)})^{\mathrm{T}}+\boldsymbol{c}^{(i)}\boldsymbol{Y}_1^{(i)}]\}-[-\boldsymbol{b}_0^{(i)}+\boldsymbol{Y}_0^{(i)}\boldsymbol{c}^{(i)}+\mathrm{i}\omega\\&(-\boldsymbol{b}_1^{(i)}+\boldsymbol{Y}_1^{(i)}\boldsymbol{c}^{(i)})]\boldsymbol{X}_{\mathrm{u}}^{(i+1)}\boldsymbol{Y}^{(i+1)}(\omega)^{-1}(\boldsymbol{X}_{\mathrm{u}}^{(i+1)})^{\mathrm{T}}+\boldsymbol{X}_{\mathrm{u}}^{(i+1)}\boldsymbol{Y}^{(i+1)}(\omega)^{-1}\\&(\boldsymbol{X}_{\mathrm{u}}^{(i+1)})^{\mathrm{T}}\boldsymbol{c}^{(i)}\boldsymbol{X}_{\mathrm{u}}^{(i+1)}\boldsymbol{Y}^{(i+1)}(\omega)^{-1}(\boldsymbol{X}_{\mathrm{u}}^{(i+1)})^{\mathrm{T}}-\omega\boldsymbol{X}_{\mathrm{u}}^{(i+1)}\boldsymbol{Y}^{(i+1)}(\omega)^{-1}\boldsymbol{Y}^{(i+1)}(\omega)_{,\omega}\\&\boldsymbol{Y}^{(i+1)}(\omega)^{-1}(\boldsymbol{X}_u^{(i+1)})^{\mathrm{T}}=0\end{aligned} \tag{4.27}$$

将式（4.27）分别前乘 $\boldsymbol{Y}^{(i+1)}(\omega)(\boldsymbol{X}_{\mathrm{u}}^{(i+1)})^{-1}$ 和后乘 $(\boldsymbol{X}_{\mathrm{u}}^{(i+1)})^{-\mathrm{T}}\boldsymbol{Y}^{(i+1)}(\omega)$，得到

$$\begin{aligned}&\boldsymbol{Y}^{(i+1)}(\omega)(\boldsymbol{X}_{\mathrm{u}}^{(i+1)})^{-1}[\boldsymbol{a}^{(i)}-\boldsymbol{b}_0^{(i)}\boldsymbol{Y}_0^{(i)}-\boldsymbol{Y}_0^{(i)}(\boldsymbol{b}_0^{(i)})^{\mathrm{T}}+\boldsymbol{Y}_0^{(i)}\boldsymbol{c}^{(i)}\boldsymbol{Y}_0^{(i)}](\boldsymbol{X}_{\mathrm{u}}^{(i+1)})^{-\mathrm{T}}\\&\boldsymbol{Y}^{(i+1)}(\omega)-(\boldsymbol{X}_{\mathrm{u}}^{(i+1)})^{\mathrm{T}}\{-(\boldsymbol{b}_0^{(i)})^{\mathrm{T}}+\boldsymbol{c}^{(i)}\boldsymbol{Y}_0^{(i)}+\mathrm{i}\omega[-(\boldsymbol{b}_1^{(i)})^{\mathrm{T}}+\boldsymbol{c}^{(i)}\boldsymbol{Y}_1^{(i)}]\}\\&(\boldsymbol{X}_{\mathrm{u}}^{(i+1)})^{-\mathrm{T}}\boldsymbol{Y}^{(i+1)}(\omega)-\boldsymbol{Y}^{(i+1)}(\omega)(\boldsymbol{X}_{\mathrm{u}}^{(i+1)})^{-1}[-\boldsymbol{b}_0^{(i)}+\boldsymbol{Y}_0^{(i)}\boldsymbol{c}^{(i)}+\mathrm{i}\omega\\&(-\boldsymbol{b}_1^{(i)}+\boldsymbol{Y}_1^{(i)}\boldsymbol{c}^{(i)})]\boldsymbol{X}_{\mathrm{u}}^{(i+1)}+(\boldsymbol{X}_{\mathrm{u}}^{(i+1)})^{\mathrm{T}}\boldsymbol{c}^{(i)}\boldsymbol{X}_{\mathrm{u}}^{(i+1)}-\omega\boldsymbol{Y}^{(i+1)}(\omega)_{,\omega}=0\end{aligned} \tag{4.28}$$

式(4.28)可以进一步表示为

$$\begin{aligned}&\boldsymbol{a}^{(i+1)}-(\boldsymbol{b}_0^{(i+1)}+\mathrm{i}\omega\boldsymbol{b}_1^{(i+1)})\boldsymbol{Y}^{(i+1)}(\omega)-\boldsymbol{Y}^{(i+1)}(\omega)[(\boldsymbol{b}_0^{(i+1)})^{\mathrm{T}}+\mathrm{i}\omega(\boldsymbol{b}_1^{(i+1)})^{\mathrm{T}}]\\&+\boldsymbol{Y}^{(i+1)}(\omega)\boldsymbol{c}^{(i+1)}\boldsymbol{Y}^{(i+1)}(\omega)-\omega\boldsymbol{Y}^{(i+1)}(\omega)_{,\omega}=0\end{aligned} \tag{4.29}$$

其中

$$\boldsymbol{a}^{(i+1)}=(\boldsymbol{X}_{\mathrm{u}}^{(i+1)})^{\mathrm{T}}\boldsymbol{c}^{(i)}\boldsymbol{X}_{\mathrm{u}}^{(i+1)} \tag{4.30a}$$

$$\boldsymbol{b}_0^{(i+1)}=(\boldsymbol{X}_{\mathrm{u}}^{(i+1)})^{\mathrm{T}}[-(\boldsymbol{b}_0^{(i)})^{\mathrm{T}}+\boldsymbol{c}^{(i)}\boldsymbol{Y}_0^{(i)}](\boldsymbol{X}_{\mathrm{u}}^{(i+1)})^{-\mathrm{T}} \tag{4.30b}$$

$$\boldsymbol{b}_1^{(i+1)}=(\boldsymbol{X}_{\mathrm{u}}^{(i+1)})^{\mathrm{T}}[-(\boldsymbol{b}_1^{(i)})^{\mathrm{T}}+\boldsymbol{c}^{(i)}\boldsymbol{Y}_1^{(i)}](\boldsymbol{X}_{\mathrm{u}}^{(i+1)})^{-\mathrm{T}} \tag{4.30c}$$

$$\boldsymbol{c}^{(i+1)}=(\boldsymbol{X}_{\mathrm{u}}^{(i+1)})^{-1}[\boldsymbol{a}^{(i)}-\boldsymbol{b}_0^{(i)}\boldsymbol{Y}_0^{(i)}-\boldsymbol{Y}_0^{(i)}(\boldsymbol{b}_0^{(i)})^{\mathrm{T}}+\boldsymbol{Y}_0^{(i)}\boldsymbol{c}^{(i)}\boldsymbol{Y}_0^{(i)}](\boldsymbol{X}_{\mathrm{u}}^{(i+1)})^{-\mathrm{T}} \tag{4.30d}$$

4.2 无限域高阶透射边界的建立

考察边界 $\xi=1$ 上的力-位移关系，即

$$\boldsymbol{R}(\omega)=\boldsymbol{S}^{\infty}(\omega)\boldsymbol{u}_{\mathrm{b}}(\omega)=(\boldsymbol{K}_{\infty}+\mathrm{i}\omega\boldsymbol{C}_{\infty})\boldsymbol{u}_{\mathrm{b}}(\omega)-\boldsymbol{X}_{\mathrm{u}}^{(1)}\boldsymbol{v}^{(1)}(\omega) \tag{4.31}$$

其中，$\boldsymbol{u}_{\mathrm{b}}$ 为无限域边界上的节点位移，辅助变量 $\boldsymbol{v}^{(1)}(\omega)$ 定义为

$$\boldsymbol{u}_{\mathrm{b}}(\omega)=(\boldsymbol{X}_{\mathrm{u}}^{(1)})^{-\mathrm{T}}\boldsymbol{Y}^{(1)}(\omega)\boldsymbol{v}^{(1)}(\omega) \tag{4.32}$$

将式（4.32）前乘 $(\boldsymbol{X}_{\mathrm{u}}^{(1)})^{\mathrm{T}}$，并根据式（4.16），可表达为

$$(\boldsymbol{X}_{\mathrm{u}}^{(1)})^{\mathrm{T}}\boldsymbol{u}_{\mathrm{b}}(\omega)=(\boldsymbol{Y}_{0}^{(1)}+\mathrm{i}\omega\boldsymbol{Y}_{1}^{(1)})\boldsymbol{v}^{(1)}(\omega)-\boldsymbol{X}_{\mathrm{u}}^{(2)}\boldsymbol{v}^{(2)}(\omega) \tag{4.33}$$

其中，辅助变量 $\boldsymbol{v}^{(2)}(\omega)$ 定义为

$$\boldsymbol{v}^{(1)}(\omega)=(\boldsymbol{X}_{\mathrm{u}}^{(2)})^{-\mathrm{T}}\boldsymbol{Y}^{(2)}(\omega)\boldsymbol{v}^{(2)}(\omega) \tag{4.34}$$

通过建立递推关系，式（4.33）、式（4.34）可统一表达为

$$(\boldsymbol{X}_{\mathrm{u}}^{(i)})^{\mathrm{T}}\boldsymbol{v}^{(i-1)}(\omega)=(\boldsymbol{Y}_{0}^{(i)}+\mathrm{i}\omega\boldsymbol{Y}_{1}^{(i)})\boldsymbol{v}^{(i)}(\omega)-\boldsymbol{X}_{\mathrm{u}}^{(i+1)}\boldsymbol{v}^{(i+1)}(\omega) \tag{4.35}$$

其中，辅助变量 $\boldsymbol{v}^{(i+1)}(\omega)$ 定义为

$$\boldsymbol{v}^{(i)}(\omega)=(\boldsymbol{X}_{\mathrm{u}}^{(i+1)})^{-\mathrm{T}}\boldsymbol{Y}^{(i+1)}(\omega)\boldsymbol{v}^{(i+1)}(\omega) \tag{4.36}$$

当取 M_{cf} 阶连分式时，近似取 $\boldsymbol{u}^{(M_{\mathrm{cf}}+1)}(\omega)=0$。根据式（4.31）、式（4.35），对于 M_{cf} 阶连分式，用矩阵表示为

$$(\boldsymbol{K}_{\mathrm{u}}+\mathrm{i}\omega\boldsymbol{C}_{\mathrm{u}})\boldsymbol{Z}(\omega)=\boldsymbol{F}(\omega) \tag{4.37}$$

其中，与频率无关的系数矩阵 $\boldsymbol{K}_{\mathrm{u}}$、$\boldsymbol{C}_{\mathrm{u}}$，待求向量 $\boldsymbol{Z}(\omega)$ 以及右端荷载向量 $\boldsymbol{F}(\omega)$ 分别表示为

$$\boldsymbol{K}_{\mathrm{u}}=\begin{bmatrix}\boldsymbol{K}_{\infty} & -\boldsymbol{X}_{\mathrm{u}}^{(1)} & \boldsymbol{0} & \cdots & \boldsymbol{0} & \boldsymbol{0}\\ -(\boldsymbol{X}_{\mathrm{u}}^{(1)})^{\mathrm{T}} & \boldsymbol{Y}_{0}^{(1)} & -\boldsymbol{X}_{\mathrm{u}}^{(2)} & \cdots & \boldsymbol{0} & \boldsymbol{0}\\ \boldsymbol{0} & -(\boldsymbol{X}_{\mathrm{u}}^{(2)})^{\mathrm{T}} & \boldsymbol{Y}_{0}^{(2)} & \cdots & \boldsymbol{0} & \boldsymbol{0}\\ \vdots & \vdots & \vdots & \ddots & -\boldsymbol{X}_{\mathrm{u}}^{(M_{\mathrm{cf}}-1)} & \boldsymbol{0}\\ \boldsymbol{0} & \boldsymbol{0} & \boldsymbol{0} & -(\boldsymbol{X}_{\mathrm{u}}^{(M_{\mathrm{cf}}-1)})^{\mathrm{T}} & \boldsymbol{Y}_{0}^{(M_{\mathrm{cf}}-1)} & -\boldsymbol{X}_{\mathrm{u}}^{(M_{\mathrm{cf}})}\\ \boldsymbol{0} & \boldsymbol{0} & \boldsymbol{0} & \boldsymbol{0} & -(\boldsymbol{X}_{\mathrm{u}}^{(M_{\mathrm{cf}})})^{\mathrm{T}} & \boldsymbol{Y}_{0}^{(M_{\mathrm{cf}})}\end{bmatrix} \tag{4.38}$$

$$\boldsymbol{C}_{\mathrm{u}}=\begin{bmatrix}\boldsymbol{C}_{\infty} & & & & & \\ & \boldsymbol{Y}_{1}^{(1)} & & & & \\ & & \boldsymbol{Y}_{1}^{(2)} & & & \\ & & & \ddots & & \\ & & & & \boldsymbol{Y}_{1}^{(M_{\mathrm{cf}}-1)} & \\ & & & & & \boldsymbol{Y}_{1}^{(M_{\mathrm{cf}})}\end{bmatrix} \tag{4.39}$$

$$\boldsymbol{Z}(\omega)=\begin{Bmatrix} \boldsymbol{u}_{\mathrm{b}}(\omega) \\ \boldsymbol{v}^{(1)}(\omega) \\ \boldsymbol{v}^{(2)}(\omega) \\ \vdots \\ \boldsymbol{v}^{(M_{\mathrm{cf}}-1)}(\omega) \\ \boldsymbol{v}^{(M_{\mathrm{cf}})}(\omega) \end{Bmatrix}, \boldsymbol{F}(\omega)=\begin{Bmatrix} \boldsymbol{R}(\omega) \\ \boldsymbol{0} \\ \boldsymbol{0} \\ \vdots \\ \boldsymbol{0} \\ \boldsymbol{0} \end{Bmatrix} \tag{4.40}$$

式中：$\boldsymbol{K}_{\mathrm{u}}$ 为无限域广义的刚度矩阵，是三块对角矩阵，主对角块由 $\boldsymbol{K}_{\infty}$ 和 $\boldsymbol{Y}_0^{(i)}$ 组成，次对角块由 $-\boldsymbol{X}_{\mathrm{u}}^{(i)}$ 及其转置矩阵填充；$\boldsymbol{C}_{\mathrm{u}}$ 为无限域广义的阻尼矩阵，是为由 $\boldsymbol{C}_{\infty}$ 和 $\boldsymbol{Y}_1^{(i)}$ 组成的块对角矩阵。

若结构自由度大小为 nd，则 $\boldsymbol{K}_{\mathrm{u}}$、$\boldsymbol{C}_{\mathrm{u}}$ 矩阵维数为 $(M_{\mathrm{cf}}+1)nd\times(M_{\mathrm{cf}}+1)nd$。同时，由于系数矩阵 $\boldsymbol{K}_{\infty}$、$\boldsymbol{C}_{\infty}$、$\boldsymbol{Y}_0^{(i)}$、$\boldsymbol{Y}_1^{(i)}$ 都是对称的，所以 $\boldsymbol{K}_{\mathrm{u}}$、$\boldsymbol{C}_{\mathrm{u}}$ 是对称并且是稀疏的。同理，实际编程计算时，根据稀疏矩阵性质，可以减小矩阵存储量，有效地提高计算效率。

式（4.37）为线性系统下在频域里表示的标准方程，将其进行傅里叶变换转化到时域里求解，即建立了局部高阶透射边界条件为

$$\boldsymbol{K}_{\mathrm{u}}\boldsymbol{z}(t)+\boldsymbol{C}_{\mathrm{u}}\dot{\boldsymbol{z}}(t)=\boldsymbol{f}(t) \tag{4.41}$$

式（4.41）为时域里表示的一阶常微分方程，与标准的动力学方程略有不同，采用改进的 Newmark 法求解[232-233]，即

$$\boldsymbol{K}^{\mathrm{eff}}\boldsymbol{z}_{n+1}=\boldsymbol{F}_{n+1}+\boldsymbol{C}_{\mathrm{u}}\left[\frac{\gamma}{\beta\Delta t}\boldsymbol{z}_n+\left(\frac{\gamma}{\beta}-1\right)\dot{\boldsymbol{z}}_n+\Delta t\left(\frac{\gamma}{2\beta}-1\right)\ddot{\boldsymbol{z}}_n\right] \tag{4.42}$$

其中，计算参数取为 $\gamma=0.5$、$\beta=0.25$，有效刚度矩阵 $\boldsymbol{K}^{\mathrm{eff}}$ 为

$$\boldsymbol{K}^{\mathrm{eff}}=\frac{\gamma}{\beta\Delta t}\boldsymbol{C}_{\mathrm{u}}+\boldsymbol{K}_{\mathrm{u}} \tag{4.43}$$

因此，$t+\Delta t$ 时刻的加速度、速度分别为

$$\ddot{\boldsymbol{z}}_{n+1}=\frac{1}{\beta\Delta t^2}(\boldsymbol{z}_{n+1}-\boldsymbol{z}_n-\Delta t\,\dot{\boldsymbol{z}}_n)-\left(\frac{1}{2\beta}-1\right)\ddot{\boldsymbol{z}}_n \tag{4.44}$$

$$\dot{\boldsymbol{z}}_{n+1}=\frac{\gamma}{\beta\Delta t}(\boldsymbol{z}_{n+1}-\boldsymbol{z}_n)-\left(\frac{\gamma}{\beta}-1\right)\dot{\boldsymbol{z}}_n-\Delta t\left(\frac{\gamma}{2\beta}-1\right)\ddot{\boldsymbol{z}}_n \tag{4.45}$$

4.3　高阶透射边界的稳定性及措施

为方便讨论，将式（4.41）简化写成式（4.46）所示，即

$$\widetilde{\boldsymbol{A}}\dot{\boldsymbol{z}}+\widetilde{\boldsymbol{B}}\boldsymbol{z}=\boldsymbol{r}(t) \tag{4.46}$$

在求解式（4.46）前，考虑式（4.47）所示的广义特征值问题，即

$$\widetilde{\boldsymbol{A}}\dot{\boldsymbol{z}}+\widetilde{\boldsymbol{B}}\boldsymbol{z}=0, \boldsymbol{z}=\hat{\boldsymbol{z}}\cdot \mathrm{e}^{\lambda t}, \rightarrow(\widetilde{\boldsymbol{B}}+\lambda\widetilde{\boldsymbol{A}})\hat{\boldsymbol{z}}=0 \tag{4.47}$$

式中：λ 为矩阵$\widetilde{\boldsymbol{B}}$、$\widetilde{\boldsymbol{A}}$ 的广义特征值；$\lambda=\lambda_r+\mathrm{i}\lambda_i$，$\lambda_r$、$\lambda_i$分别为特征值的实部、虚部；$\hat{\boldsymbol{z}}$ 为对应的特征向量。

若$\lambda_r\leqslant0$，式（4.47）中的响应 $\boldsymbol{z}$ 呈指数级衰减，表明系统是稳定的；反之，若$\lambda_r>0$，响应 $\boldsymbol{z}$ 则呈指数级增长，计算结果发散，表明系统是不稳定的。实际计算中很难保证系统所有模态的特征值$\lambda_r\leqslant0$，当出现正的特征值后，必须采取有效措施来保证系统稳定。下面将介绍模态消去法（modal elimination）和移谱法（spectral shifting）两种解决方法[234-235]。

4.3.1　模态消去法

根据以上分析，可以通过排除对应的虚假模态（spurious mode，即特征值实部为正的模态），将式（4.46）中的不稳定因素消去，这种方法称为模态消去法。式（4.47）中的特征值 λ 及特征向量 $\hat{\boldsymbol{z}}$ 由实数或共轭复数对组成。引入一个 N 阶的模态矩阵$\boldsymbol{Z}$，假定由 k 个实数解和 $(N-k)/2$ 个共轭复数解组成，其表达式为

$$\boldsymbol{Z}=(\boldsymbol{z}_1|\cdots|\boldsymbol{z}_k|\boldsymbol{z}_{k+1,r}+\mathrm{i}\boldsymbol{z}_{k+1,i}|\boldsymbol{z}_{k+1,r}-\mathrm{i}\boldsymbol{z}_{k+1,i}|\cdots) \tag{4.48}$$

其中，$\boldsymbol{z}_n\in\mathbb{R}$，$n=1$，2，…，$k$，$\boldsymbol{z}_{n,r}$，$\boldsymbol{z}_{n,i}\in\mathbb{R}$，$n=k+1$，…，$\dfrac{N+k}{2}$。

设前 j 个实数解、l 个复数解的特征值实部为正，即

$$\lambda_1,\cdots,\lambda_j>0, j\leqslant k$$

$$\lambda_{k+1,r},\cdots,\lambda_{k+l,r}>0,l\leqslant\frac{N-k}{2} \tag{4.49}$$

下面通过一个缩减的模态矩阵 $\boldsymbol{Z}_{\mathrm{mod}}$（$N-j-2l$ 阶）及其模态变换，将虚假模态移除，即

$$\begin{gathered}\boldsymbol{Z}_{\mathrm{mod}}\boldsymbol{q}(t)=\boldsymbol{z}(t)\rightarrow\widetilde{\boldsymbol{A}}_{\mathrm{red}}\dot{\boldsymbol{q}}+\widetilde{\boldsymbol{B}}_{\mathrm{red}}\boldsymbol{q}=\boldsymbol{r}_{\mathrm{red}}\\ \widetilde{\boldsymbol{A}}_{\mathrm{red}}=\boldsymbol{Z}_{\mathrm{mod}}^{\mathrm{T}}\widetilde{\boldsymbol{A}}\boldsymbol{Z}_{\mathrm{mod}},\widetilde{\boldsymbol{B}}_{\mathrm{red}}=\boldsymbol{Z}_{\mathrm{mod}}^{\mathrm{T}}\widetilde{\boldsymbol{B}}\boldsymbol{Z}_{\mathrm{mod}},\boldsymbol{r}_{\mathrm{red}}=\boldsymbol{Z}_{\mathrm{mod}}^{\mathrm{T}}\boldsymbol{r}(t)\\ \boldsymbol{Z}_{\mathrm{mod}}=(\boldsymbol{z}_{j+1}|\cdots|\boldsymbol{z}_{k}|\underbrace{\boldsymbol{z}_{k+l+1,r}+\mathrm{i}\boldsymbol{z}_{k+l+1,i}}_{n}|\underbrace{\boldsymbol{z}_{k+l+1,r}-\mathrm{i}\boldsymbol{z}_{k+l+1,i}}_{n+1}|\cdots)\end{gathered} \tag{4.50}$$

式中：$\widetilde{\boldsymbol{A}}_{\mathrm{red}}$、$\widetilde{\boldsymbol{B}}_{\mathrm{red}}$、$\boldsymbol{r}_{\mathrm{red}}$ 为缩减后的阻尼、刚度矩阵及荷载向量。

这样，只有稳定解对应的特征向量集成在模态矩阵 $\boldsymbol{Z}_{\mathrm{mod}}$ 中，式（4.50）是稳定的。该方法虽然简单，但存在的问题是系统的模态阶数从原来的 N 阶减少为 $N-j-2l$ 阶，特征值也可能会随之改变。

4.3.2 移谱法

消去虚假模态的另外一种方法是移谱法，即在不改变系统的模态阶数及正常模态特征值的前提下，将含有正实部的特征值移动到复平面的负半轴。这里要通过对刚度矩阵 $\widetilde{\boldsymbol{B}}$ 进行适当修改来实现，分两种情况进行讨论：①特征值 λ_j 为正实数；②特征值 λ_j 的实部为正实数。

当特征值 λ_j 为正实数时，设修改后的矩阵为 $\widetilde{\boldsymbol{B}}^*$，其表达式[234]为

$$\widetilde{\boldsymbol{B}}^*=\widetilde{\boldsymbol{B}}-\frac{\widetilde{\boldsymbol{A}}\boldsymbol{z}_j(\boldsymbol{z}_j^{\mathrm{T}}\widetilde{\boldsymbol{A}})}{\boldsymbol{z}_j^{\mathrm{T}}\widetilde{\boldsymbol{A}}\boldsymbol{z}_j}\varepsilon_j \tag{4.51}$$

然后考虑关于 $\widetilde{\boldsymbol{A}}$、$\widetilde{\boldsymbol{B}}^*$ 的特征值问题，即

$$(\widetilde{\boldsymbol{B}}^*+\sigma\widetilde{\boldsymbol{A}})\boldsymbol{p}=0 \tag{4.52}$$

引入辅助变量 $\boldsymbol{x}$，式（4.52）进一步表示为

$$\boldsymbol{p}=\boldsymbol{Z}\boldsymbol{x},\rightarrow\widetilde{\boldsymbol{B}}^*\boldsymbol{Z}\boldsymbol{x}+\sigma\widetilde{\boldsymbol{A}}\boldsymbol{Z}\boldsymbol{x}=0 \tag{4.53}$$

将式（4.51）代入式（4.53）中，并且前乘 $\boldsymbol{Z}^{\mathrm{T}}$，得到

$$\boldsymbol{Z}^{\mathrm{T}}\widetilde{\boldsymbol{B}}^{*}\boldsymbol{Z}\boldsymbol{x}+\sigma\boldsymbol{Z}^{\mathrm{T}}\widetilde{\boldsymbol{A}}\boldsymbol{Z}\boldsymbol{x}=\left[\boldsymbol{Z}^{\mathrm{T}}\widetilde{\boldsymbol{B}}\boldsymbol{Z}-\frac{(\boldsymbol{Z}^{\mathrm{T}}\widetilde{\boldsymbol{A}}\boldsymbol{z}_{j})(\boldsymbol{z}_{j}^{\mathrm{T}}\widetilde{\boldsymbol{A}}\boldsymbol{Z})}{\boldsymbol{z}_{j}^{\mathrm{T}}\widetilde{\boldsymbol{A}}\boldsymbol{z}_{j}}\varepsilon_{j}+\sigma\boldsymbol{Z}^{\mathrm{T}}\widetilde{\boldsymbol{A}}\boldsymbol{Z}\right]\boldsymbol{x}=0 \tag{4.54}$$

考虑原矩阵 $\widetilde{\boldsymbol{A}}$、$\widetilde{\boldsymbol{B}}$ 以及模态矩阵的正交性，得到

$$\boldsymbol{Z}^{\mathrm{T}}\widetilde{\boldsymbol{A}}\boldsymbol{Z}=\mathrm{diag}(\boldsymbol{a}_{i}),\boldsymbol{Z}^{\mathrm{T}}\widetilde{\boldsymbol{B}}\boldsymbol{Z}=\mathrm{diag}(\boldsymbol{b}_{i}),\rightarrow\lambda_{i}=-\frac{b_{i}}{a_{i}} \tag{4.55}$$

将式（4.55）代入式（4.54）中，并且由于特征向量的正交性，式（4.51）只改变了 $\widetilde{\boldsymbol{B}}$ 中（j，j）元素，即

$$\left\{\mathrm{diag}(\boldsymbol{b}_{i})-\begin{bmatrix}0&\cdots&0&\cdots&0\\\vdots&\ddots&\vdots&\ddots&\vdots\\0&\cdots&a_{j}&\cdots&0\\\vdots&\ddots&\vdots&\ddots&\vdots\\0&\cdots&0&\cdots&0\end{bmatrix}\varepsilon_{j}+\sigma\,\mathrm{diag}(\boldsymbol{a}_{i})\right\}\boldsymbol{x}=0 \tag{4.56}$$

由式（4.56）可以得到，对应虚假模态 z_j 的特征值 λ_j 更新为

$$\sigma_{j}=-\frac{b_{j}}{a_{j}}+\varepsilon_{j}=\lambda_{j}+\varepsilon_{j} \tag{4.57}$$

而其他模态对应的特征值并未改变，即

$$\sigma_{i}=-\frac{b_{i}}{a_{i}}=\lambda_{i},i\neq j \tag{4.58}$$

因此，为了使系统稳定，式（4.57）必须满足 $\sigma_j\leqslant0$，也就是参数 ε_j 需满足

$$\varepsilon_{j}\leqslant-\lambda_{j} \tag{4.59}$$

对于特征值 λ_j 的实部为正实数的情况，可以采用类似的方法。设第 n、$n+1$ 列的共轭复数对表示为 $\boldsymbol{z}_{k,r}\pm\mathrm{i}\boldsymbol{z}_{k,i}$，将 $\boldsymbol{z}_{k,r}$、$\boldsymbol{z}_{k,i}$ 以正实数的形式存储为子矩阵 $\boldsymbol{Y}_k$，然后组装成新的模态矩阵 $\boldsymbol{Y}$，其表达形式为

$$\boldsymbol{Y}=(\boldsymbol{Y}_{1}\quad\cdots\quad\boldsymbol{Y}_{k}\quad\cdots\quad\boldsymbol{Y}_{N/2}),\boldsymbol{Y}_{k}=(\boldsymbol{z}_{k,r}\,|\,\boldsymbol{z}_{k,i}) \tag{4.60}$$

这里模态矩阵 $\boldsymbol{Y}$ 与原矩阵 $\widetilde{\boldsymbol{A}}$、$\widetilde{\boldsymbol{B}}$ 并不是耦合的，考虑如下的正

交性

$$\boldsymbol{Y}^{\mathrm{T}}\widetilde{\boldsymbol{A}}\boldsymbol{Y}=\operatorname{diag}\boldsymbol{A}_i,\boldsymbol{Y}^{\mathrm{T}}\widetilde{\boldsymbol{B}}\boldsymbol{Y}=\operatorname{diag}\boldsymbol{B}_i \tag{4.61}$$

式中：$\boldsymbol{A}_i$、$\boldsymbol{B}_i$ 为产生的新矩阵，其阶数为 2×2。

对应的共轭特征值对 $\lambda_{i,r}\pm \mathrm{i}\lambda_{i,i}$ 通过以下的特征值问题确定，即

$$(\boldsymbol{B}_i+\lambda_i\boldsymbol{A}_i)\boldsymbol{z}_i=0 \tag{4.62}$$

类似地，采用子矩阵 $\boldsymbol{Y}_k$ 代替式（4.51）中的 z_j，将 $\widetilde{\boldsymbol{B}}$ 修改为

$$\widetilde{\boldsymbol{B}}^*=\widetilde{\boldsymbol{B}}-\widetilde{\boldsymbol{A}}\boldsymbol{Y}_k(\boldsymbol{Y}_k^{\mathrm{T}}\widetilde{\boldsymbol{A}}\boldsymbol{Y}_k)^{-1}(\boldsymbol{Y}_k^{\mathrm{T}}\widetilde{\boldsymbol{A}})\varepsilon_k \tag{4.63}$$

再次考虑关于 $\widetilde{\boldsymbol{A}}$、$\widetilde{\boldsymbol{B}}^*$ 的特征值问题，即

$$(\widetilde{\boldsymbol{B}}^*+\sigma\widetilde{\boldsymbol{A}})\boldsymbol{p}=0,\rightarrow\boldsymbol{p}=\boldsymbol{Z}\boldsymbol{x} \tag{4.64}$$

将式（4.64）展开，并且前乘 $\boldsymbol{Y}^{\mathrm{T}}$，并且将式（4.61）代入，得到

$$\begin{aligned}\boldsymbol{Y}^{\mathrm{T}}\widetilde{\boldsymbol{B}}^*\boldsymbol{Y}\boldsymbol{x}+\sigma\boldsymbol{Y}^{\mathrm{T}}\widetilde{\boldsymbol{A}}\boldsymbol{Y}\boldsymbol{x}&=[\boldsymbol{Y}^{\mathrm{T}}\widetilde{\boldsymbol{B}}\boldsymbol{Y}-(\boldsymbol{Y}^{\mathrm{T}}\widetilde{\boldsymbol{A}}\boldsymbol{Y}_k)(\boldsymbol{Y}_k^{\mathrm{T}}\widetilde{\boldsymbol{A}}\boldsymbol{Y}_k)^{-1}(\boldsymbol{Y}_k^{\mathrm{T}}\widetilde{\boldsymbol{A}}\boldsymbol{Y})\varepsilon_k+\sigma\boldsymbol{Y}^{\mathrm{T}}\widetilde{\boldsymbol{A}}\boldsymbol{Y}\boldsymbol{x}]\boldsymbol{x}\\&=\operatorname{diag}(\boldsymbol{B}_i)\boldsymbol{x}-\varepsilon_k\begin{pmatrix}0&\cdots&0&\cdots&0\\\vdots&\ddots&\vdots&\ddots&\vdots\\0&\cdots&\boldsymbol{A}_k&\cdots&0\\\vdots&\ddots&\vdots&\ddots&\vdots\\0&\cdots&0&\cdots&0\end{pmatrix}\boldsymbol{A}_k^{-1}\\&\quad\begin{pmatrix}0&\cdots&0&\cdots&0\\\vdots&\ddots&\vdots&\ddots&\vdots\\0&\cdots&\boldsymbol{A}_k&\cdots&0\\\vdots&\ddots&\vdots&\ddots&\vdots\\0&\cdots&0&\cdots&0\end{pmatrix}\boldsymbol{x}+\sigma\operatorname{diag}(\boldsymbol{A}_i)\boldsymbol{x}=0\end{aligned} \tag{4.65}$$

因此

$$\left[\operatorname{diag}\boldsymbol{B}_i-\varepsilon_k\begin{pmatrix}0&\cdots&0&\cdots&0\\\vdots&\ddots&\vdots&\ddots&\vdots\\0&\cdots&\boldsymbol{A}_k&\cdots&0\\\vdots&\ddots&\vdots&\ddots&\vdots\\0&\cdots&0&\cdots&0\end{pmatrix}+\sigma\operatorname{diag}\boldsymbol{A}_i\right]\boldsymbol{x}=0 \tag{4.66}$$

将式（4.66）表示为

$$(\boldsymbol{B}_k-\varepsilon_k\boldsymbol{A}_k)\boldsymbol{x}+\sigma\boldsymbol{A}_k\boldsymbol{x}=0 \tag{4.67}$$

这样，其他的特征值 σ_i 与原特征值 λ_i 相等，即

$$(\boldsymbol{B}_i+\sigma\boldsymbol{A}_i)\boldsymbol{x}=0,\rightarrow\sigma_i=\lambda_i,i\neq k \tag{4.68}$$

同理，选取

$$\varepsilon_k\leqslant-\lambda_{k,r} \tag{4.69}$$

因此，共轭特征值对 $\sigma_{k,r}\pm\mathrm{i}\sigma_{k,i}$ 的实部就满足 $\sigma_{k,r}\leqslant0$，同时正常模态下的特征值也没改变。

本书高阶透射边界的稳定性取决于式（4.41）的特征值，本节分别介绍了模态消去法和移谱法来排除虚假模态。模态消去法虽然简单，但它改变了系统的模态阶数。因此，本书采用移谱法来修正刚度矩阵，在不改变系统的模态阶数及正常模态的特征值的前提下，将含有正实部的特征值移动到复平面的负半轴。

4.4　无限域问题的算法流程

系数矩阵 $\boldsymbol{X}_{\mathrm{u}}^{(i)}$ 的确定方法参见3.3.1节。根据上述无限域问题的算法，设计了如下的求解流程：

（1）求解广义特征值问题，即式（4.7），并满足式（4.8）和式（4.9）。

（2）求解式（4.12），并根据式（4.11a），求得 $\boldsymbol{C}_\infty$，即 $\boldsymbol{C}_\infty=\boldsymbol{\Phi}^{-\mathrm{T}}\boldsymbol{c}_\infty\boldsymbol{\Phi}^{-1}$。

（3）求解式（4.13）和式（4.14），并根据式（4.11b），求得 $\boldsymbol{K}_\infty$，即 $\boldsymbol{K}_\infty=\boldsymbol{\Phi}^{-\mathrm{T}}\boldsymbol{k}_\infty\boldsymbol{\Phi}^{-1}$。

（4）初始化如下的系数矩阵，即

$$\tilde{\boldsymbol{a}}^{(1)}=\boldsymbol{\Phi}\boldsymbol{\Phi}^{\mathrm{T}} \tag{4.70a}$$

$$\tilde{\boldsymbol{b}}_0^{(1)}=\boldsymbol{\Phi}\boldsymbol{\Phi}^{\mathrm{T}}(\boldsymbol{K}_\infty+\boldsymbol{E}_1^{\mathrm{T}})-0.5(s-2)\boldsymbol{I} \tag{4.70b}$$

$$\tilde{\boldsymbol{b}}_1^{(1)}=\boldsymbol{\Phi}\boldsymbol{\Lambda}\boldsymbol{\Phi}^{-1} \tag{4.70c}$$

$$\tilde{\boldsymbol{c}}^{(1)}=(\boldsymbol{K}_\infty+\boldsymbol{E}_1)\boldsymbol{\Phi}\boldsymbol{\Phi}^{\mathrm{T}}(\boldsymbol{K}_\infty+\boldsymbol{E}_1^{\mathrm{T}})-(s-2)\boldsymbol{K}_\infty-\boldsymbol{E}_2 \tag{4.70d}$$

（5）分解 $\tilde{\boldsymbol{c}}^{(1)}=\boldsymbol{L}^{(1)}\boldsymbol{D}^{(1)}(\boldsymbol{L}^{(1)})^{\mathrm{T}}$，并选择 $\boldsymbol{X}_{\mathrm{u}}^{(1)}=\boldsymbol{L}^{(1)}$。

(6) 更新系数矩阵，即

$$\boldsymbol{a}^{(1)}=(\boldsymbol{X}_{\mathrm{u}}^{(1)})^{\mathrm{T}}\widetilde{\boldsymbol{a}}^{(1)}\boldsymbol{X}_{\mathrm{u}}^{(1)} \tag{4.71a}$$

$$\boldsymbol{b}_0^{(1)}=(\boldsymbol{X}_{\mathrm{u}}^{(1)})^{\mathrm{T}}\widetilde{\boldsymbol{b}}_0^{(1)}(\boldsymbol{X}_{\mathrm{u}}^{(1)})^{-\mathrm{T}} \tag{4.71b}$$

$$\boldsymbol{b}_1^{(1)}=(\boldsymbol{X}_{\mathrm{u}}^{(1)})^{\mathrm{T}}\widetilde{\boldsymbol{b}}_1^{(1)}(\boldsymbol{X}_{\mathrm{u}}^{(1)})^{-\mathrm{T}} \tag{4.71c}$$

$$\boldsymbol{c}^{(1)}=\boldsymbol{D}^{(1)} \tag{4.71d}$$

(7) 对连分式的阶数进行循环（$for\ i=1, 2, \cdots, M_{\mathrm{cf}}$）：

1) 求解 Lyapunov 方程式 (4.26)，得到 $\boldsymbol{Y}_1^{(i)}$。

2) 求解 Lyapunov 方程式 (4.24)，得到 $\boldsymbol{Y}_0^{(i)}$。

3) 建立递推计算格式：

$$\widetilde{\boldsymbol{a}}^{(i+1)}=\boldsymbol{c}^{(i)} \tag{4.72a}$$

$$\widetilde{\boldsymbol{b}}_0^{(i+1)}=-(\boldsymbol{b}_0^{(i)})^{\mathrm{T}}+\boldsymbol{c}^{(i)}\boldsymbol{Y}_0^{(i)} \tag{4.72b}$$

$$\widetilde{\boldsymbol{b}}_1^{(i+1)}=-(\boldsymbol{b}_1^{(i)})^{\mathrm{T}}+\boldsymbol{c}^{(i)}\boldsymbol{Y}_1^{(i)} \tag{4.72c}$$

$$\widetilde{\boldsymbol{c}}^{(i+1)}=\boldsymbol{a}^{(i)}-\boldsymbol{b}_0^{(i)}\boldsymbol{Y}_0^{(i)}-\boldsymbol{Y}_0^{(i)}(\boldsymbol{b}_0^{(i)})^{\mathrm{T}}+\boldsymbol{Y}_0^{(i)}\boldsymbol{c}^{(i)}\boldsymbol{Y}_0^{(i)} \tag{4.72d}$$

4) 分解$\widetilde{\boldsymbol{c}}^{(i+1)}=\boldsymbol{L}^{(i+1)}\boldsymbol{D}^{(i+1)}(\boldsymbol{L}^{(i+1)})^{\mathrm{T}}$，并选择 $\boldsymbol{X}_{\mathrm{u}}^{(i+1)}=\boldsymbol{L}^{(i+1)}$。

5) 更新系数矩阵：

$$\boldsymbol{a}^{(i+1)}=(\boldsymbol{X}_{\mathrm{u}}^{(i+1)})^{\mathrm{T}}\widetilde{\boldsymbol{a}}^{(i+1)}\boldsymbol{X}_{\mathrm{u}}^{(i+1)} \tag{4.73a}$$

$$\boldsymbol{b}_0^{(i+1)}=(\boldsymbol{X}_{\mathrm{u}}^{(i+1)})^{\mathrm{T}}\widetilde{\boldsymbol{b}}_0^{(i+1)}(\boldsymbol{X}_{\mathrm{u}}^{(i+1)})^{-\mathrm{T}} \tag{4.73b}$$

$$\boldsymbol{b}_1^{(i+1)}=(\boldsymbol{X}_{\mathrm{u}}^{(i+1)})^{\mathrm{T}}\widetilde{\boldsymbol{b}}_1^{(i+1)}(\boldsymbol{X}_{\mathrm{u}}^{(i+1)})^{-\mathrm{T}} \tag{4.73c}$$

$$\boldsymbol{c}^{(i+1)}=\boldsymbol{D}^{(i+1)} \tag{4.73d}$$

循环结束。

(8) 根据上述步骤，$\boldsymbol{C}_\infty$、$\boldsymbol{K}_\infty$、$\boldsymbol{Y}_1^{(i)}$、$\boldsymbol{Y}_0^{(i)}$ 以及 $\boldsymbol{X}_{\mathrm{u}}^{(i)}$ 均可求出，这样式 (4.38) 和式 (4.39) 中的矩阵 $\boldsymbol{K}_{\mathrm{u}}$、$\boldsymbol{C}_{\mathrm{u}}$ 就很容易组装出来；检验 $\boldsymbol{K}_{\mathrm{u}}$、$\boldsymbol{C}_{\mathrm{u}}$ 的广义特征值及特征向量，如果出现虚假模态，按照 4.3.2 节的方法进行校正；然后代入式 (4.42) ～式 (4.45) 中即可求出结构响应 $\boldsymbol{z}(t)$。

下面将介绍 4 个算例，算例 1 通过一维楔形体算例介绍连分式法的逐步求解过程及验证计算程序的正确性；算例 2 侧重说明无限域内改进的连分式算法的必要性；算例 3～4 侧重高阶透射边界的应用。

4.5　数值算例分析

4.5.1　算例 1：半无限楔形体出平面波动

本例通过一个一维算例说明该方法的求解过程。如图 4.1 所示的半无限楔形体[51]，其参数为：$r_0=1\text{m}$，$\alpha=30°$，$G=1\text{Pa}$，$\rho=1\text{kg/m}^3$。先考虑采用 2 个二节点单元离散，由于每个节点只有一个自由度（波动方程考虑为标量波），并且底边的节点固定，所以共 3 个节点 2 个自由度，相似中心位于坐标原点 o 处，网格如图 4.2 所示。需指出的是，本例旨在介绍逐步求解过程及验证计算程序，为方便与文献［236］中的系数矩阵进行比较，这里采用常规 Guass 积分的二节点或三节点单元。

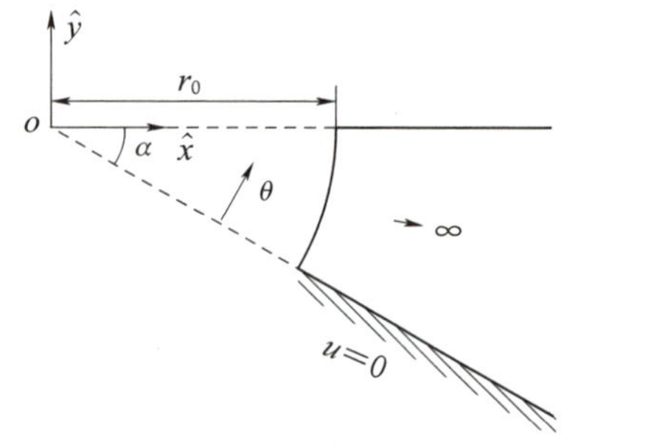

图 4.1　半无限楔形体

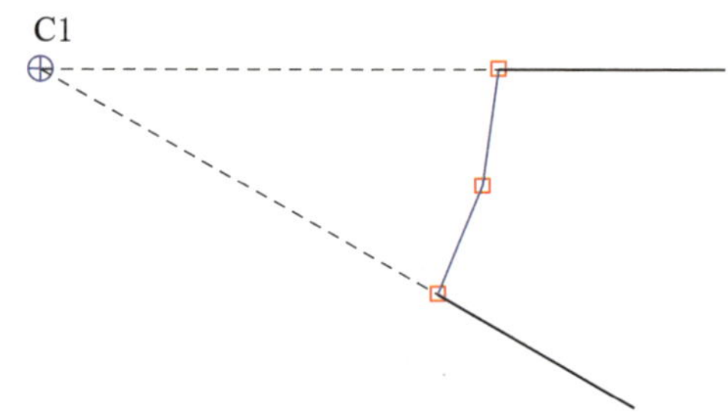

图 4.2　SBFE 网格图

根据第 2 章理论[51,55]，以二节点单元为例，各单元的系数矩阵计算为

$$\boldsymbol{E}_0=\int_{-1}^{+1}\boldsymbol{B}_1^{\mathrm{T}}G\boldsymbol{B}_1\mid\boldsymbol{J}\mid\mathrm{d}\eta=G\frac{\Delta x^2+\Delta y^2}{6(x_1y_2-x_2y_1)}\begin{bmatrix}2 & 1\\1 & 2\end{bmatrix}\tag{4.74a}$$

$$\begin{aligned}\boldsymbol{E}_1&=\int_{-1}^{+1}\boldsymbol{B}_2^{\mathrm{T}}G\boldsymbol{B}_1\mid\boldsymbol{J}\mid\mathrm{d}\eta\\&=G\frac{\Delta x^2+\Delta y^2}{12(x_1y_2-x_2y_1)}\begin{bmatrix}-1 & 1\\1 & -1\end{bmatrix}-G\frac{\bar{x}\Delta x+\bar{y}\Delta y}{2(x_1y_2-x_2y_1)}\begin{bmatrix}-1 & 1\\1 & -1\end{bmatrix}\end{aligned}\tag{4.74b}$$

$$\boldsymbol{E}_2=\int_{-1}^{+1}\boldsymbol{B}_2^{\mathrm{T}}G\boldsymbol{B}_2\mid\boldsymbol{J}\mid\mathrm{d}\eta=G\frac{\Delta x^2+\Delta y^2+12(\overline{x}^2+\overline{y}^2)}{12(x_1y_2-x_2y_1)}\begin{bmatrix}-1 & 1\\1 & -1\end{bmatrix}\tag{4.74c}$$

$$\boldsymbol{M}_0=\int_{-1}^{+1}\boldsymbol{N}(\eta)^{\mathrm{T}}\rho\boldsymbol{N}(\eta)\mathrm{d}\eta=\rho\frac{x_1y_2-x_2y_1}{6}\begin{bmatrix}2 & 1\\1 & 2\end{bmatrix}\tag{4.74d}$$

式中：(x_1, y_1)、(x_2, y_2) 分别为二节点单元的坐标。

并且

$$\Delta x=x_2-x_1,\Delta y=y_2-y_1\tag{4.75a}$$

$$\overline{x}=\frac{1}{2}(x_1+x_2),\overline{y}=\frac{1}{2}(y_1+y_2)\tag{4.75b}$$

考虑边界条件后，整体坐标系下系数矩阵 $\boldsymbol{E}_0$、$\boldsymbol{E}_1$、$\boldsymbol{E}_2$、$\boldsymbol{M}_0$ 计算为

$$\boldsymbol{E}_0=\begin{bmatrix}0.1755 & 0.0439\\0.0439 & 0.0878\end{bmatrix}\tag{4.76a}$$

$$\boldsymbol{E}_1=\begin{bmatrix}-0.0439 & 0.0219\\0.0219 & -0.0219\end{bmatrix}\tag{4.76b}$$

$$\boldsymbol{E}_2=\begin{bmatrix}7.6396 & -3.8198\\-3.8198 & 3.8198\end{bmatrix}\tag{4.76c}$$

$$\boldsymbol{M}_0=\begin{bmatrix}0.1725 & 0.0431\\0.0431 & 0.0863\end{bmatrix}\tag{4.76d}$$

根据式（4.8），求解得到广义特征值及特征向量为

$$\boldsymbol{\Lambda}=\begin{bmatrix}0.9914 & 0\\0 & 0.9914\end{bmatrix},\boldsymbol{\Phi}=\begin{bmatrix}2.3868 & -0.9021\\0 & 3.6085\end{bmatrix}\tag{4.77}$$

根据式（4.12）、式（4.11a），高频渐近展开的阻尼矩阵 $\boldsymbol{C}_\infty$ 求解为

$$\boldsymbol{c}_\infty=\begin{bmatrix}0.9914 & 0\\0 & 0.9914\end{bmatrix},\boldsymbol{C}_\infty=\begin{bmatrix}0.1740 & 0.0435\\0.0435 & 0.0870\end{bmatrix}\tag{4.78}$$

根据式（4.13）、式（4.14）、式（4.11b），高频渐近展开的刚度矩阵 $\boldsymbol{K}_\infty$ 求解为

$$\boldsymbol{k}_{\infty}=\begin{bmatrix}0.7500 & -0.2835\\ -0.2835 & 0.9643\end{bmatrix},\boldsymbol{K}_{\infty}=\begin{bmatrix}0.1317 & 0\\ 0 & 0.0658\end{bmatrix} \tag{4.79}$$

进行 $\boldsymbol{LDL}^{\mathrm{T}}$ 分解，并求解 Lyapunov 方程，得到前二阶的系数矩阵 $\boldsymbol{X}_{\mathrm{u}}^{(i)}$、$\boldsymbol{Y}_0^{(i)}$、$\boldsymbol{Y}_1^{(i)}$，见表4.1。

表4.1　　前二阶系数矩阵

	$i=1$	$i=2$
$\boldsymbol{X}_{\mathrm{u}}^{(i)}$	$\begin{bmatrix}2.7560 & 0\\ -1.3900 & 1.3660\end{bmatrix}$	$\begin{bmatrix}9.8768 & 0\\ -3.7439 & 2.8774\end{bmatrix}$
$\boldsymbol{Y}_0^{(i)}$	$\begin{bmatrix}-2.0000 & -0.0000\\ -0.0000 & -2.0000\end{bmatrix}$	$\begin{bmatrix}4.0000 & 0.0000\\ 0.0000 & 4.0000\end{bmatrix}$
$\boldsymbol{Y}_1^{(i)}$	$\begin{bmatrix}-1.9829 & 0.0000\\ 0.0000 & -1.9829\end{bmatrix}$	$\begin{bmatrix}1.9829 & 0.0000\\ 0.0000 & 1.9829\end{bmatrix}$

假定位移在边界 $r=r_0$ 上按线性变化，即

$$u(r_0,\theta)=\frac{\theta}{\alpha}u_0 \tag{4.80}$$

对应的动力刚度系数 $S^{\infty}(a_0)$ 采用静刚度系数 K^{∞}（$a_0=0$ 的情况）无量纲化，即

$$S^{\infty}(a_0)=K^{\infty}[k(a_0)+\mathrm{i}a_0c(a_0)] \tag{4.81}$$

$$K^{\infty}=\frac{2G}{\alpha^3}\sum_{i=0}^{\infty}\frac{1}{\lambda_i^3},\lambda_i=\frac{(2i+1)\pi}{2\alpha},(i=0,1,\cdots) \tag{4.82}$$

楔形体的动力刚度系数的解析解 $S_{ex}^{\infty}(a_0)$[51]为

$$S_{ex}^{\infty}(a_0)=\frac{2G}{\alpha^3}\sum_{i=0}^{\infty}\frac{1}{\lambda_i^3}\left[1-\frac{a_0H_{\lambda_i-1}^{(2)}(a_0)}{\lambda_iH_{\lambda_i}^{(2)}(a_0)}\right] \tag{4.83}$$

式中：$H_{\lambda_i}^{(2)}$ 为 λ_i 阶第二类 Hankel 函数。

本例中 $\alpha=30°$，因此 $K^{\infty}=0.5427G$。无量纲化的刚度系数 $k(a_0)$ 和阻尼系数 $c(a_0)$ 如图4.3所示。当采用2个二节点单元，$M_{\mathrm{cf}}=6$ 时，动力刚度与解析解相差不超过5%，但总体趋势一致；当采用3个三节点单元，$M_{\mathrm{cf}}=6$ 时，动力刚度与解析解吻合得较好。因此，可以说明本章的计算理论与程序是正确、可靠的。

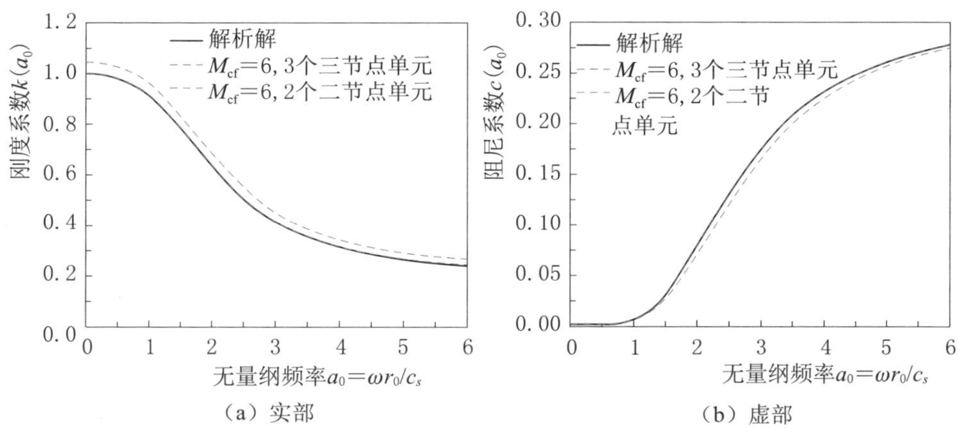

图 4.3 楔形体动力刚度系数

当连分式展开阶数 $M_{cf}=2$ 时，式（4.41）中的系数矩阵 $\boldsymbol{K}_u$、$\boldsymbol{C}_u$ 分别为

$$
\boldsymbol{K}_u=\begin{bmatrix}
\begin{bmatrix}0.1317 & 0\\ 0 & 0.0658\end{bmatrix} & \begin{bmatrix}-2.7560 & 0\\ 1.3900 & -1.3660\end{bmatrix} & \boldsymbol{0}\\
\begin{bmatrix}-2.7560 & 1.3900\\ 0 & -1.3660\end{bmatrix} & \begin{bmatrix}-2.0000 & 0.0000\\ 0.0000 & -2.0000\end{bmatrix} & \begin{bmatrix}-9.8768 & 0.0000\\ 3.7439 & -2.8774\end{bmatrix}\\
\boldsymbol{0} & \begin{bmatrix}-9.8768 & 3.7439\\ 0.0000 & -2.8774\end{bmatrix} & \begin{bmatrix}4.0000 & 0.0000\\ 0.0000 & 4.0000\end{bmatrix}
\end{bmatrix}
\tag{4.84}
$$

$$
\boldsymbol{C}_u=\begin{bmatrix}
\begin{bmatrix}0.1740 & 0.0435\\ 0.0435 & 0.0870\end{bmatrix} & \boldsymbol{0} & \boldsymbol{0}\\
\boldsymbol{0} & \begin{bmatrix}-1.9829 & 0.0000\\ 0.0000 & -1.9829\end{bmatrix} & \boldsymbol{0}\\
\boldsymbol{0} & \boldsymbol{0} & \begin{bmatrix}1.9829 & 0.0000\\ 0.0000 & 1.9829\end{bmatrix}
\end{bmatrix}
\tag{4.85}
$$

在自由面（$x=r_0$，$y=0$）处施加一个三角形荷载 $P(t)$，其时程如图 4.4 所示。然后采用 Newmark 法求解式（4.41）所示的一阶常微分方程，得到（$x=r_0$，$y=0$）处的位移时程如图 4.5 所示。

同时，按照文献［146］中的算法，选取 $\boldsymbol{X}_{\mathrm{u}}^{(i)}=\boldsymbol{I}$，由于自由度不多且连分式阶数不高，其结果与本书结果是一致的，理论上分析也是如此。

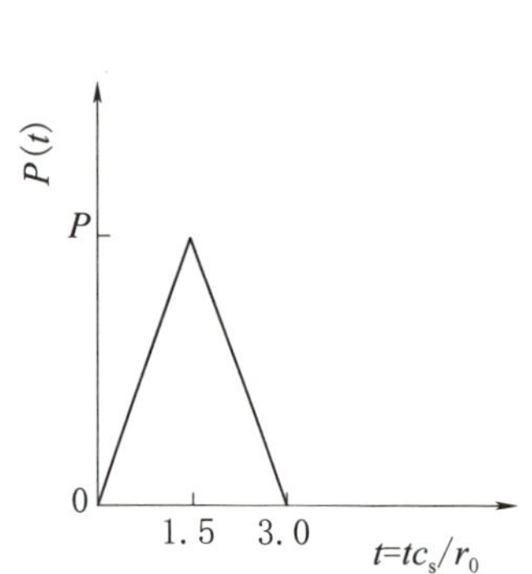

图 4.4　三角形荷载时程

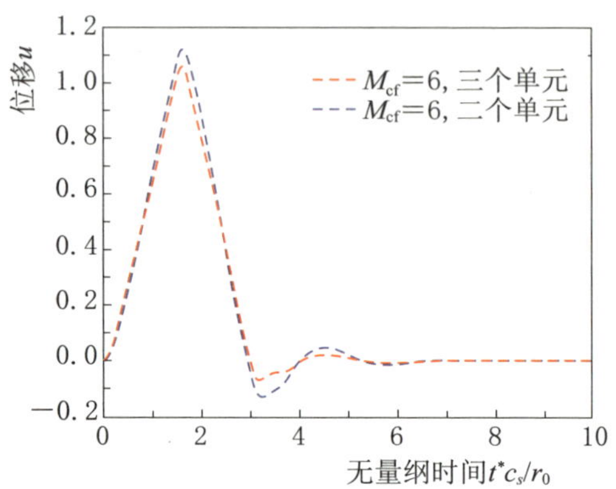

图 4.5　自由面（$x=r_0$，$y=0$）处位移时程

4.5.2　算例 2：三维半空间问题

考察如图 4.6 所示的三维半空间问题，模型尺寸中 $b=1\text{m}$，$e/b=2/3$，介质的力学参数为：弹性模量 $E=3.125\times10^8$ Pa，泊松比 $\nu=0.30$，质量密度 $\rho=2000\text{kg/m}^3$，波速为 $c_s=245.15\text{m/s}$，$c_p=458.62\text{m/s}$。由于只计算竖向刚度并考虑到结构的对称性，因此计算模型可取计算区域的 1/4，并且将对称面的法向位移均进行约束，模型及边界网格剖分如图 4.6 所示，相似中心位于坐标系的原点 o 处。采用 12 个八节点的面单元进行离散，共 49 个节点 129 个自

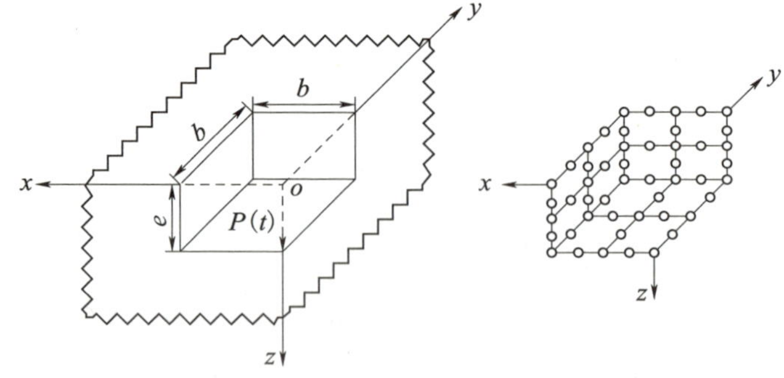

图 4.6　三维半空间模型（1/4）及比例边界有限元网格

由度。

分别采用原算法和改进的连分式法求解无限域的动力刚度矩阵 $\boldsymbol{S}^{\infty}$。为了说明改进算法的必要性，提取 $\boldsymbol{S}^{\infty}$（129×129）中的对角项 $\boldsymbol{S}_{1,1}$、非对角项 $\boldsymbol{S}_{1,2}$ 实部及虚部结果进行比较，分别比较了连分式阶数 M_{cf} 分别为 3、7、10 的情况，分别如图 4.7～图 4.9 所示。可以看出，当连分式展开阶数较低时（$M_{\mathrm{cf}}=3$），原算法结果与改进算法基本一致，如图 4.7 所示；当逐渐增大连分式阶数时（$M_{\mathrm{cf}}=7$），原算法由于选取 $\boldsymbol{X}_{\mathrm{u}}^{(i)}=\boldsymbol{I}$ 造成矩阵奇异，求解结果奇异甚至在一定程度上是错误的，如图 4.8 所示；而改进算法则避免了

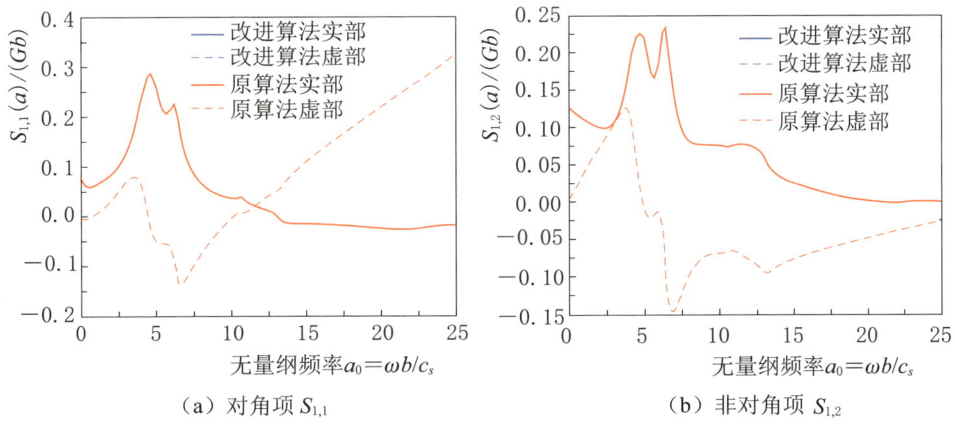

（a）对角项 $S_{1,1}$　　（b）非对角项 $S_{1,2}$

图 4.7　动力刚度系数比较（$M_{\mathrm{cf}}=3$）

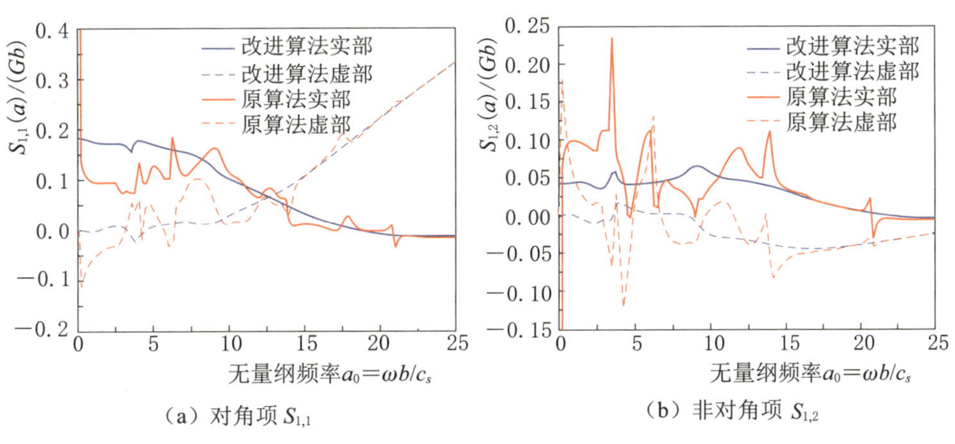

（a）对角项 $S_{1,1}$　　（b）非对角项 $S_{1,2}$

图 4.8　动力刚度系数比较（$M_{\mathrm{cf}}=7$）

这种奇异性，当阶数增大到 $M_{cf}=10$ 时，改进算法的结果与 Runge-Kutta 法求得的解析解[147]基本一致，如图 4.9 所示。因此，改进的算法是非常有必要的。

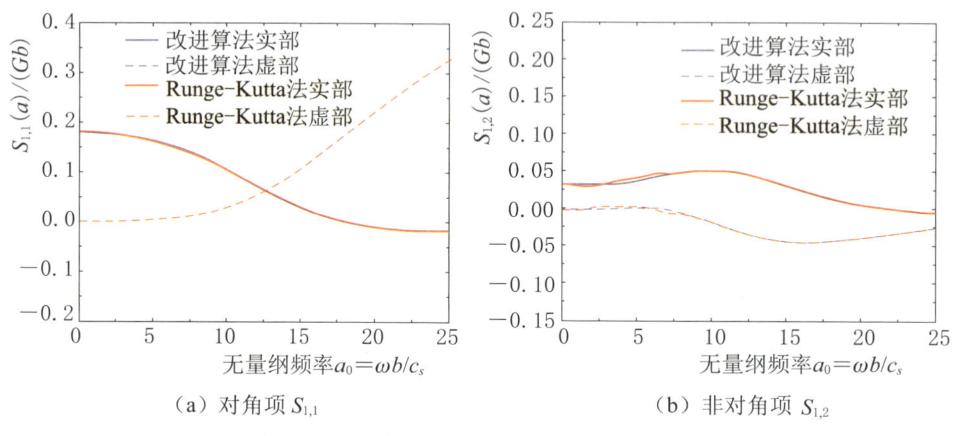

图 4.9　动力刚度系数比较（$M_{cf}=10$）

4.5.3　算例 3：半无限楔形体平面内波动

考察如图 4.10 所示的二维楔形体，模型尺寸为 $x_1=b$，$y_1=-b/\sqrt{5}$，$x_2=b$，$y_2=0$，其中 $b=1$。介质的力学参数为：剪切模量为 $G=1\text{Pa}$，质量密度为 $\rho=1\text{kg/m}^3$，泊松比为 $\nu=0.25$。在关键点 1 处施加一集中力 $P(t)$，该荷载时程呈三角形变化，如图 4.12（a）所示，其频谱图如图 4.12（b）所示。

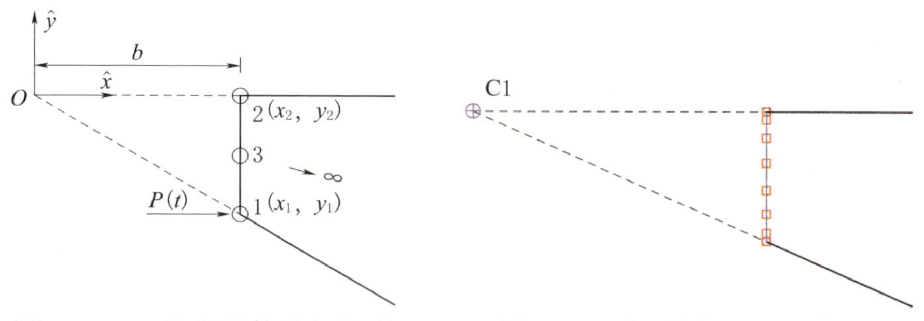

图 4.10　二维楔形体几何模型　　图 4.11　楔形体 SBFE 网格图

按平面应变问题进行分析。采用 1 个八节点的高阶单元进行离散，共 8 个节点 16 个自由度，相似中心位于坐标原点 O 处，SBFE

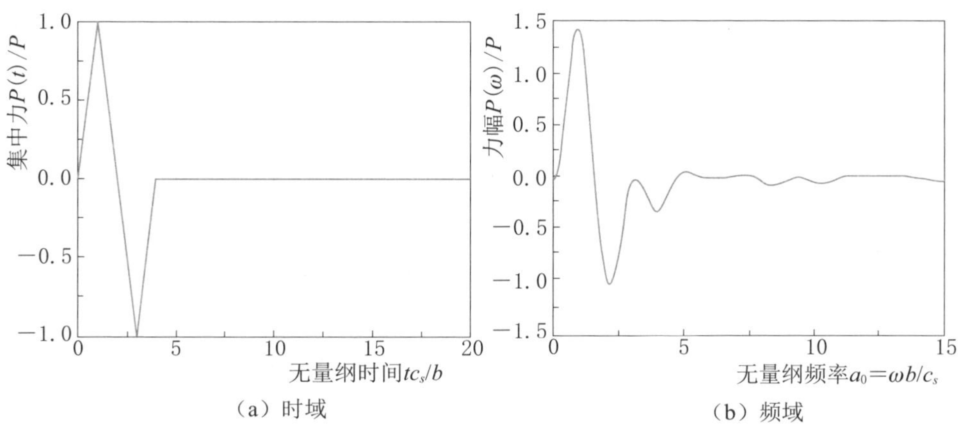

（a）时域　（b）频域

图 4.12　施加的三角形荷载

网格如图 4.11 所示。采用比例边界有限元法分析时各边界自由。

在进行时域分析之前，对该问题进行频域内分析。采用改进的连分式法［式（4.2）、式（4.16）］求得系统在不同展开阶数下的动力刚度矩阵，提取 $\boldsymbol{S}_{1,1}$ 进行比较，并与 Runge - Kutta 法求得的解析解［式（2.32）］进行比较，如图 4.13 所示。可以看出，$M_{cf}\geqslant 15$ 时连分式结果与解析解吻合得较好。

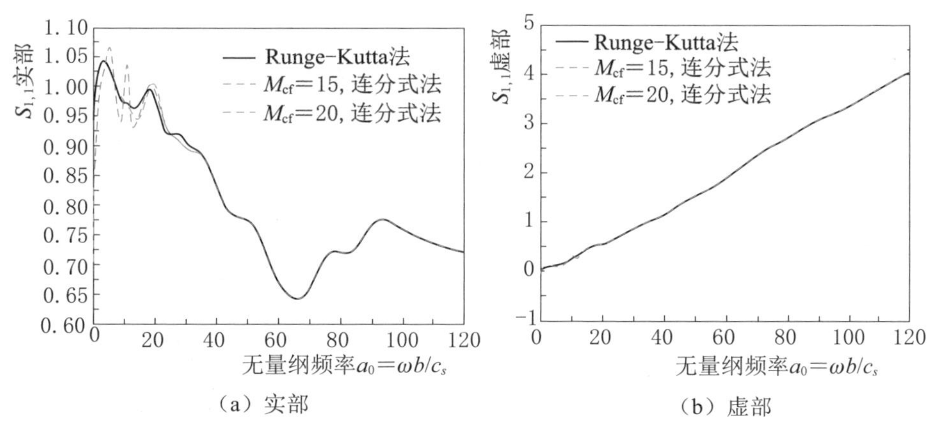

（a）实部　（b）虚部

图 4.13　动力刚度系数 $S_{1,1}$ 比较

为了说明高阶透射边界的精确性，针对该问题采用扩展的有限元网格进行了分析，有限元网格采用八节点四边形单元离散，共划

分了 2000 个单元 6241 个节点，如图 4.14 所示；有限元分析的边界条件为最外层的竖直边界固定，其余边界自由。时域计算总时间为 $20b/c_s$，积分步长为$\Delta t=0.02b/c_s$。

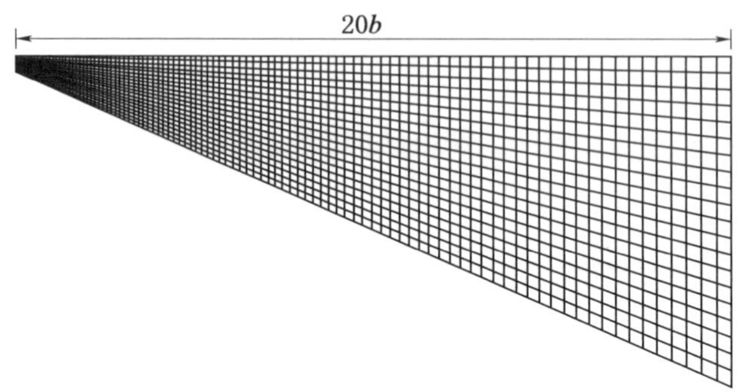

图 4.14　楔形体有限元扩展的网格图

无量纲化后的观测点水平向位移时程如图 4.15 所示。可以看出，高阶边界（$M_{cf}=15$）的结果精度略差，若逐渐增大连分式展开的阶数，高阶边界（$M_{cf}=20$）的结果与扩展边界的结果基本一致；时域内的结果规律性与频域内是一致的。

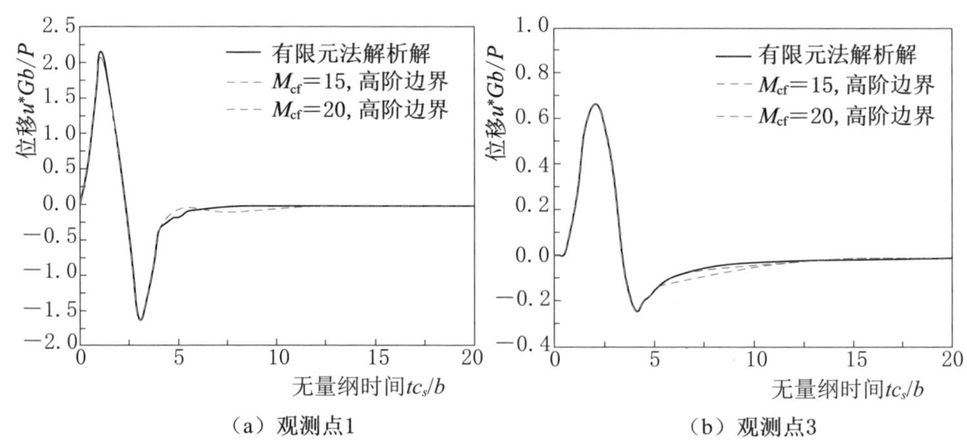

图 4.15　观测点水平位移时程图

4.5.4　算例 4：半圆形河谷平面内波动

考虑如图 4.16 所示的半圆形河谷，其中 $b=1\text{m}$。介质的力学参数为：剪切模量为 $G=1\text{Pa}$，质量密度为 $\rho=1\text{kg/m}^3$，泊松比为 $\nu=0.25$。在 A 点作用一垂直的力 $P(t)$，其随时间变化如图 4.12 所示。

按平面应变问题进行分析。采用 4 个八节点的高阶单元进行离散，共 29 个节点 58 个自由度，相似中心位于坐标原点 O 处，SBFE 网格如图 4.17 所示；采用比例边界有限元法分析时各边界自由。

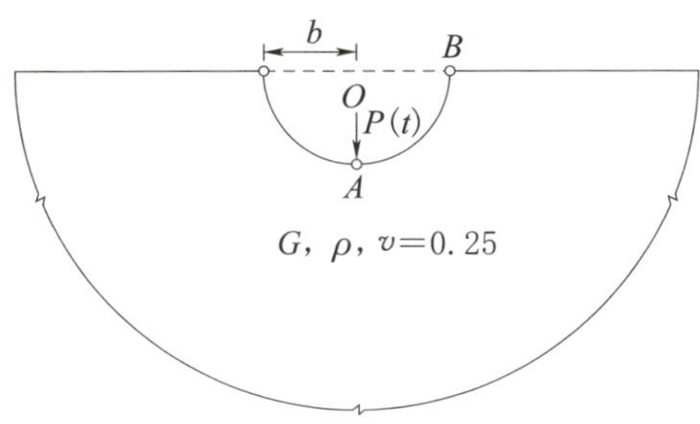

图 4.16 半圆形河谷示意图

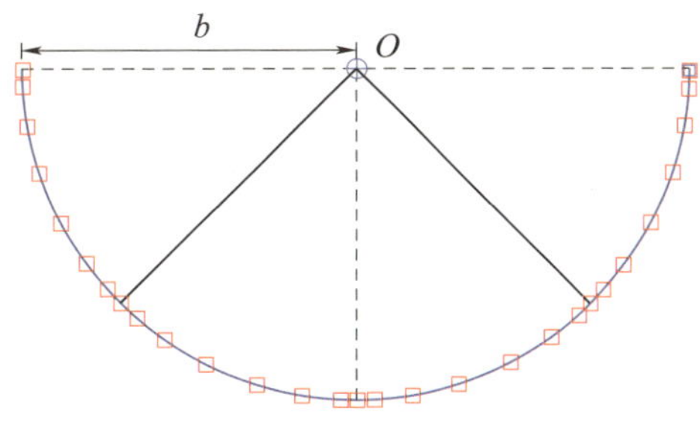

图 4.17 半圆形河谷 SBFE 网格图

同理，针对该问题采用有限元扩展的网格进行了分析，考虑到对称性，有限元模型选取半圆形河谷的 1/2。有限元网格采用八节点四边形单元离散，共划分了 3000 个单元 9221 个节点，如图 4.18 所示；有限元分析的边界条件为最外层的弧形边界固定，另一垂直边界考虑为对称约束。时域计算总时间为 $20b/c_s$，积分步长为 $\Delta t=0.02b/c_s$。

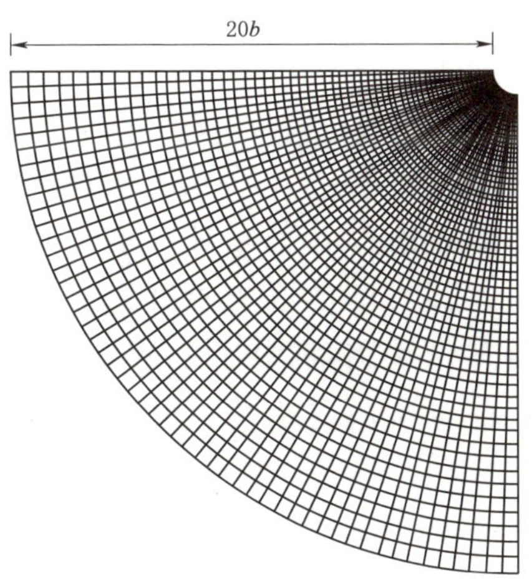

图 4.18 半圆形河谷有限元扩展的网格图

无量纲化后的观测点竖向位移时程如图 4.19 所示。可以看出，高阶透射边界（$M_{cf}=12$）的结果与扩展边界的结果基本一致，若继续增大连分式展开的阶数，高阶边界的结果将更精确。

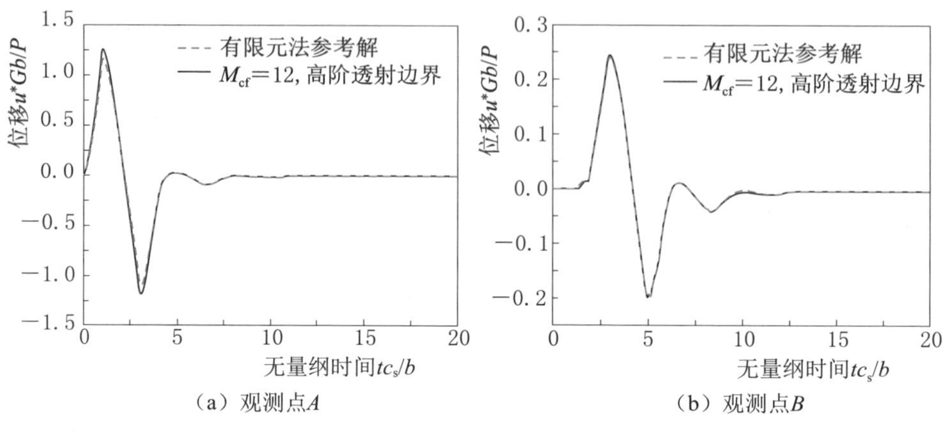

（a）观测点A　　（b）观测点B

图 4.19　观测点竖向位移时程图

4.6 本 章 小 结

基于比例边界有限元法和改进的连分式法推导了无限域弹性动力分析的求解方程，建立了一种局部的高阶透射边界。与有限域求解动力刚度矩阵类似，采用改进的连分式法求解无限域的动力刚度矩阵，克服了原连分式算法可能会造成矩阵运算病态的问题，有效地提高了数值计算稳定性。该局部高阶透射边界表示为一阶常微分方程组，其稳定性取决于其系数矩阵的广义特征值问题；如果出现虚假模态，采用移谱法来校正系数矩阵以消除虚假模态。通过 4 个算例验证了该透射边界以及整套算法的准确性、可靠性。

第5章　混凝土坝-地基系统时域分析的耦合求解方法

研究结构-地基动力相互作用问题时，必须考虑近场有限域和远场无限域的系统求解。本章重点考虑有限域、无限域时域分析的耦合求解，将介绍两种方法：①有限域采用有限元法模拟，无限域采用基于比例边界有限元法的高阶透射边界模拟，即有限元与高阶透射边界的耦合；②有限域、无限域均用比例边界有限元模拟，即多边形单元与高阶透射边界耦合。

本章在第3章、第4章的研究基础上，提出分别采用有限单元、比例边界有限单元模拟近场有限域部分，采用高阶透射边界模拟无限域部分，建立了在时域里有限域-无限域耦合系统的动力学方程。通过6个算例说明该耦合算法在时域里的精确性、有效性，并与黏弹性边界的计算结果、效率进行了比较。

5.1　基于FEM-SBFEM的混凝土坝-地基系统耦合求解方法

5.1.1　有限元与高阶透射边界的耦合

有限元与基于比例边界有限元的高阶透射边界耦合如图5.1所示，即近场有限域采用有限元模拟，无限域采用高阶透射边界模拟。混凝土坝-地基系统的有限元动力学方程可表示为

$$\begin{bmatrix}\boldsymbol{M}_{ss} & \boldsymbol{M}_{sb}\\ \boldsymbol{M}_{bs} & \boldsymbol{M}_{bb}\end{bmatrix}\begin{Bmatrix}\ddot{\boldsymbol{u}}_s\\ \ddot{\boldsymbol{u}}_b\end{Bmatrix}+\begin{bmatrix}\boldsymbol{C}_{ss} & \boldsymbol{C}_{sb}\\ \boldsymbol{C}_{bs} & \boldsymbol{C}_{bb}\end{bmatrix}\begin{Bmatrix}\dot{\boldsymbol{u}}_s\\ \dot{\boldsymbol{u}}_b\end{Bmatrix}+\begin{bmatrix}\boldsymbol{K}_{ss} & \boldsymbol{K}_{sb}\\ \boldsymbol{K}_{bs} & \boldsymbol{K}_{bb}\end{bmatrix}\begin{Bmatrix}\boldsymbol{u}_s\\ \boldsymbol{u}_b\end{Bmatrix}=\begin{Bmatrix}\boldsymbol{P}_s\\ \boldsymbol{P}_b\end{Bmatrix}-\begin{Bmatrix}\boldsymbol{0}\\ \boldsymbol{R}_b\end{Bmatrix} \tag{5.1}$$

式中：$\boldsymbol{K}$、$\boldsymbol{C}$、$\boldsymbol{M}$ 分别表示有限元系统的刚度矩阵、阻尼矩阵和质量矩阵；下标 s、b 分别为结构除交界面以外的自由度和结构-地基交界面上的自由度；$\boldsymbol{P}_{\mathrm{s}}$、$\boldsymbol{P}_{\mathrm{b}}$、$\boldsymbol{R}_{\mathrm{b}}$ 分别为结构所受外力、地基所受外力、结构-地基相互作用力。

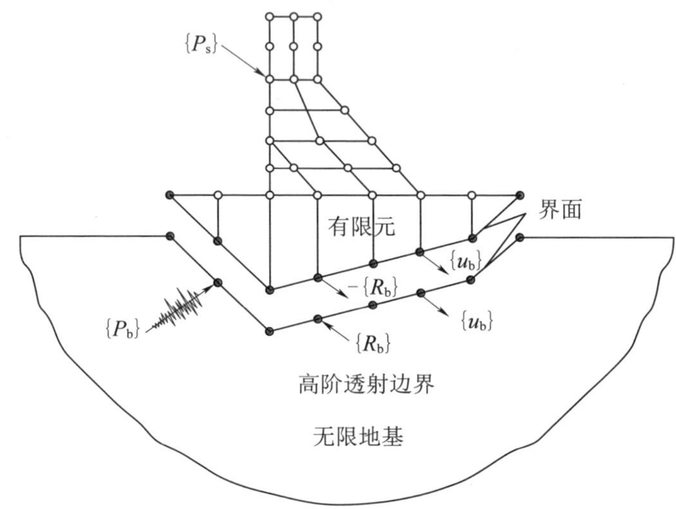

图 5.1　有限元与高阶透射边界耦合示意图

对于线性系统，将式（5.1）与表示高阶透射边界的式（4.41）相叠加，即得到有限元与高阶透射边界耦合的动力学方程：

$$\boldsymbol{K}_{\mathrm{c}}\boldsymbol{d}_{\mathrm{c}}+\boldsymbol{C}_{\mathrm{c}}\dot{\boldsymbol{d}}_{\mathrm{c}}+\boldsymbol{M}_{\mathrm{c}}\ddot{\boldsymbol{d}}_{\mathrm{c}}=\boldsymbol{f}_{\mathrm{c}} \tag{5.2}$$

其中，系数矩阵 $\boldsymbol{K}_{\mathrm{c}}$、$\boldsymbol{C}_{\mathrm{c}}$、$\boldsymbol{M}_{\mathrm{c}}$ 以及待求向量 $\boldsymbol{d}_{\mathrm{c}}$、荷载向量 $\boldsymbol{f}_{\mathrm{c}}$ 分别表示为

$$\boldsymbol{K}_{\mathrm{c}}=\begin{bmatrix}
\boldsymbol{K}_{\mathrm{ss}} & \boldsymbol{K}_{\mathrm{sb}} & & & & & & \\
\boldsymbol{K}_{\mathrm{bs}} & \boldsymbol{K}_{\mathrm{bb}}+\boldsymbol{K}_{\infty} & -X_{\mathrm{u}}^{(1)} & & & & & \\
 & -(\boldsymbol{X}_{\mathrm{u}}^{(1)})^{\mathrm{T}} & \boldsymbol{Y}_{0}^{(1)} & -X_{\mathrm{u}}^{(2)} & & & & \\
 & & -(\boldsymbol{X}_{\mathrm{u}}^{(2)})^{\mathrm{T}} & \boldsymbol{Y}_{0}^{(2)} & & & & \\
 & & & & \ddots & -\boldsymbol{X}_{\mathrm{u}}^{(M_{\mathrm{cf}}-1)} & & \\
 & & & & -(\boldsymbol{X}_{\mathrm{u}}^{(M_{\mathrm{cf}}-1)})^{\mathrm{T}} & \boldsymbol{Y}_{0}^{(M_{\mathrm{cf}}-1)} & -\boldsymbol{X}_{\mathrm{u}}^{(M_{\mathrm{cf}})} \\
 & & & & & -(\boldsymbol{X}_{\mathrm{u}}^{(M_{\mathrm{cf}})})^{\mathrm{T}} & \boldsymbol{Y}_{0}^{(M_{\mathrm{cf}})}
\end{bmatrix} \tag{5.3a}$$

$$\boldsymbol{C}_{c}=\begin{bmatrix}\boldsymbol{C}_{ss} & \boldsymbol{C}_{sb} & & & & & \\ \boldsymbol{C}_{bs} & \boldsymbol{C}_{bb}+\boldsymbol{C}_{\infty} & & & & & \\ & & \boldsymbol{Y}_{1}^{(1)} & & & & \\ & & & \boldsymbol{Y}_{1}^{(2)} & & & \\ & & & & \ddots & & \\ & & & & & \boldsymbol{Y}_{1}^{(M_{cf}-1)} & \\ & & & & & & \boldsymbol{Y}_{1}^{(M_{cf})}\end{bmatrix} \tag{5.3b}$$

$$\boldsymbol{M}_{c}=\begin{bmatrix}\boldsymbol{M}_{ss} & \boldsymbol{M}_{sb} & & & & & \\ \boldsymbol{M}_{bs} & \boldsymbol{M}_{bb} & & & & & \\ & & \boldsymbol{0} & & & & \\ & & & \boldsymbol{0} & & & \\ & & & & \ddots & & \\ & & & & & \boldsymbol{0} & \\ & & & & & & \boldsymbol{0}\end{bmatrix} \tag{5.3c}$$

$$\boldsymbol{d}_{c}=\begin{Bmatrix}\boldsymbol{u}_{s} \\ \boldsymbol{u}_{b} \\ \boldsymbol{v}^{(1)} \\ \boldsymbol{v}^{(2)} \\ \vdots \\ \vdots \\ \boldsymbol{v}^{(M_{cf})}\end{Bmatrix},\boldsymbol{f}_{c}=\begin{Bmatrix}\boldsymbol{P}_{s}(t) \\ \boldsymbol{P}_{b}(t) \\ \boldsymbol{0} \\ \boldsymbol{0} \\ \vdots \\ \vdots \\ \boldsymbol{0}\end{Bmatrix} \tag{5.3d}$$

将式（5.2）转化为一阶常微分方程组，采用直接积分法进行求解，即

$$\boldsymbol{K}_{g}\boldsymbol{z}_{g}+\boldsymbol{C}_{g}\dot{\boldsymbol{z}}_{g}=\boldsymbol{P}_{g} \tag{5.4}$$

式中：$\boldsymbol{K}_g$ 为耦合系统的整体刚度矩阵；$\boldsymbol{C}_g$ 为阻尼矩阵；$\boldsymbol{z}_g$ 为待求向量；$\boldsymbol{P}_g$ 为荷载向量。

它们分别表示为：

$$
\boldsymbol{K}_g=\begin{bmatrix}
-\boldsymbol{M}_{ss} & -\boldsymbol{M}_{sb} & & & & & & & & \\
-\boldsymbol{M}_{bs} & -\boldsymbol{M}_{bb} & & & & & & & & \\
 & & \boldsymbol{K}_{ss} & \boldsymbol{K}_{sb} & & & & & & \\
 & & \boldsymbol{K}_{bs} & \boldsymbol{K}_{bb}+\boldsymbol{K}_{\infty} & -\boldsymbol{X}_{\mathrm{u}}^{(1)} & & & & & \\
 & & & -(\boldsymbol{X}_{\mathrm{u}}^{(1)})^{\mathrm{T}} & \boldsymbol{Y}_0^{(1)} & -\boldsymbol{X}_{\mathrm{u}}^{(2)} & & & & \\
 & & & & -(\boldsymbol{X}_{\mathrm{u}}^{(2)})^{\mathrm{T}} & \boldsymbol{Y}_0^{(2)} & & & & \\
 & & & & & & \ddots & -\boldsymbol{X}_{\mathrm{u}}^{(M_{\mathrm{cf}}-1)} & & \\
 & & & & & & -(\boldsymbol{X}_{\mathrm{u}}^{(M_{\mathrm{cf}}-1)})^{\mathrm{T}} & \boldsymbol{Y}_0^{(M_{\mathrm{cf}}-1)} & -\boldsymbol{X}_{\mathrm{u}}^{(M_{\mathrm{cf}})} & \\
 & & & & & & & -(\boldsymbol{X}_{\mathrm{u}}^{(M_{\mathrm{cf}})})^{\mathrm{T}} & \boldsymbol{Y}_0^{(M_{\mathrm{cf}})} &
\end{bmatrix} \tag{5.5a}
$$

$$
\boldsymbol{C}_g=\begin{bmatrix}
\mathbf{0} & \mathbf{0} & \boldsymbol{M}_{ss} & \boldsymbol{M}_{sb} & & & & & \\
\mathbf{0} & \mathbf{0} & \boldsymbol{M}_{bs} & \boldsymbol{M}_{bb} & & & & & \\
\boldsymbol{M}_{ss} & \boldsymbol{M}_{sb} & \mathbf{0} & \mathbf{0} & & & & & \\
\boldsymbol{M}_{bs} & \boldsymbol{M}_{bb} & \mathbf{0} & C_{\infty} & & & & & \\
 & & & & \boldsymbol{Y}_1^{(1)} & & & & \\
 & & & & & \boldsymbol{Y}_1^{(2)} & & & \\
 & & & & & & \ddots & & \\
 & & & & & & & \boldsymbol{Y}_1^{(M_{\mathrm{cf}}-1)} & \\
 & & & & & & & & \boldsymbol{Y}_1^{(M_{\mathrm{cf}})}
\end{bmatrix} \tag{5.5b}
$$

$$
\boldsymbol{P}_g^{\mathrm{T}}=[\mathbf{0}\quad \mathbf{0}\quad \boldsymbol{P}_s(t)^{\mathrm{T}}\quad \boldsymbol{P}_b(t)^{\mathrm{T}}\quad \mathbf{0}\quad \mathbf{0}\quad \cdots\quad \mathbf{0}\quad \mathbf{0}] \tag{5.5c}
$$

$$
\boldsymbol{z}_g^{\mathrm{T}}=[\boldsymbol{v}_1^{\mathrm{T}}\quad \boldsymbol{v}_2^{\mathrm{T}}\quad \boldsymbol{\mu}_s^{\mathrm{T}}\quad \boldsymbol{u}_b^{\mathrm{T}}\quad (\boldsymbol{v}^{(1)})^{\mathrm{T}}\quad (\boldsymbol{v}^{(2)})^{\mathrm{T}}\quad \cdots\quad (\boldsymbol{v}^{(M_{\mathrm{cf}}-1)})^{\mathrm{T}}\quad (\boldsymbol{v}^{(M_{\mathrm{cf}})})^{\mathrm{T}}] \tag{5.5d}
$$

并且

$$
\boldsymbol{v}_1=\dot{\boldsymbol{u}}_s \tag{5.6a}
$$

$$
\boldsymbol{v}_2=\dot{\boldsymbol{u}}_b \tag{5.6b}
$$

如果结构-地基系统的自由度大小为 N，其交界面自由度为 n，则系数矩阵 $\boldsymbol{K}_{\mathrm{g}}$、$\boldsymbol{C}_{\mathrm{g}}$ 的维数为$(2N+M_{cf}n)\times(2N+M_{cf}n)$。由于矩

阵 $\boldsymbol{K}_g$、$\boldsymbol{C}_g$ 是对称且稀疏的，本算法的计算量随计算阶数的增加而只呈线性增加。在求解式（5.4）前，考虑整体刚度矩阵 $\boldsymbol{K}_g$、阻尼矩阵 $\boldsymbol{C}_g$ 的广义特征值问题，可以看出，如果广义特征值 λ 的实部 $\lambda_r>0$ 时，响应将呈指数级增长，表明系统存在虚假模态，是不稳定的。采用 4.3 节中的移谱法（spectral shifting technique）来校正矩阵 $\boldsymbol{K}_g$ 以消除虚假模态。

5.1.2 数值算例分析

5.1.2.1 算例 1：弹性体－地基动力相互作用

考虑如图 5.2 所示的结构－地基相互作用问题，其中 $b=1\text{m}$。地基、结构材料参数分别为 $G_1=G=1\text{Pa}$，$\rho_1=\rho=1\text{kg/m}^3$，$\nu_1=0.25$；$G_2=G=1\text{Pa}$，$\rho_2=\rho=1\text{kg/m}^3$，$\nu_2=0.25$。施加的均布荷载时程 $P(t)$ 由峰值为 P、持时 $0.8b/c_s$ 和峰值为 $P/3$、持时 $3b/c_s$ 的两个三角波系列组成，如图 5.3 所示。

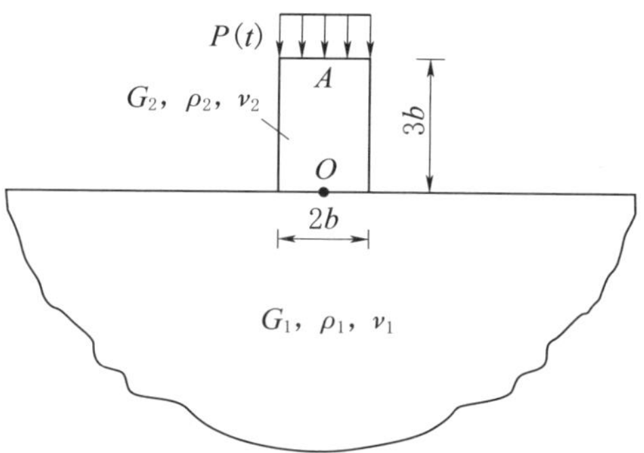

图 5.2 结构－地基相互作用示意图

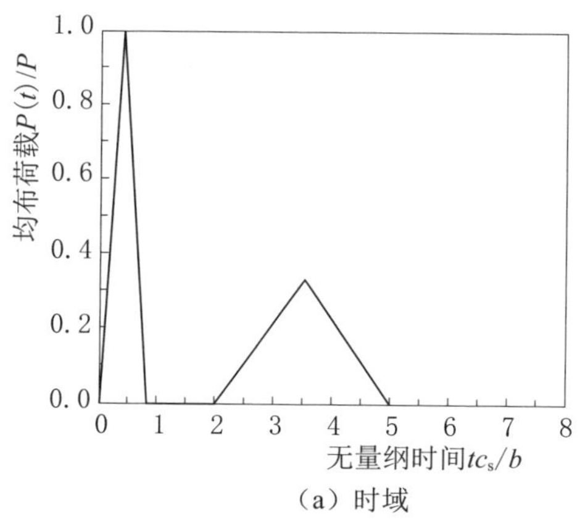

（a）时域

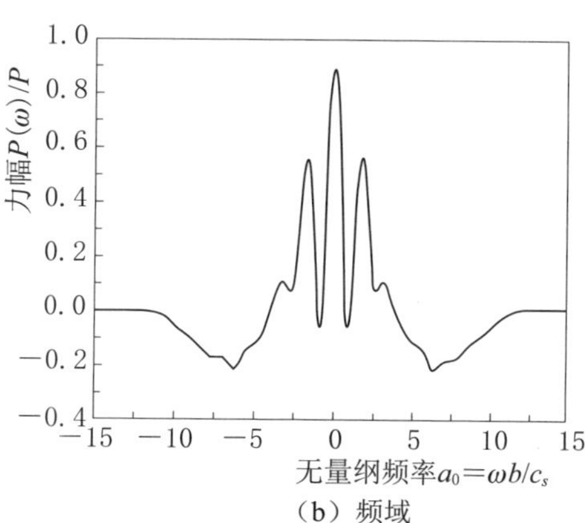

（b）频域

图 5.3 两个三角波组成的均布荷载

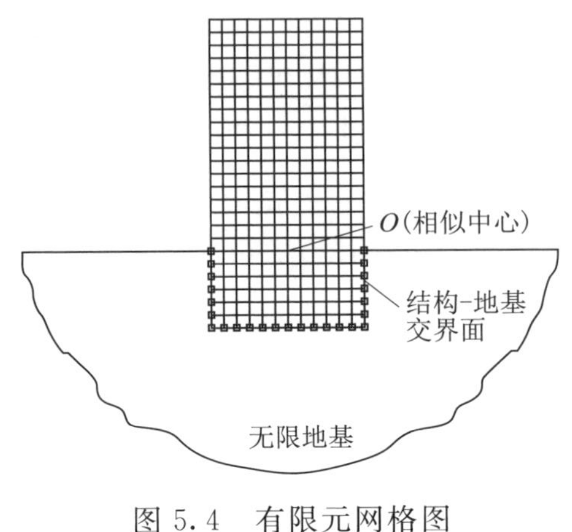

图 5.4　有限元网格图

按平面应变问题进行分析。本算法中，采用四节点四边形单元离散，共划分 288 个单元 325 个节点，其中截断边界采用 24 个二节点线单元离散，其节点用“□”标出，相似中心选在 O 点处，如图 5.4 所示。进行耦合分析时，各边界全部自由，没有约束条件。

为了说明该方法的精确性，采用基于 ABAQUS 的有限元扩展网格进行了计算作为参考解答。根据波动理论，当无限地基的最大波速为 c，地震作用持时为 T 时，只要边界距结构的距离 $L \geqslant cT/2$ 则结构响应在 T 时刻内不受边界条件的影响。本算例中介质的膨胀波速 $c_p = 1.732\text{m/s}$，并考虑到对称性，因此扩展网格的范围取为：$-21b \leqslant x \leqslant 0$，$-20b \leqslant y \leqslant 0$。采用八节点四边形单元离散，共划分 6768 个单元 20657 个节点。时域计算总时间为 $T = 20b/c_s$，积分步长为$\Delta t = 0.02b/c_s$。

为了说明该方法的优越性，采用黏弹性边界对该问题进行了对比分析，其计算区域$-4b \leqslant x \leqslant 4b$，$-3b \leqslant y \leqslant 0$，共划分 480 个单元 1553 个节点。黏弹性边界中并联的弹簧、阻尼器力学参数按照式（1.8）确定。

观测点 A、O 的无量纲竖向位移时程如图 5.5 所示。可以看出，消除虚假模态后，本方法 $M_{\mathrm{cf}} = 9$ 的结果与有限元扩展网格的结果在无量纲时间 10 之前吻合得很好，10 之后的结果略有偏移；当增大到 $M_{\mathrm{cf}} = 15$ 时，两者吻合得很好。而黏弹性边界由于采用简单的常数近似刚度矩阵，所以其结果在高频段与参考解答吻合得很好，而在低频段偏移较大，需要进一步扩大计算范围以提高计算精度。

5.1.2.2　算例 2：重力坝-地基动力相互作用

以某碾压混凝土重力坝 4 号挡水坝段为研究对象，如图 5.6 所

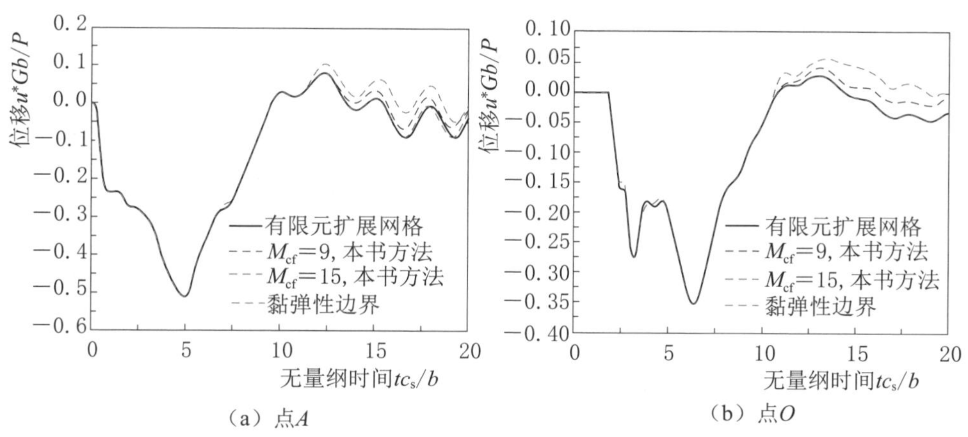

（a）点A　　（b）点O

图 5.5　观测点竖向位移时程

示。该坝段坝顶高程 1424.00m，建基面最低高程 1335.00m，最大坝高 89.0m，坝顶宽 12.0m，下游坝面坡度 1∶0.75。大坝混凝土力学参数为：$E_c=25.44\text{GPa}$，$\nu_c=0.20$，$\rho_c=2600\text{kg/m}^3$；坝基岩体的力学参数与坝体混凝土的近似相同。大坝抗震设防烈度高达Ⅸ度，地震动峰值加速度为 0.3995g。采用 1967 年印度 Koyna 地震水平向加速度作为输入波，竖向取为水平向的 2/3，如图 5.7 所示。时域计算总时间为 $T=10\text{s}$，积分步长为$\Delta t=0.02\text{s}$。

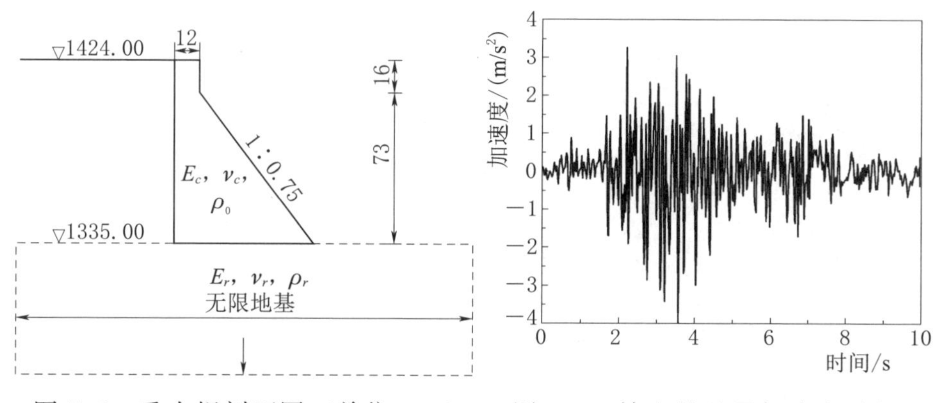

图 5.6　重力坝剖面图（单位：m）　　图 5.7　输入的地震加速度时程

本例按空库工况及平面应变问题进行分析。本算法中，采用四节点四边形单元离散，共划分 288 个单元 325 个节点，如图 5.8（a）所示。截断边界采用 24 个二节点线单元离散，如图

5.8（b）所示。

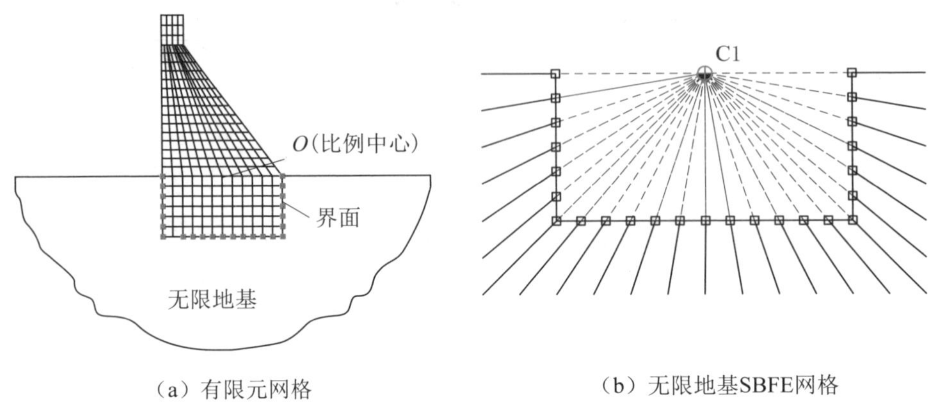

（a）有限元网格

（b）无限地基SBFE网格

图 5.8 坝-基系统网格图

同样，采用有限元扩展网格进行了地震响应分析。本算例中地基的膨胀波速 $c_p=3297.24\text{m/s}$，扩展网格的范围取为：$-20000\text{m}\leqslant x\leqslant 20000\text{m}$，$-20000\text{m}\leqslant y\leqslant 0$。采用四节点四边形单元离散，共划分 186520 个单元 187467 个节点。

比较了有限元扩展网格和本算法 $M_{\text{cf}}=12$ 消除虚假模态后的结果，坝顶的水平向、竖向位移时程如图 5.9 所示。水平位移峰值分

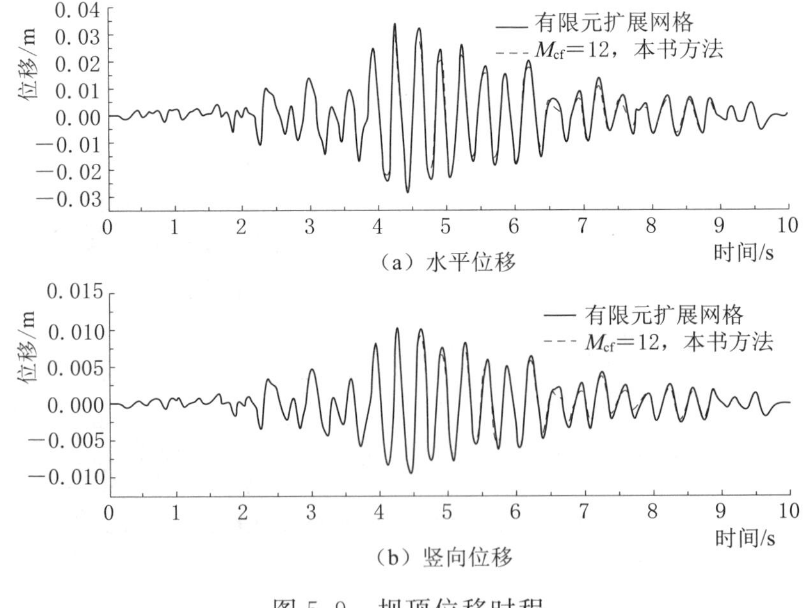

（a）水平位移

（b）竖向位移

图 5.9 坝顶位移时程

别为 3.44cm、3.33cm，竖向位移峰值分别为 1.09cm、1.05cm，相对误差分别为 3.39%、3.73%。可以看出，本算法的结果与扩展网格的结果吻合得很好。但是，本方法只需离散很小的地基范围使得求解自由度明显减小，计算效率得到提高。本例进行时程分析时，采用相同的计算机，本算法求解大约耗时 422s，而有限元扩展网格大约耗时 7426s。

5.2 基于比例边界有限元法的混凝土坝-地基系统耦合求解方法

5.2.1 比例边界有限元与高阶透射边界的耦合

有限域、无限域均采用比例边界有限元法时，耦合示意图如图 5.10 所示，其中有限域采用多边形单元建模。由于有限域的待求向量中含有除结构自由度外的辅助变量，将有限域运动方程重新分块写为

$$\begin{bmatrix} \boldsymbol{M}_{ii} & \boldsymbol{M}_{is} & \boldsymbol{M}_{ib} \\ \boldsymbol{M}_{si} & \boldsymbol{M}_{ss} & \boldsymbol{M}_{sb} \\ \boldsymbol{M}_{bi} & \boldsymbol{M}_{bs} & \boldsymbol{M}_{bb} \end{bmatrix} \begin{Bmatrix} \ddot{\boldsymbol{u}}_{i} \\ \ddot{\boldsymbol{u}}_{s} \\ \ddot{\boldsymbol{u}}_{b} \end{Bmatrix} + \begin{bmatrix} \boldsymbol{C}_{ii} & \boldsymbol{C}_{is} & \boldsymbol{C}_{ib} \\ \boldsymbol{C}_{si} & \boldsymbol{C}_{ss} & \boldsymbol{C}_{sb} \\ \boldsymbol{C}_{bi} & \boldsymbol{C}_{bs} & \boldsymbol{C}_{bb} \end{bmatrix} \begin{Bmatrix} \dot{\boldsymbol{u}}_{i} \\ \dot{\boldsymbol{u}}_{s} \\ \dot{\boldsymbol{u}}_{b} \end{Bmatrix} + \begin{bmatrix} \boldsymbol{K}_{ii} & \boldsymbol{K}_{is} & \boldsymbol{K}_{ib} \\ \boldsymbol{K}_{si} & \boldsymbol{K}_{ss} & \boldsymbol{K}_{sb} \\ \boldsymbol{K}_{bi} & \boldsymbol{K}_{bs} & \boldsymbol{K}_{bb} \end{bmatrix} \begin{Bmatrix} \boldsymbol{u}_{i} \\ \boldsymbol{u}_{s} \\ \boldsymbol{u}_{b} \end{Bmatrix}$$

$$= \begin{Bmatrix} \boldsymbol{0} \\ \boldsymbol{P}_{s} \\ \boldsymbol{P}_{b} \end{Bmatrix} - \begin{Bmatrix} \boldsymbol{0} \\ \boldsymbol{0} \\ \boldsymbol{R}_{b} \end{Bmatrix} \tag{5.7}$$

式中：下标 i 表示辅助变量的自由度，并且 $\boldsymbol{u}_i$ 按倒序排列，即 $\boldsymbol{u}_i=(\boldsymbol{u}^{(M)},\boldsymbol{u}^{(M-1)},\cdots,\boldsymbol{u}^{(1)})^{T}$；其他符号意义同式（5.1）。

将式（5.7）、式（4.41）按照自由度顺序对应相叠加，并结合式（3.32）、式（3.33），得到多边形单元与高阶透射边界耦合的动力学方程，即

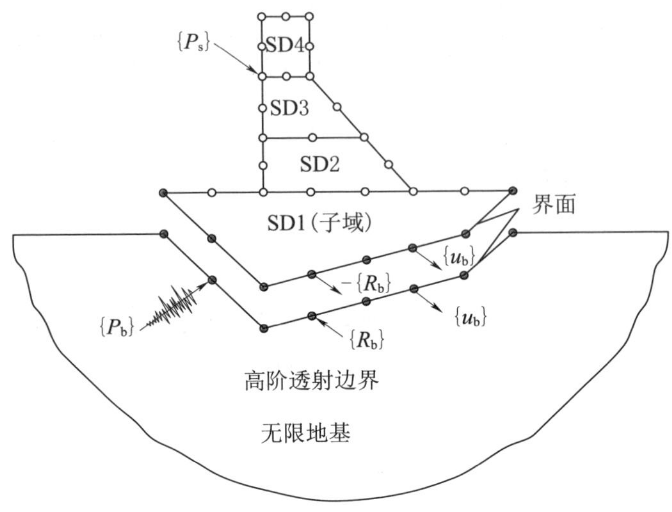

图 5.10　多边形单元与高阶透射边界耦合示意图

$$\boldsymbol{K}_c\boldsymbol{d}_c+\boldsymbol{C}_c\dot{\boldsymbol{d}}_c+\boldsymbol{M}_c\ddot{\boldsymbol{d}}_c=\boldsymbol{f}_c \tag{5.8}$$

其中，系数矩阵 $\boldsymbol{K}_c$、$\boldsymbol{C}_c$、$\boldsymbol{M}_c$，以及待求向量 $\boldsymbol{d}_c$、荷载向量 $\boldsymbol{f}_c$ 分别表示为

$$\boldsymbol{K}_c=\begin{bmatrix}
\boldsymbol{S}_0^{(M)} & & & & & & & & & & \\
 & \ddots & & & & & & & & & \\
 & & \boldsymbol{S}_0^{(2)} & & & & & & & & \\
 & & & \boldsymbol{S}_0^{(1)} & & & & & & & \\
 & & & & \boldsymbol{K}_{ss} & \boldsymbol{K}_{sb} & & & & & \\
 & & & & \boldsymbol{K}_{bs} & \boldsymbol{K}_{bb}+\boldsymbol{K}_{\infty} & -\boldsymbol{X}_u^{(1)} & & & & \\
 & & & & & -(\boldsymbol{X}_u^{(1)})^{T} & \boldsymbol{Y}_0^{(1)} & -\boldsymbol{X}_u^{(2)} & & & \\
 & & & & & & -(\boldsymbol{X}_u^{(2)})^{T} & \boldsymbol{Y}_0^{(2)} & & & \\
 & & & & & & & & \ddots & -\boldsymbol{X}_u^{(M_{cf}-1)} & \\
 & & & & & & & & -(\boldsymbol{X}_u^{(M_{cf}-1)})^{T} & \boldsymbol{Y}_0^{(M_{cf}-1)} & -\boldsymbol{X}_u^{(M_{cf})} \\
 & & & & & & & & & -(\boldsymbol{X}_u^{(M_{cf})})^{T} & \boldsymbol{Y}_0^{(M_{cf})}
\end{bmatrix} \tag{5.9a}$$

$$
\boldsymbol{C}_c=\begin{bmatrix}
\boldsymbol{0} \\
& \ddots \\
&& \boldsymbol{0} \\
&&& \boldsymbol{0} \\
&&&& \boldsymbol{C}_{ss} & \boldsymbol{C}_{sb} \\
&&&& \boldsymbol{C}_{bs} & \boldsymbol{C}_{bb}+C_{\infty} \\
&&&&&& \boldsymbol{Y}_1^{(1)} \\
&&&&&&& \boldsymbol{Y}_1^{(2)} \\
&&&&&&&& \ddots \\
&&&&&&&&& \boldsymbol{Y}_1^{(M_{cf}-1)} \\
&&&&&&&&&& \boldsymbol{Y}_1^{(M_{cf})}
\end{bmatrix} \tag{5.9b}
$$

$$
\boldsymbol{M}_c=\begin{bmatrix}
\boldsymbol{S}_1^{(M)} & -(\boldsymbol{X}^{(M)})^{\mathrm{T}} \\
-\boldsymbol{X}^{(M)} & \ddots \\
&& \boldsymbol{S}_1^{(2)} & -(\boldsymbol{X}^{(2)})^{\mathrm{T}} \\
&& -\boldsymbol{X}^{(2)} & \boldsymbol{S}_1^{(1)} & -(\boldsymbol{X}_s^{(1)})^{\mathrm{T}} & -(\boldsymbol{X}_b^{(1)})^{\mathrm{T}} \\
&&& -\boldsymbol{X}_s^{(1)} & \boldsymbol{M}_{ss} & \boldsymbol{M}_{sb} \\
&&& -\boldsymbol{X}_b^{(1)} & \boldsymbol{M}_{bs} & \boldsymbol{M}_{bb} \\
&&&&&& \boldsymbol{0} \\
&&&&&&& \boldsymbol{0} \\
&&&&&&&& \boldsymbol{0} \\
&&&&&&&&& \boldsymbol{0} \\
&&&&&&&&&& \boldsymbol{0}
\end{bmatrix} \tag{5.9c}
$$

$$
\boldsymbol{d}_c=\begin{Bmatrix}
\boldsymbol{u}^{(M)} \\ \vdots \\ \boldsymbol{u}^{(2)} \\ \boldsymbol{u}^{(1)} \\ \boldsymbol{u}_s \\ \boldsymbol{u}_b \\ \boldsymbol{v}^{(1)} \\ \boldsymbol{v}^{(2)} \\ \vdots \\ \boldsymbol{v}^{(M_{cf}-1)} \\ \boldsymbol{v}^{(M_{cf})}
\end{Bmatrix},\ \boldsymbol{f}_c=\begin{Bmatrix}
\boldsymbol{0} \\ \vdots \\ \boldsymbol{0} \\ \boldsymbol{0} \\ \boldsymbol{P}_s(t) \\ \boldsymbol{P}_b(t) \\ \boldsymbol{0} \\ \boldsymbol{0} \\ \vdots \\ \boldsymbol{0} \\ \boldsymbol{0}
\end{Bmatrix} \tag{5.9d}
$$

式（5.2）、式（5.8）即分别为有限元、多边形单元与高阶透射边界耦合的标准动力学方程，均可采用 Newmark 法直接求解。

5.2.2　耦合求解的算法流程

在第 3 章的研究基础上，采用比例边界有限元多边形模拟有限域部分，这样不用重新编制有限元程序。针对有限域、无限域的耦合求解问题，设计了如下的求解流程：

（1）根据式（3.7）、式（3.8）求解 $\boldsymbol{K}$，根据式（3.10）、式（3.11）求解 $\boldsymbol{M}$；然后获得 $\boldsymbol{K}_{\mathrm{ss}}$、$\boldsymbol{K}_{\mathrm{sb}}$、$\boldsymbol{K}_{\mathrm{bb}}$及 $\boldsymbol{M}_{\mathrm{ss}}$、$\boldsymbol{M}_{\mathrm{sb}}$、$\boldsymbol{M}_{\mathrm{bb}}$。

（2）根据无限域算法，求解得到 $\boldsymbol{K}_{\mathrm{u}}$、$\boldsymbol{C}_{\mathrm{u}}$，即式（4.38）、式（4.39）；检查 $\boldsymbol{K}_{\mathrm{u}}$、$\boldsymbol{C}_{\mathrm{u}}$ 的广义特征值，采用 4.3 节中的稳定性算法使 $\boldsymbol{K}_{\mathrm{u}}$、$\boldsymbol{C}_{\mathrm{u}}$ 稳定，如果该部分不稳定，则耦合方程也不会稳定。

（3）组装式（5.9）中的系数矩阵；然后采用 Newmark 法进行求解，从而求得结构的响应。

5.2.3　数值算例分析

5.2.3.1　算例 1：半无限楔形体平面内波动

考虑 4.5.3 节的二维楔形体算例[237]，计算条件同前。分别考虑如图 4.12 所示的三角形荷载和图 5.11 所示的 Ricker 子波，其在时域、频域的表达式分别如式（5.10）、式（5.11）所示，其中 $t_s=5$，$t_0=4/\pi$，$P_0=1$。

$$P(t)=P_0\left[1-2\left(\frac{t-t_s}{t_0}\right)^2\right]\exp\left[-\left(\frac{t-t_s}{t_0}\right)^2\right] \tag{5.10}$$

$$P(\omega)=0.5\sqrt{\pi}P_0 t_0(\omega t_0)^2 \mathrm{e}^{-0.25(\omega t_0)^2} \tag{5.11}$$

楔形体有限域长度为 $b=1\mathrm{m}$，采用 4 个八节点高阶单元离散，共 28 个节点 56 个自由度，相似中心 C1 位于几何中心处，网格如图 5.12 所示。有限域的外侧边界同时为无限域的高阶透射边界，其节点自由度为公共自由度，高阶透射边界的相似中心位于 O 点处。进行耦合分析时，各边界全部自由，没有约束条件。

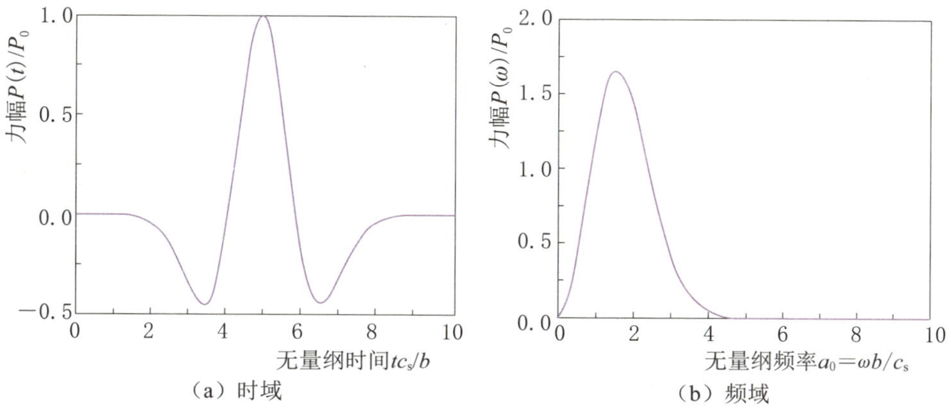

（a）时域　（b）频域

图 5.11　施加的 Ricker 子波荷载

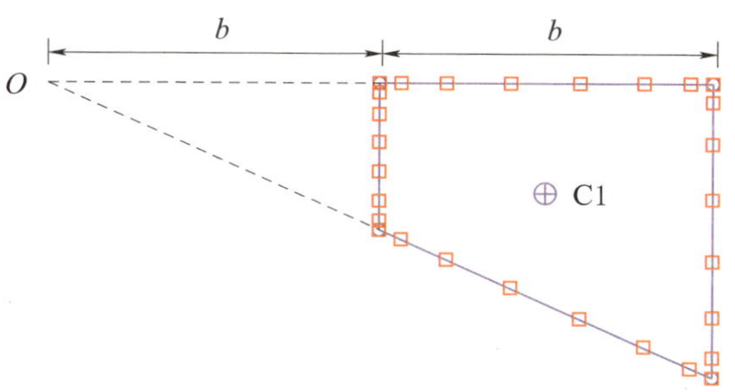

图 5.12　楔形体 SBFE 网格图

为了说明该方法的优越性，采用有限元法结合黏弹性人工边界也对该问题进行了分析。考虑的计算区域大小如图 5.13 所示，有

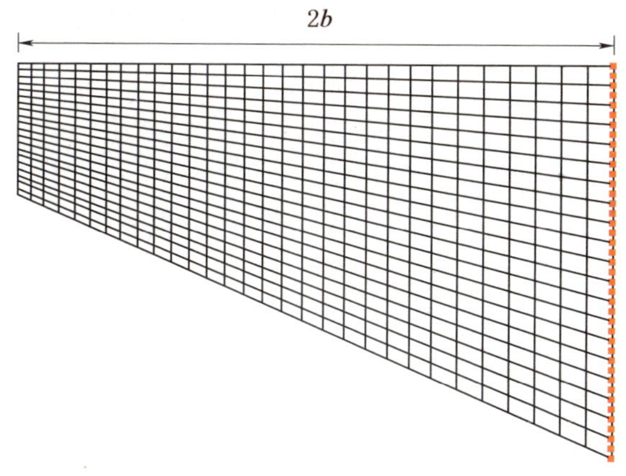

图 5.13　黏弹性边界有限元网格图

限元网格采用八节点四边形单元离散，共划分了 600 个单元 1901 个节点。图 5.13 中的右侧边界采用黏弹性边界，黏弹性边界的弹簧、阻尼器参数按照式（1.8）确定，其中散射波源到人工边界的距离 r 取为 $2b$。

采用上述的耦合算法，求解得到系统的动力响应。无量纲化后的观测点水平向位移时程如图 5.14 和图 5.15 所示。可以看出，有限域+高阶边界（$M_{cf}=13$）的结果与有限元扩展网格的结果吻合得很好。相比而言，黏弹性边界的结果较差。综合比较计算区域大

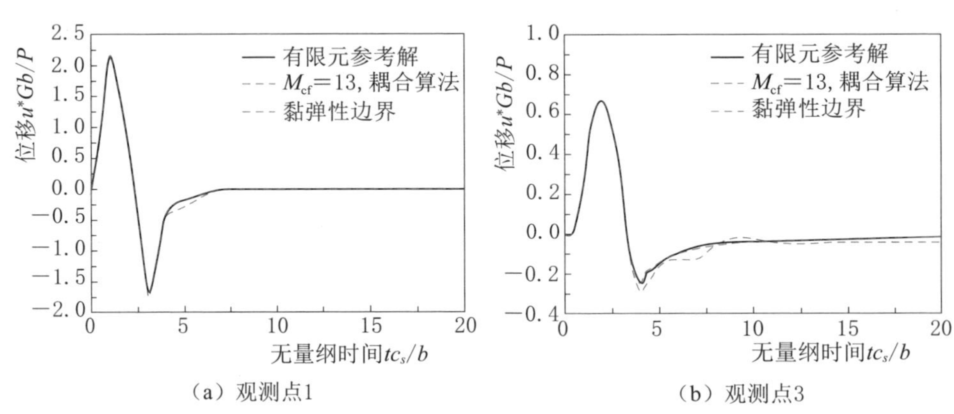

（a）观测点1　　（b）观测点3

图 5.14　观测点水平向位移时程（三角形荷载）

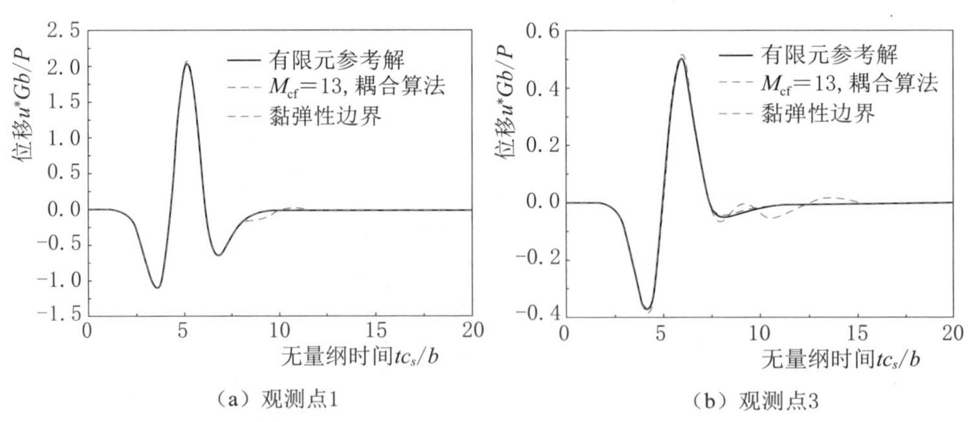

（a）观测点1　　（b）观测点3

图 5.15　观测点水平向位移时程（Ricker 子波）

小及结果，有限域和无限域的耦合对于增强系统稳定性及降低连分式展开的阶数有较好的效果；提出的耦合算法比黏弹性边界更精确、有效。

5.2.3.2 算例 2：平面半空间平面内波动

考虑如图 5.16 所示的平面无限域问题，其中 $b=1\mathrm{m}$。介质的力学参数为：剪切模量为 $G=1\mathrm{Pa}$，质量密度为 $\rho=1\mathrm{kg/m^3}$，泊松比为 $\nu=0.25$。施加的均布荷载时程 $P(t)$ 分别如图 4.12 和图 5.11 所示。

按平面应变问题进行分析。有限域考虑为半径为 b 的半圆形，共划分了 1 个多边形，采用 4 个八节点高阶单元离散，共 28 个节点 56 个自由度，相似中心位于 C1 点处，网格如图 5.17 所示（图中的虚线没有实际意义，不代表单元、节点，只是反衬有限域的范围）。有限域的外侧边界同时为无限域的高阶透射边界，其节点自由度为公共自由度，高阶透射边界的相似中心位于图 5.8 中的 A 点处。进行耦合分析时，各边界全部自由，没有约束条件。

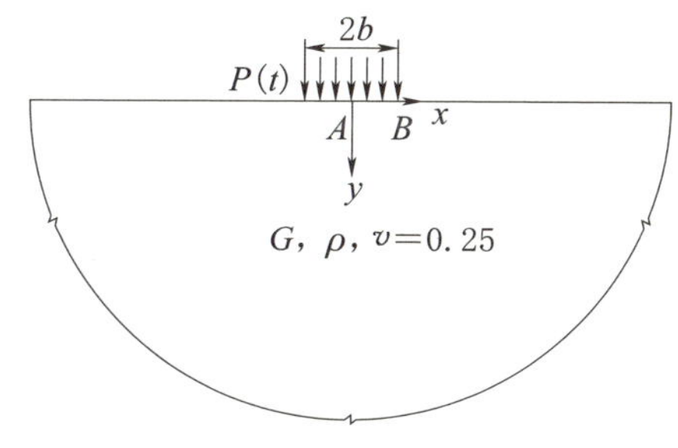

图 5.16 平面无限域问题

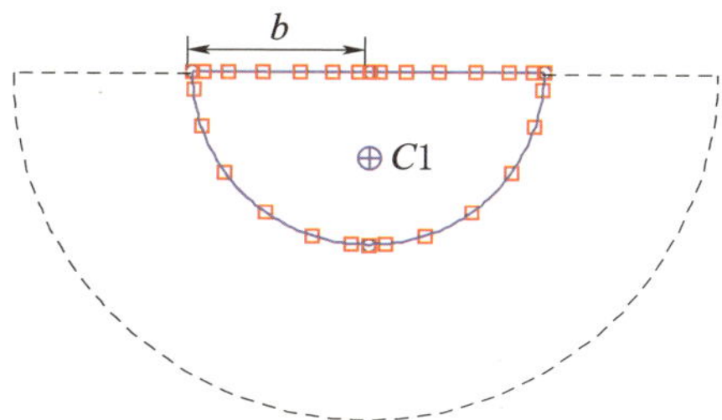

图 5.17 SBFE 网格图

同样，针对该问题采用扩展的有限元网格进行了分析。考虑到模型的对称性，矩形计算区域大小为 $20b\times20b$，有限元网格采用八节点四边形单元离散，共划分了 3400 个单元 19521 个节点；有限元分析的边界条件为最外层的边界固定。时域计算总时间为 $20b/c_s$，积分步长为$\Delta t=0.02b/c_s$。

为了说明该方法的优越性，采用有限元法结合黏弹性人工边界也对该问题进行了分析。考虑的矩形计算区域大小为 $4b\times2b$，如

图 5.18 所示，有限元网格采用八节点四边形单元离散，共划分了 288 个单元 937 个节点。图中的最外层两个侧边和底边采用黏弹性边界，黏弹性边界的弹簧、阻尼器参数按照式（1.8）确定，其中散射波源到人工边界的距离 r 取为 $2b$。

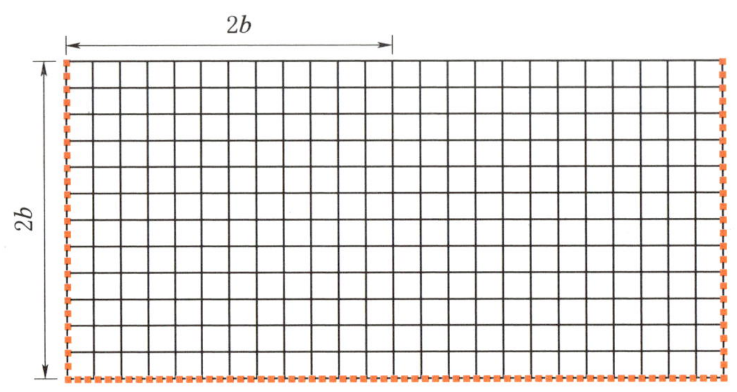

图 5.18　黏弹性边界有限元网格图

无量纲化后的观测点竖向位移时程如图 5.19 和图 5.20 所示。可以看出，有限域+高阶边界（$M_{cf}=8$）的结果与有限元扩展网格的结果吻合得很好；而黏弹性边界的结果较差，并且离边界越近，其结果更不理想。综合比较计算区域大小及结果，本书的高阶透射边界及耦合算法比黏弹性边界更精确、有效。

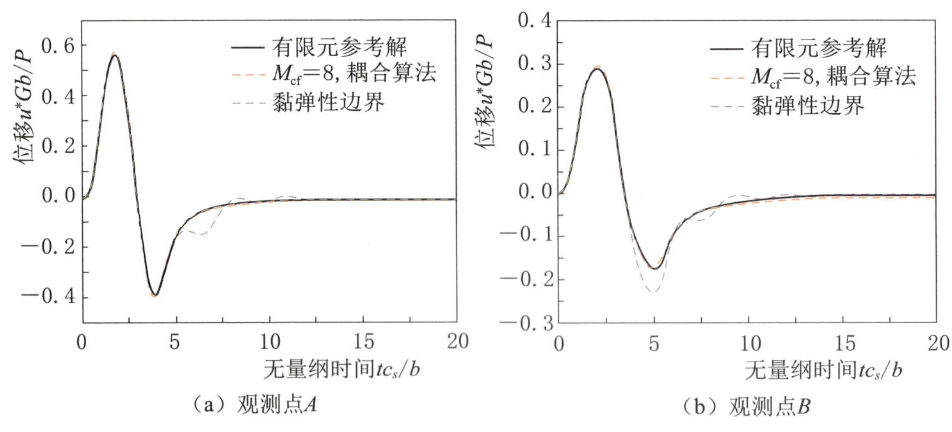

图 5.19　观测点竖向位移时程（三角形荷载）

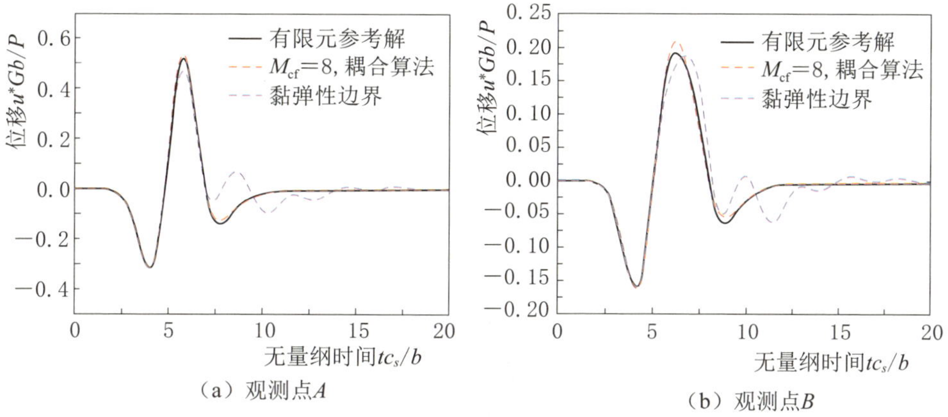

图 5.20 观测点竖向位移时程（Ricker 子波）

5.2.3.3 算例 3：弹性体-地基动力相互作用

考虑如图 5.2 所示的结构-地基相互作用问题，其中 $b=1\text{m}$。地基、结构材料参数分别为 $G_1=G=1\text{Pa}$，$\rho_1=\rho=1\text{kg/m}^3$，$\nu_1=0.25$；$G_2=9G=9\text{Pa}$，$\rho_2=\rho=1\text{kg/m}^3$，$\nu_2=0.25$。施加的均布荷载时程 $P(t)$ 分别如图 4.12 和图 5.11 所示。

按平面应变问题进行分析。有限域考虑为结构和半径为 b 的半圆形地基，共划分了 2 个多边形，采用 8 个九节点高阶单元离散，共 63 个节点 126 个自由度，相似中心位于 C1 和 C2 点处，网格如图 5.21 所示。多边形 C1 的半圆形边界同时为无限域的高阶透射边界，其节点自由度为公共自由度，高阶透射边界的相似中心位于图 5.2 中的 O 点处。进行耦合分析时，各边界全部自由，没有约束条件。

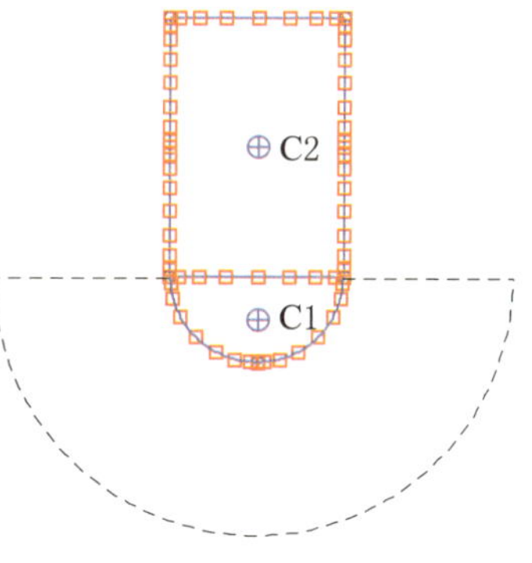

图 5.21 SBFE 网格图

同样，针对该问题采用扩展的有限元网格进行了分析。考虑到模型的对称性，矩形计算区域大小为 $20b\times20b$，有限元网格采用八节点四边形单元离散，共划分了 6768 个单元 20657 个节点；有限元分析的边界条件为最外层的边界固定。时域计算总时间为 $20b/c_s$，积分步长为 $\Delta t=0.02b/c_s$。

同样，采用有限元法结合黏弹性人工边界也对该问题进行了分析。考虑的计算区域如图 5.22 所示，有限元网格采用八节点四边形单元离散，共划分了 480 个单元 1553 个节点。图中的最外层两个侧边和底边采用黏弹性边界，黏弹性边界的弹簧、阻尼器参数按照式（1.8）确定，其中散射波源到人工边界的距离 r 取为 $3b$。

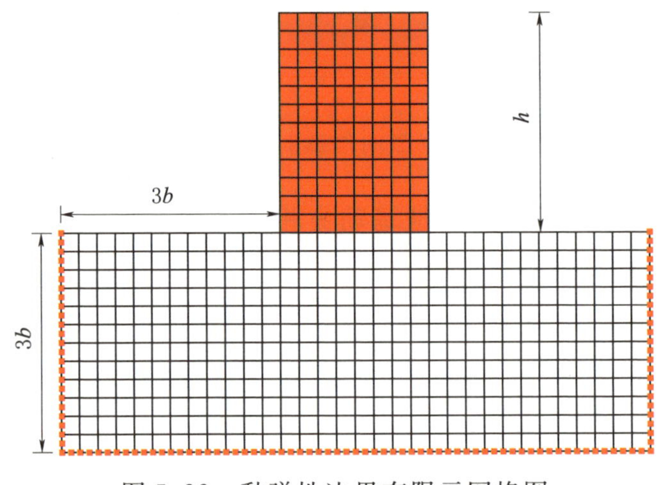

图 5.22　黏弹性边界有限元网格图

无量纲化后的观测点竖向位移时程如图 5.23 和图 5.24 所示。可以看出，有限域+高阶边界（$M_{cf}=8$）的结果与有限元扩展网格

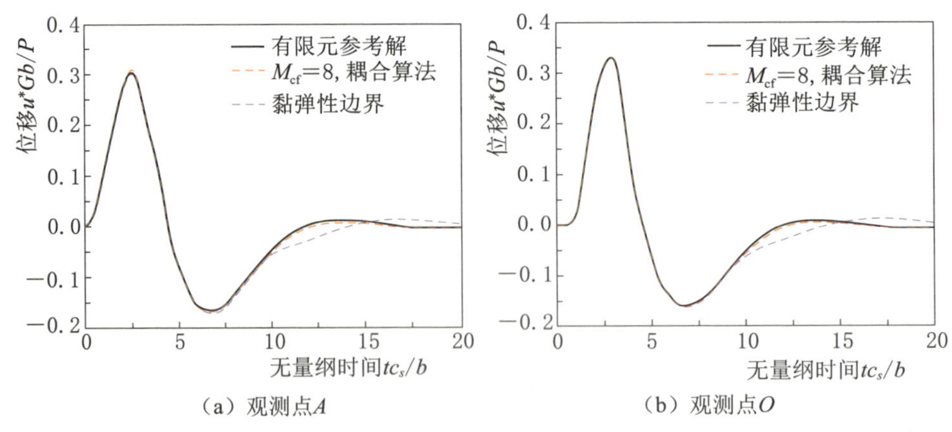

（a）观测点A　（b）观测点O

图 5.23　观测点竖向位移时程（三角形荷载）

的结果吻合得很好；而黏弹性边界的结果较差，并且离边界越近，其结果更不理想。综合比较计算区域大小及结果，本书的高阶透射边界及耦合算法比黏弹性边界更精确、有效。

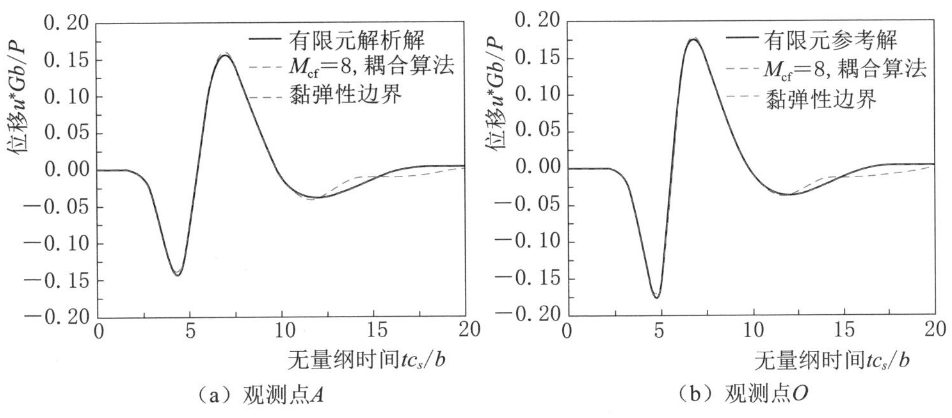

（a）观测点A　　（b）观测点O

图 5.24　观测点竖向位移时程（Ricker 子波）

算例 1～算例 3 进行时程分析时，采用 ThinkPad SL510k 笔记本电脑，T4400 双核处理器，两种算法的平均耗时比较见表 5.1。可以看出，本章方法所用时间仅为黏弹性边界分析的 1/20～1/40。因此，本章提出的算法是非常精确的、有效的。

表 5.1　　本章方法和黏弹性边界平均耗时比较　　单位：s

项目	算例 1	算例 2	算例 3
黏弹性边界	230	181	227
本章方法	5	6	11

5.2.3.4　算例 4：重力坝-地基动力相互作用

考虑图 5.6 中的重力坝-无限地基动力相互作用问题。大坝混凝土力学参数为：$E_c=25.44\text{GPa}$，$\nu_c=0.167$，$\gamma_c=2600\text{kg/m}^3$；坝基岩体按Ⅱ类和Ⅲa 类岩体综合考虑，其综合参数为：$E_r=15.0\text{GPa}$，$\nu_r=0.25$，$\gamma_r=2700\text{kg/m}^3$。大坝抗震设防烈度高达Ⅸ度，地震动峰值加速度为 0.3995g。施加的地震加速度如图 5.7 所示。

本算法中有限域考虑为坝体及半圆形地基，共划分了 5 个多边

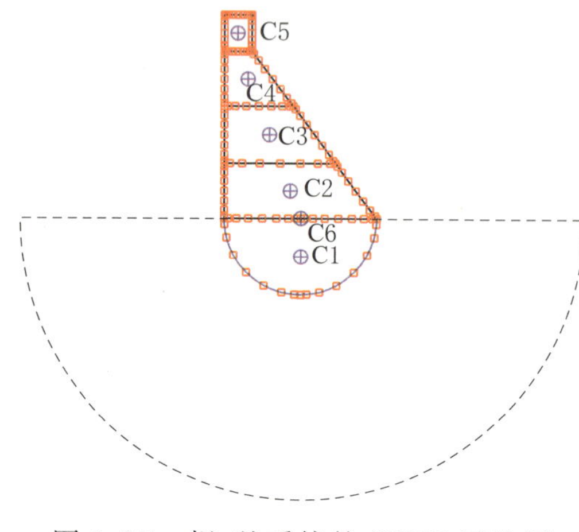

图5.25 坝-基系统的SBFE网格图

形，采用16个十节点高阶单元离散，共140个节点280个自由度，如图5.25所示。多边形C1的半圆形边界同时为无限地基的高阶透射边界，其节点自由度为公共自由度，高阶透射边界的相似中心位于坝-基交界面中心处。

比较了有限元扩展网格和本书算法（$M=1$、$M_{cf}=6$）的结果，坝顶水平向、竖向位移时程如图5.26所示。水平位移峰值分别为－3.10cm、－3.14cm，竖向位移峰值分别为－1.02cm、－1.03cm。可以看出，本算法的结果与扩展网格的结果吻合得很好。但本算法只需在求解范围的边界上进行离散，使问题降低一维同时求解自由度明显减小，

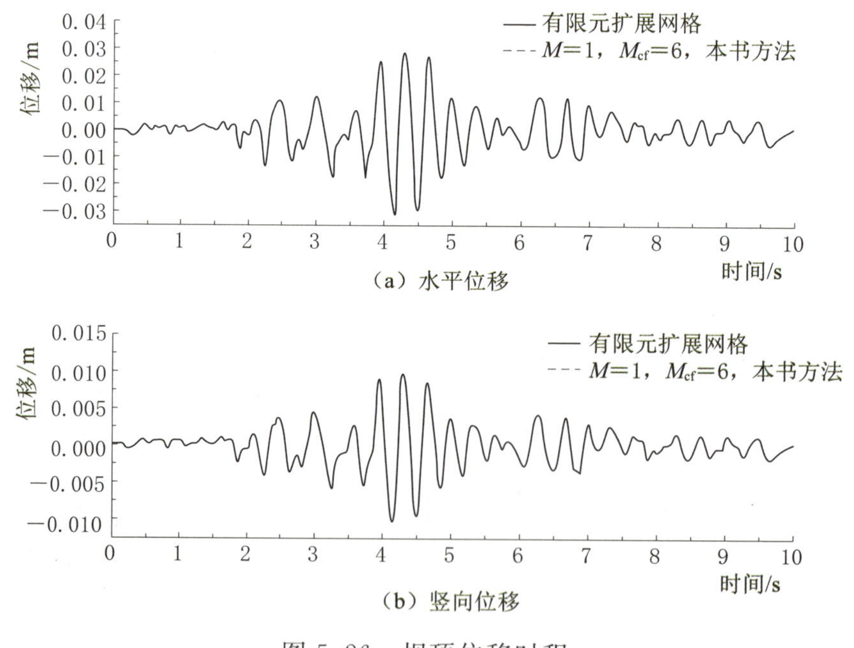

图5.26 坝顶位移时程

计算效率得到提高。本例进行时程分析时，采用相同的计算机，本算法求解大约耗时 340s，而有限元扩展网格大约耗时 8026s。

5.3 本 章 小 结

在比例边界有限元分别求解有限域、无限域的工作基础上，在时域里提出了基于高阶透射边界的混凝土坝-无限地基系统耦合计算方法，即分别采用有限元、比例边界有限元多边形单元模拟近场有限域，采用高阶透射边界模拟无限域，建立了混凝土坝-无限地基系统耦合求解的动力学方程，采用 Newmark 法即可直接求解。6 个算例表明该耦合算法在时域里比黏弹性边界更精确、有效。

第6章　求解矢量波动方程动力刚度矩阵的双渐近算法

采用连分式算法可以有效地求解无限域动力刚度表示的比例边界有限元方程，它具有收敛范围广、收敛速度快等优点。本章在高频渐近连分式算法的基础上考虑低频渐近，发展一种针对矢量波动方程的双渐近算法。随着展开阶数的增加，双渐近算法可以在全频域范围内快速逼近准确解。通过在高频极限、低频极限时满足动力刚度表示的比例边界有限元方程，建立递推关系以求得动力刚度矩阵。通过二维半无限楔形体、三维均质弹性半空间三个数值算例表明，双渐近算法比单渐近算法更稳定、优越，鲁棒性更好。

6.1　动力刚度矩阵的双渐近算法

6.1.1　动力刚度矩阵的高频渐近展开

无限域动力刚度矩阵 $\boldsymbol{S}^{\infty}(\omega)$ 采用高频渐近（$\omega\rightarrow+\infty$）的连分式展开进行求解，即

$$\boldsymbol{S}^{\infty}(\omega)=\boldsymbol{K}_{\infty}+\mathrm{i}\omega\boldsymbol{C}_{\infty}-\boldsymbol{X}^{(1)}(\boldsymbol{Y}^{(1)}(\omega))^{-1}(\boldsymbol{X}^{(1)})^{\mathrm{T}} \tag{6.1}$$

$$\boldsymbol{Y}^{(i)}(\omega)=\boldsymbol{Y}_{0}^{(i)}+\mathrm{i}\omega\boldsymbol{Y}_{1}^{(i)}-\boldsymbol{X}^{(i+1)}(\boldsymbol{Y}^{(i+1)}(\omega))^{-1}(\boldsymbol{X}^{(i+1)})^{\mathrm{T}}$$

$$(i=1,2,\cdots,M_{\mathrm{H}}) \tag{6.2}$$

式中：$\boldsymbol{K}_{\infty}$、$\boldsymbol{C}_{\infty}$ 分别为无限域的常数刚度矩阵和阻尼矩阵；$\boldsymbol{Y}_{0}^{(i)}$、$\boldsymbol{Y}_{1}^{(i)}$ 均为常数矩阵；$\boldsymbol{X}^{(i)}$ 的引入是为了增加系统的稳定性，其中 $i=1$，2，…，M_{H}，M_{H} 为高频渐近的展开阶数。

将式（6.1）代入式（4.1）中展开，关于$(\mathrm{i}\omega)^{0}$、$\mathrm{i}\omega$、$(\mathrm{i}\omega)^{2}$ 项的

系数矩阵为 0 时等式才成立，可分别求得 $\boldsymbol{C}_{\infty}$、$\boldsymbol{K}_{\infty}$；然后结合式（6.2）建立递推关系，可依次求得 $\boldsymbol{Y}_1^{(i)}$、$\boldsymbol{Y}_0^{(i)}$，其计算过程详见第 4 章。

若考虑 M_{H} 阶高频单向渐近时，式（6.2）中的残余量记为

$$\boldsymbol{Y}_{\mathrm{L}}(\omega)=\boldsymbol{Y}^{(M_{\mathrm{H}}+1)}(\omega) \tag{6.3}$$

并且，求解矢量波动方程时建立了以下递推关系[147]：

$$\boldsymbol{a}_{\mathrm{L}}-(\boldsymbol{b}_{\mathrm{L0}}+\mathrm{i}\omega\boldsymbol{b}_{\mathrm{L1}})\boldsymbol{Y}_{\mathrm{L}}(\omega)-\boldsymbol{Y}_{\mathrm{L}}(\omega)[(\boldsymbol{b}_{\mathrm{L0}})^{\mathrm{T}}+\mathrm{i}\omega(\boldsymbol{b}_{\mathrm{L1}})^{\mathrm{T}}]$$
$$+\boldsymbol{Y}_{\mathrm{L}}(\omega)\boldsymbol{c}_{\mathrm{L}}\boldsymbol{Y}_{\mathrm{L}}(\omega)-\omega\boldsymbol{Y}_{\mathrm{L}}(\omega)_{,\omega}=0 \tag{6.4}$$

其中

$$\boldsymbol{a}_{\mathrm{L}}=\boldsymbol{a}^{(M_{\mathrm{H}}+1)}=(\boldsymbol{X}_{\mathrm{L}}^{(0)})^{\mathrm{T}}\boldsymbol{c}^{(M_{\mathrm{H}})}\boldsymbol{X}_{\mathrm{L}}^{(0)} \tag{6.5a}$$

$$\boldsymbol{b}_{\mathrm{L0}}=\boldsymbol{b}_0^{(M_{\mathrm{H}}+1)}=(\boldsymbol{X}_{\mathrm{L}}^{(0)})^{\mathrm{T}}[-(\boldsymbol{b}_0^{(M_{\mathrm{H}})})^{\mathrm{T}}+\boldsymbol{c}^{(M_{\mathrm{H}})}\boldsymbol{Y}_0^{(M_{\mathrm{H}})}](\boldsymbol{X}_{\mathrm{L}}^{(0)})^{-\mathrm{T}} \tag{6.5b}$$

$$\boldsymbol{b}_{\mathrm{L1}}=\boldsymbol{b}_1^{(M_{\mathrm{H}}+1)}=(\boldsymbol{X}_{\mathrm{L}}^{(0)})^{\mathrm{T}}[-(\boldsymbol{b}_1^{(M_{\mathrm{H}})})^{\mathrm{T}}+\boldsymbol{c}^{(M_{\mathrm{H}})}\boldsymbol{Y}_1^{(M_{\mathrm{H}})}](\boldsymbol{X}_{\mathrm{L}}^{(0)})^{-\mathrm{T}} \tag{6.5c}$$

$$\boldsymbol{c}_{\mathrm{L}}=\boldsymbol{c}^{(M_{\mathrm{H}}+1)}=(\boldsymbol{X}_{\mathrm{L}}^{(0)})^{-1}[\boldsymbol{a}^{(M_{\mathrm{H}})}-\boldsymbol{b}_0^{(M_{\mathrm{H}})}\boldsymbol{Y}_0^{(M_{\mathrm{H}})}-\boldsymbol{Y}_0^{(M_{\mathrm{H}})}(\boldsymbol{b}_0^{(M_{\mathrm{H}})})^{\mathrm{T}}$$
$$+\boldsymbol{Y}_0^{(M_{\mathrm{H}})}c^{(M_{\mathrm{H}})}\boldsymbol{Y}_0^{(M_{\mathrm{H}})})(X_{\mathrm{L}}^{(0)})^{-\mathrm{T}} \tag{6.5d}$$

$$\boldsymbol{X}_{\mathrm{L}}^{(0)}=\boldsymbol{X}^{(M_{\mathrm{H}}+1)} \tag{6.5e}$$

6.1.2 动力刚度矩阵的低频渐近展开

将高频渐近后的残余量采用如下的低频渐近（$\omega\rightarrow 0$）表达[151]，即

$$\boldsymbol{Y}_{\mathrm{L}}(\omega)=\boldsymbol{Y}_{\mathrm{L0}}^{(0)}+\mathrm{i}\omega\boldsymbol{Y}_{\mathrm{L1}}^{(0)}-(\mathrm{i}\omega)^2X_{\mathrm{L}}^{(1)}(\boldsymbol{Y}_{\mathrm{L}}^{(1)}(\omega))^{-1}(\boldsymbol{X}_{\mathrm{L}}^{(1)})^{\mathrm{T}} \tag{6.6}$$

$$\boldsymbol{Y}_{\mathrm{L}}^{(i)}(\omega)=\boldsymbol{Y}_{\mathrm{L0}}^{(i)}+\mathrm{i}\omega\boldsymbol{Y}_{\mathrm{L1}}^{(i)}-(\mathrm{i}\omega)^2\boldsymbol{X}_{\mathrm{L}}^{(i+1)}(\boldsymbol{Y}_{\mathrm{L}}^{(i+1)}(\omega))^{-1}(\boldsymbol{X}_{\mathrm{L}}^{(i+1)})^{\mathrm{T}}$$
$$(i=1,2,\cdots,M_{\mathrm{L}}) \tag{6.7}$$

式中：$\boldsymbol{Y}_{\mathrm{L0}}^{(0)}$、$\boldsymbol{Y}_{\mathrm{L1}}^{(0)}$、$\boldsymbol{Y}_{\mathrm{L0}}^{(\mathrm{i})}$、$\boldsymbol{Y}_{\mathrm{L1}}^{(\mathrm{i})}$ 均为常数矩阵。

同理，$\boldsymbol{X}_{\mathrm{L}}^{(i)}$ 的引入是为了增加系统的稳定性，其中 $i=1$，2，…，M_{L}，M_{L} 为低频渐近的展开阶数。

将式（6.6）代入式（6.4）中展开，关于$(\mathrm{i}\omega)^0$、$\mathrm{i}\omega$、$(\mathrm{i}\omega)^2$ 项的系数矩阵为 0 时等式才成立。

因此，对于$(\mathrm{i}\omega)^0$ 项有

$$\boldsymbol{a}_{\mathrm{L}}-\boldsymbol{Y}_{\mathrm{L}0}^{(0)}(\boldsymbol{b}_{\mathrm{L}0})^{\mathrm{T}}-\boldsymbol{b}_{\mathrm{L}0}\boldsymbol{Y}_{\mathrm{L}0}^{(0)}+\boldsymbol{Y}_{\mathrm{L}0}^{(0)}\boldsymbol{c}_{\mathrm{L}}\boldsymbol{Y}_{\mathrm{L}0}^{(0)}=0 \tag{6.8}$$

式（6.8）为关于$\boldsymbol{Y}_{\mathrm{L}0}^{(0)}$为未知量的 Riccati 方程。将式（6.2）和式（6.6）代入式（6.1）中得到

$$\begin{aligned}\boldsymbol{S}^{\infty}(\omega)=&\boldsymbol{K}_{\infty}+\mathrm{i}\omega\boldsymbol{C}_{\infty}-\boldsymbol{X}^{(1)}(\boldsymbol{Y}_{0}^{(1)}+\mathrm{i}\omega\boldsymbol{Y}_{1}^{(1)}-\boldsymbol{X}^{(2)}(\boldsymbol{Y}_{0}^{(2)}+\mathrm{i}\omega\boldsymbol{Y}_{1}^{(2)}-\cdots\\&-\boldsymbol{X}^{(M_{\mathrm{H}})}(\boldsymbol{Y}_{0}^{(M_{\mathrm{H}})}+\mathrm{i}\omega\boldsymbol{Y}_{1}^{(M_{\mathrm{H}})}-\boldsymbol{X}^{(M_{\mathrm{H}}+1)}(\boldsymbol{Y}_{\mathrm{L}0}^{(0)}+\mathrm{i}\omega\boldsymbol{Y}_{\mathrm{L}1}^{(0)}\\&-(\mathrm{i}\omega)^{2}\boldsymbol{X}_{\mathrm{L}}^{(1)}(\boldsymbol{Y}_{\mathrm{L}1}^{(1)}(\omega))^{-1}(\boldsymbol{X}_{\mathrm{L}}^{(1)})^{\mathrm{T}})^{-1}(\boldsymbol{X}^{(M_{\mathrm{H}}+1)})^{\mathrm{T}})^{-1}\\&(\boldsymbol{X}^{(M_{\mathrm{H}})})^{\mathrm{T}}\cdots)^{-1}(\boldsymbol{X}^{(2)})^{\mathrm{T}})^{-1}(\boldsymbol{X}^{(1)})^{\mathrm{T}}\end{aligned} \tag{6.9}$$

对于M_{H}阶高频渐近时，设$\omega=0$，式（6.9）中只有静力刚度矩阵$\boldsymbol{S}_{\omega0}^{\infty}$、$\boldsymbol{Y}_{\mathrm{L}0}^{(0)}$为未知变量。设$\omega=0$，式（4.1）重新写为

$$(\boldsymbol{S}_{\omega0}^{\infty}+\boldsymbol{E}_{1})(\boldsymbol{E}_{0})^{-1}[\boldsymbol{S}_{\omega0}^{\infty}+(\boldsymbol{E}_{1})^{\mathrm{T}}]-(s-2)\boldsymbol{S}_{\omega0}^{\infty}-\boldsymbol{E}_{2}=0 \tag{6.10}$$

将式（6.10）展开表示为

$$\begin{aligned}&\boldsymbol{S}_{\omega0}^{\infty}(\boldsymbol{E}_{0})^{-1}\boldsymbol{S}_{\omega0}^{\infty}+[\boldsymbol{E}_{1}(\boldsymbol{E}_{0})^{-1}-0.5(s-2)\boldsymbol{I}]\boldsymbol{S}_{\omega0}^{\infty}\\&+\boldsymbol{S}_{\omega0}^{\infty}[(\boldsymbol{E}_{0})^{-1}(\boldsymbol{E}_{1})^{\mathrm{T}}-0.5(s-2)\boldsymbol{I}]-\boldsymbol{E}_{2}+\boldsymbol{E}_{1}(\boldsymbol{E}_{0})^{-1}(\boldsymbol{E}_{1})^{\mathrm{T}}=0\end{aligned} \tag{6.11}$$

采用如下的 Schur 分解求解$\boldsymbol{S}_{\omega0}^{\infty}$，即

$$\begin{bmatrix}-(\boldsymbol{E}_{0})^{-1}(\boldsymbol{E}_{1})^{\mathrm{T}}+0.5(s-2)\boldsymbol{I} & -(\boldsymbol{E}_{0})^{-1}\\ -\boldsymbol{E}_{2}+\boldsymbol{E}_{1}(\boldsymbol{E}_{0})^{-1}(\boldsymbol{E}_{1})^{\mathrm{T}} & \boldsymbol{E}_{1}(\boldsymbol{E}_{0})^{-1}-0.5(s-2)\boldsymbol{I}\end{bmatrix}\begin{bmatrix}\boldsymbol{\Phi}_{11} & \boldsymbol{\Phi}_{12}\\ \boldsymbol{\Phi}_{21} & \boldsymbol{\Phi}_{22}\end{bmatrix}=\begin{bmatrix}\boldsymbol{\Phi}_{11} & \boldsymbol{\Phi}_{12}\\ \boldsymbol{\Phi}_{21} & \boldsymbol{\Phi}_{22}\end{bmatrix}\begin{bmatrix}\boldsymbol{\lambda} & \\ & -\boldsymbol{\lambda}\end{bmatrix} \tag{6.12}$$

式中：$\boldsymbol{\Phi}$为特征向量；$\boldsymbol{\lambda}$为特征值，并且λ_i的实部均小于0，即$\mathrm{Re}(\lambda_i)<0$。

静力刚度矩阵$\boldsymbol{S}_{\omega0}^{\infty}$可求为

$$\boldsymbol{S}_{\omega0}^{\infty}=\boldsymbol{\Phi}_{21}(\boldsymbol{\Phi}_{11})^{-1} \tag{6.13}$$

将静力刚度矩阵$\boldsymbol{S}_{\omega0}^{\infty}$代入式（6.9）中，可以求出未知量$\boldsymbol{Y}_{\mathrm{L}0}^{(0)}$为

$$\begin{aligned}\boldsymbol{Y}_{\mathrm{L}0}^{(0)}=&(\boldsymbol{X}^{(M_{\mathrm{H}}+1)})^{\mathrm{T}}(\boldsymbol{Y}_{0}^{(M_{\mathrm{H}})}-(\boldsymbol{X}^{(M_{\mathrm{H}})})^{\mathrm{T}}(\boldsymbol{Y}_{0}^{(M_{\mathrm{H}}-1)}-\cdots-(\boldsymbol{X}^{(2)})^{\mathrm{T}}(\boldsymbol{Y}_{0}^{(1)}\\&-(\boldsymbol{X}^{(1)})^{\mathrm{T}}(\boldsymbol{K}_{\infty}-\boldsymbol{H}_{\omega0}^{\infty})^{-1}\boldsymbol{X}^{(1)})^{-1}\boldsymbol{X}^{(2)}\cdots)^{-1}\boldsymbol{X}^{(M_{\mathrm{H}})})^{-1}\boldsymbol{X}^{(M_{\mathrm{H}}+1)}\end{aligned} \tag{6.14}$$

对于 iω 项有

$$\begin{aligned}&(-\boldsymbol{b}_{\mathrm{L}0}+\boldsymbol{Y}_{\mathrm{L}0}^{(0)}\boldsymbol{c}_{\mathrm{L}}-0.5\boldsymbol{I})\boldsymbol{Y}_{\mathrm{L}1}^{(0)}+\boldsymbol{Y}_{\mathrm{L}1}^{(0)}(-(b_{\mathrm{L}0})^{\mathrm{T}}+\boldsymbol{c}_{\mathrm{L}}\boldsymbol{Y}_{\mathrm{L}0}^{(0)}-0.5\boldsymbol{I})\\&=\boldsymbol{Y}_{\mathrm{L}0}^{(0)}(\boldsymbol{b}_{\mathrm{L}1})^{\mathrm{T}}+\boldsymbol{b}_{\mathrm{L}1}\boldsymbol{Y}_{\mathrm{L}0}^{(0)}\end{aligned} \tag{6.15}$$

式（6.15）为关于$\boldsymbol{Y}_{L1}^{(0)}$为未知量的Lyapunov方程，求得$\boldsymbol{Y}_{L0}^{(0)}$后可以直接求解。

对于$(\mathrm{i}\omega)^2$项有

$$
\begin{aligned}
&-\boldsymbol{b}_{L1}\boldsymbol{Y}_{L1}^{(0)}-\boldsymbol{Y}_{L1}^{(0)}(\boldsymbol{b}_{L1})^{\mathrm{T}}+\boldsymbol{Y}_{L1}^{(0)}\boldsymbol{c}_{L}\boldsymbol{Y}_{L1}^{(0)}\\
&-\boldsymbol{X}_{L}^{(1)}(\boldsymbol{Y}_{L}^{(1)}(\omega))^{-1}(\boldsymbol{X}_{L}^{(1)})^{\mathrm{T}}((-(\boldsymbol{b}_{L0})^{\mathrm{T}}+\boldsymbol{c}_{L}\boldsymbol{Y}_{L0}^{(0)}-\boldsymbol{I})+\mathrm{i}\omega(-(\boldsymbol{b}_{L1})^{\mathrm{T}}\\
&+\boldsymbol{c}_{L}\boldsymbol{Y}_{L1}^{(0)}))-((-\boldsymbol{b}_{L0}+\boldsymbol{Y}_{L0}^{(0)}\boldsymbol{c}_{L}-\boldsymbol{I})+\mathrm{i}\omega(-\boldsymbol{b}_{L1}+\boldsymbol{Y}_{L1}^{(0)}\boldsymbol{c}_{L}))\boldsymbol{X}_{L}^{(1)}\\
&(\boldsymbol{Y}_{L}^{(1)}(\omega))^{-1}(\boldsymbol{X}_{L}^{(1)})^{\mathrm{T}}+(\mathrm{i}\omega)^{2}\boldsymbol{X}_{L}^{(1)}(\boldsymbol{Y}_{L}^{(1)}(\omega))^{-1}(\boldsymbol{X}_{L}^{(1)})^{\mathrm{T}}\boldsymbol{c}_{L}\boldsymbol{X}_{L}^{(1)}(\boldsymbol{Y}_{L}^{(1)}\\
&(\omega))^{-1}(\boldsymbol{X}_{L}^{(1)})^{\mathrm{T}}-\omega\boldsymbol{X}_{L}^{(1)}(\boldsymbol{Y}_{L}^{(1)}(\omega))^{-1}(\boldsymbol{Y}_{L}^{(1)}(\omega))_{,\omega}\\
&(\boldsymbol{Y}_{L}^{(1)}(\omega))^{-1}(\boldsymbol{X}_{L}^{(1)})^{\mathrm{T}}=0
\end{aligned}
\tag{6.16}
$$

将式（6.16）左乘$\boldsymbol{Y}_{L}^{(1)}(\omega)(\boldsymbol{X}_{L}^{(1)})^{-1}$及右乘$(\boldsymbol{X}_{L}^{(1)})^{-\mathrm{T}}[\boldsymbol{Y}_{L}^{(1)}(\omega)]$，并写成一般形式为

$$
\begin{aligned}
&(\mathrm{i}\omega)^{2}\boldsymbol{a}_{L}^{(i)}-(\boldsymbol{b}_{L0}^{(i)}+\mathrm{i}\omega\boldsymbol{b}_{L1}^{(i)})\boldsymbol{Y}_{L}^{(i)}(\omega)-\boldsymbol{Y}_{L}^{(i)}(\omega)[(\boldsymbol{b}_{L0}^{(i)})^{\mathrm{T}}+\mathrm{i}\omega(\boldsymbol{b}_{L1}^{(i)})^{\mathrm{T}}]\\
&+\boldsymbol{Y}_{L}^{(i)}(\omega)\boldsymbol{c}_{L}^{(i)}\boldsymbol{Y}_{L}^{(i)}(\omega)-\omega\boldsymbol{Y}_{L}^{(i)}(\omega)_{,\omega}=0
\end{aligned}
\tag{6.17}
$$

其中

$$\boldsymbol{a}_{L}^{(1)}=(\boldsymbol{X}_{L}^{(1)})^{\mathrm{T}}\boldsymbol{c}_{L}\boldsymbol{X}_{L}^{(1)}\tag{6.18a}$$

$$\boldsymbol{b}_{L0}^{(1)}=(\boldsymbol{X}_{L}^{(1)})^{\mathrm{T}}[-(\boldsymbol{b}_{L0})^{\mathrm{T}}+\boldsymbol{c}_{L}\boldsymbol{Y}_{L0}^{(0)}-\boldsymbol{I}](\boldsymbol{X}_{L}^{(1)})^{-\mathrm{T}}\tag{6.18b}$$

$$\boldsymbol{b}_{L1}^{(1)}=(\boldsymbol{X}_{L}^{(1)})^{\mathrm{T}}[-(\boldsymbol{b}_{L1})^{\mathrm{T}}+\boldsymbol{c}_{L}\boldsymbol{Y}_{L1}^{(0)})(\boldsymbol{X}_{L}^{(1)})^{-\mathrm{T}}\tag{6.18c}$$

$$\boldsymbol{c}_{L}^{(1)}=(\boldsymbol{X}_{L}^{(1)})^{-1}[-\boldsymbol{b}_{L1}\boldsymbol{Y}_{L1}^{(0)}-\boldsymbol{Y}_{L1}^{(0)}(\boldsymbol{b}_{L1})^{\mathrm{T}}+\boldsymbol{Y}_{L1}^{(0)}\boldsymbol{c}_{L}\boldsymbol{Y}_{L1}^{(0)}](\boldsymbol{X}_{L}^{(1)})^{-\mathrm{T}}\tag{6.18d}$$

将式（6.7）代入式（6.17）中展开，关于$(\mathrm{i}\omega)^0$、$\mathrm{i}\omega$、$(\mathrm{i}\omega)^2$项的系数矩阵为0时等式才成立。

对于$(\mathrm{i}\omega)^0$项有

$$(\boldsymbol{b}_{L0}^{(i)})^{T}(\boldsymbol{Y}_{L0}^{(i)})^{-1}+(\boldsymbol{Y}_{L0}^{(i)})^{-1}\boldsymbol{b}_{L0}^{(i)}=\boldsymbol{c}_{L}^{(i)}\tag{6.19}$$

式（6.19）为关于$(\boldsymbol{Y}_{L0}^{(i)})^{-1}$为未知量的Lyapunov方程，可以直接求解。

对于$\mathrm{i}\omega$项有

$$
\begin{aligned}
&(-\boldsymbol{b}_{L0}^{(i)}+\boldsymbol{Y}_{L0}^{(i)}\boldsymbol{c}_{L}^{(i)}-0.5\boldsymbol{I})\boldsymbol{Y}_{L1}^{(i)}+\boldsymbol{Y}_{L1}^{(i)}[-(\boldsymbol{b}_{L0}^{(i)})^{\mathrm{T}}+\boldsymbol{c}_{L}^{(i)}\boldsymbol{Y}_{L0}^{(i)}-0.5\boldsymbol{I}]\\
&=\boldsymbol{Y}_{L0}^{(i)}(\boldsymbol{b}_{L1}^{(i)})^{\mathrm{T}}+\boldsymbol{b}_{L1}^{(i)}\boldsymbol{Y}_{L0}^{(i)}
\end{aligned}
\tag{6.20}
$$

式（6.20）为关于$\boldsymbol{Y}_{L1}^{(i)}$为未知量的Lyapunov方程，可以直接求解。

对于 $(\mathrm{i}\omega)^2$ 项，可以建立成如下的递推格式

$$(\mathrm{i}\omega)^2\boldsymbol{a}_{\mathrm{L}}^{(i+1)}-(\boldsymbol{b}_{\mathrm{L0}}^{(i+1)}+\mathrm{i}\omega\boldsymbol{b}_{\mathrm{L1}}^{(i+1)})\boldsymbol{Y}_{\mathrm{L}}^{(i+1)}(\omega)-\boldsymbol{Y}_{\mathrm{L}}^{(i+1)}(\omega)\left[(\boldsymbol{b}_{\mathrm{L0}}^{(i+1)})^{\mathrm{T}}+\mathrm{i}\omega(\boldsymbol{b}_{\mathrm{L1}}^{(i+1)})^{\mathrm{T}}\right]+\boldsymbol{Y}_{\mathrm{L}}^{(i+1)}(\omega)\boldsymbol{c}_{\mathrm{L}}^{(i+1)}\boldsymbol{Y}_{\mathrm{L}}^{(i+1)}(\omega)-\omega\boldsymbol{Y}_{\mathrm{L}}^{(i+1)}(\omega)_{,\omega}=0 \tag{6.21}$$

其中

$$\boldsymbol{a}_{\mathrm{L}}^{(i+1)}=(\boldsymbol{X}_{\mathrm{L}}^{(i+1)})^{\mathrm{T}}\boldsymbol{c}_{\mathrm{L}}^{(i)}\boldsymbol{X}_{\mathrm{L}}^{(i+1)} \tag{6.22a}$$

$$\boldsymbol{b}_{\mathrm{L0}}^{(i+1)}=(\boldsymbol{X}_{\mathrm{L}}^{(i+1)})^{\mathrm{T}}\left[-(\boldsymbol{b}_{\mathrm{L0}}^{(i)})^{\mathrm{T}}+\boldsymbol{c}_{\mathrm{L}}^{(i)}\boldsymbol{Y}_{\mathrm{L0}}^{(i)}-\boldsymbol{I}\right](\boldsymbol{X}_{\mathrm{L}}^{(i+1)})^{-\mathrm{T}} \tag{6.22b}$$

$$\boldsymbol{b}_{\mathrm{L1}}^{(i+1)}=(\boldsymbol{X}_{\mathrm{L}}^{(i+1)})^{\mathrm{T}}\left[-(\boldsymbol{b}_{\mathrm{L1}}^{(i)})^{\mathrm{T}}+\boldsymbol{c}_{\mathrm{L}}^{(i)}\boldsymbol{Y}_{\mathrm{L1}}^{(i)}\right](\boldsymbol{X}_{\mathrm{L}}^{(i+1)})^{-\mathrm{T}} \tag{6.22c}$$

$$\boldsymbol{c}_{\mathrm{L}}^{(i+1)}=(\boldsymbol{X}_{\mathrm{L}}^{(i+1)})^{-1}\left[\boldsymbol{a}_{\mathrm{L}}^{(i)}-\boldsymbol{b}_{\mathrm{L1}}^{(i)}\boldsymbol{Y}_{\mathrm{L1}}^{(i)}-\boldsymbol{Y}_{\mathrm{L1}}^{(i)}(\boldsymbol{b}_{\mathrm{L1}}^{(i)})^{\mathrm{T}}+\boldsymbol{Y}_{\mathrm{L1}}^{(i)}\boldsymbol{c}_{\mathrm{L}}^{(i)}\boldsymbol{Y}_{\mathrm{L1}}^{(i)}\right](\boldsymbol{X}_{\mathrm{L}}^{(i+1)})^{-\mathrm{T}} \tag{6.22d}$$

将常数矩阵 $\boldsymbol{K}_\infty$、$\boldsymbol{C}_\infty$、$\boldsymbol{Y}_0^{(i)}$、$\boldsymbol{Y}_1^{(i)}$、$\boldsymbol{Y}_{\mathrm{L0}}^{(0)}$、$\boldsymbol{Y}_{\mathrm{L1}}^{(0)}$、$\boldsymbol{Y}_{\mathrm{L0}}^{(i)}$、$\boldsymbol{Y}_{\mathrm{L1}}^{(i)}$ 代入式（4.1）中，可求得动力刚度矩阵 $\boldsymbol{S}^\infty(\omega)$，此算法即为双渐近算法。

6.2　双渐近算法计算流程

为能准确、有效地求出无限域的动力刚度矩阵 $\boldsymbol{S}^\infty(\omega)$，设计了以下求解流程：

（1）根据式（2.28）或式（2.29）求出系数矩阵 $\boldsymbol{E}_0$、$\boldsymbol{E}_1$、$\boldsymbol{E}_2$、$\boldsymbol{M}_0$，并考虑边界条件。

（2）求解广义特征值问题即式（4.7），并满足式（4.8）和式（4.9），并求得常数阻尼矩阵 $\boldsymbol{C}_\infty$ 和刚度矩阵 $\boldsymbol{K}_\infty$。

（3）对高频渐近的连分式阶数进行循环（*for* $i=1,2,\cdots,M_{\mathrm{H}}$）

1）求解 Lyapunov 方程式（4.26），得到 $\boldsymbol{Y}_1^{(i)}$。

2）求解 Lyapunov 方程式（4.24），得到 $\boldsymbol{Y}_0^{(i)}$。

3）建立递推计算格式，并更新系数矩阵，直至循环结束。

高频渐近展开的求解详见 4.4 节，此处不再详述。

（4）初始化式（6.5）中的系数矩阵 $\boldsymbol{a}_{\mathrm{L}}$、$\boldsymbol{b}_{\mathrm{L0}}$、$\boldsymbol{b}_{\mathrm{L1}}$、$\boldsymbol{c}_{\mathrm{L}}$、$\boldsymbol{X}_{\mathrm{L}}^{(0)}$，

并根据式（6.8）Riccati 方程或式（6.9）～式（6.14）求解 $\boldsymbol{Y}_{L0}^{(0)}$。

（5）求解 Lyapunov 方程式（6.15），得到 $\boldsymbol{Y}_{L1}^{(0)}$。

（6）初始化式（6.18）中的系数矩阵 $\tilde{\boldsymbol{a}}_{L}^{(1)}$、$\tilde{\boldsymbol{b}}_{L0}^{(1)}$、$\tilde{\boldsymbol{b}}_{L1}^{(1)}$、$\tilde{\boldsymbol{c}}_{L}^{(1)}$，即

$$\tilde{\boldsymbol{a}}_{L}^{(1)}=\boldsymbol{c}_{L} \tag{6.23a}$$

$$\tilde{\boldsymbol{b}}_{L0}^{(1)}=-(\boldsymbol{b}_{L0})^{T}+\boldsymbol{c}_{L}\boldsymbol{Y}_{L0}^{(0)}-\boldsymbol{I} \tag{6.23b}$$

$$\tilde{\boldsymbol{b}}_{L1}^{(1)}=-(\boldsymbol{b}_{L1})^{T}+\boldsymbol{c}_{L}\boldsymbol{Y}_{L1}^{(0)} \tag{6.23c}$$

$$\tilde{\boldsymbol{c}}_{L}^{(1)}=-\boldsymbol{b}_{L1}\boldsymbol{Y}_{L1}^{(0)}-\boldsymbol{Y}_{L1}^{(0)}(\boldsymbol{b}_{L1})^{T}+\boldsymbol{Y}_{L1}^{(0)}\boldsymbol{c}_{L}\boldsymbol{Y}_{L1}^{(0)} \tag{6.23d}$$

采用 $\mathbf{LDL}^{T}$ 分解式（6.23d）中的系数矩阵得到

$$\tilde{\boldsymbol{c}}_{L}^{(1)}=\boldsymbol{L}^{(1)}\boldsymbol{D}^{(1)}(\boldsymbol{L}^{(1)})^{T} \tag{6.24}$$

并选择

$$\boldsymbol{X}_{L}^{(1)}=\boldsymbol{L}^{(1)} \tag{6.25}$$

将式（6.23）更新为

$$\boldsymbol{a}_{L}^{(1)}=(\boldsymbol{X}_{L}^{(1)})^{T}\tilde{\boldsymbol{a}}_{L}^{(1)}\boldsymbol{X}_{L}^{(1)} \tag{6.26a}$$

$$\boldsymbol{b}_{L0}^{(1)}=(\boldsymbol{X}_{L}^{(1)})^{T}\tilde{\boldsymbol{b}}_{L0}^{(1)}(\boldsymbol{X}_{L}^{(1)})^{-T} \tag{6.26b}$$

$$\boldsymbol{b}_{L1}^{(1)}=(\boldsymbol{X}_{L}^{(1)})^{T}\tilde{\boldsymbol{b}}_{L1}^{(1)}(\boldsymbol{X}_{L}^{(1)})^{-T} \tag{6.26c}$$

$$\boldsymbol{c}_{L}^{(1)}=\boldsymbol{D}^{(1)} \tag{6.26d}$$

（7）对低频渐近的连分式阶数进行循环（$i=1, 2, \cdots, M_{L}$）

1）求解 Lyapunov 方程式（6.19），得到 $\boldsymbol{Y}_{L0}^{(i)}$。

2）求解 Lyapunov 方程式（6.20），得到 $\boldsymbol{Y}_{L1}^{(i)}$。

3）根据式（6.22）建立如下的递推计算格式：

$$\tilde{\boldsymbol{a}}_{L}^{(i+1)}=\boldsymbol{c}_{L}^{(i)} \tag{6.27a}$$

$$\tilde{\boldsymbol{b}}_{L0}^{(i+1)}=-(\boldsymbol{b}_{L0}^{(i)})^{T}+\boldsymbol{c}_{L}^{(i)}\boldsymbol{Y}_{L0}^{(i)}-\boldsymbol{I} \tag{6.27b}$$

$$\tilde{\boldsymbol{b}}_{L1}^{(i+1)}=-(\boldsymbol{b}_{L1}^{(i)})^{T}+\boldsymbol{c}_{L}^{(i)}\boldsymbol{Y}_{L1}^{(i)} \tag{6.27c}$$

$$\tilde{\boldsymbol{c}}_{L}^{(i+1)}=\boldsymbol{a}_{L}^{(i)}-\boldsymbol{b}_{L1}^{(i)}\boldsymbol{Y}_{L1}^{(i)}-\boldsymbol{Y}_{L1}^{(i)}(\boldsymbol{b}_{L1}^{(i)})^{T}+\boldsymbol{Y}_{L1}^{(i)}\boldsymbol{c}_{L}^{(i)}\boldsymbol{Y}_{L1}^{(i)} \tag{6.27d}$$

4）采用 $\mathbf{LDL}^{T}$ 分解式（6.27d）中的系数矩阵得到

$$\tilde{\boldsymbol{c}}_{L}^{(i+1)}=\boldsymbol{L}^{(i+1)}\boldsymbol{D}^{(i+1)}(\boldsymbol{L}^{(i+1)})^{T} \tag{6.28}$$

5）并选择

$$\boldsymbol{X}_{L}^{(i+1)}=\boldsymbol{L}^{(i+1)} \tag{6.29}$$

6）将式（6.27）更新为

$$\boldsymbol{a}_{\mathrm{L}}^{(i+1)}=(\boldsymbol{X}_{\mathrm{L}}^{(i+1)})^{\mathrm{T}}\tilde{\boldsymbol{a}}_{\mathrm{L}}^{(i+1)}\boldsymbol{X}_{\mathrm{L}}^{(i+1)} \tag{6.30a}$$

$$\boldsymbol{b}_{\mathrm{L0}}^{(i+1)}=(\boldsymbol{X}_{\mathrm{L}}^{(i+1)})^{\mathrm{T}}\tilde{\boldsymbol{b}}_{\mathrm{L0}}^{(i+1)}(\boldsymbol{X}_{\mathrm{L}}^{(i+1)})^{-\mathrm{T}} \tag{6.30b}$$

$$\boldsymbol{b}_{\mathrm{L1}}^{(i+1)}=(\boldsymbol{X}_{\mathrm{L}}^{(i+1)})^{\mathrm{T}}\tilde{\boldsymbol{b}}_{\mathrm{L1}}^{(i+1)}(\boldsymbol{X}_{\mathrm{L}}^{(i+1)})^{-\mathrm{T}} \tag{6.30c}$$

$$\boldsymbol{c}_{\mathrm{L}}^{(i+1)}=\boldsymbol{D}^{(i+1)} \tag{6.30d}$$

循环结束。

下面将介绍3个算例[160]，算例1通过一维楔形体算例介绍双渐近算法的逐步求解过程及验证计算程序的正确性；算例2、算例3侧重双渐近算法在二维、三维矢量波动问题中的应用。

6.3　数值算例分析

6.3.1　算例1：半无限楔形体出平面波动

采用4.5.1节的半无限楔形体[51]算例说明双渐近算法的求解过程。其参数为：$r_0=1\text{m}$，$\alpha=30°$，$G=1\text{Pa}$，$\rho=1\text{kg/m}^3$。先考虑采用2个二节点单元离散，由于每个节点只有一个自由度（波动方程考虑为标量波），并且底边的节点固定，所以共3个节点2个自由度，相似中心位于坐标原点O处，网格如图4.2所示。

根据4.5.1节的求解结果，无限域的常数阻尼矩阵$\boldsymbol{C}_\infty$和刚度矩阵$\boldsymbol{K}_\infty$为

$$\boldsymbol{C}_\infty=\begin{bmatrix}0.1740 & 0.0435\\0.0435 & 0.0870\end{bmatrix},\boldsymbol{K}_\infty=\begin{bmatrix}0.1317 & 0\\0 & 0.0658\end{bmatrix} \tag{6.31}$$

高频渐近展开时前二阶的系数矩阵$\boldsymbol{X}^{(i)}$、$\boldsymbol{Y}_0^{(i)}$、$\boldsymbol{Y}_1^{(i)}$（$i=1$、2），见表6.1。

表6.1　高频渐近展开时的系数矩阵

项目	$i=1$	$i=2$
$\boldsymbol{X}^{(i)}$	$\begin{bmatrix}2.7560 & 0\\-1.3900 & 1.3660\end{bmatrix}$	$\begin{bmatrix}9.8768 & 0\\-3.7439 & 2.8774\end{bmatrix}$

续表

项目	$i=1$	$i=2$
$\boldsymbol{Y}_0^{(i)}$	$\begin{bmatrix}-2.0000 & -0.0000\\-0.0000 & -2.0000\end{bmatrix}$	$\begin{bmatrix}4.0000 & 0.0000\\0.0000 & 4.0000\end{bmatrix}$
$\boldsymbol{Y}_1^{(i)}$	$\begin{bmatrix}-1.9829 & 0.0000\\0.0000 & -1.9829\end{bmatrix}$	$\begin{bmatrix}1.9829 & -0.0000\\-0.0000 & 1.9829\end{bmatrix}$

根据式（6.8）～式（6.15），系数矩阵$\boldsymbol{Y}_{\mathrm{L0}}^{(0)}$、$\boldsymbol{Y}_{\mathrm{L1}}^{(0)}$计算为

$$\boldsymbol{Y}_{\mathrm{L0}}^{(0)}=\begin{bmatrix}-13.2182 & 0.1348\\0.1348 & -5.5712\end{bmatrix},\boldsymbol{Y}_{\mathrm{L1}}^{(0)}=\begin{bmatrix}-1.2827 & -0.0153\\-0.0153 & -2.1490\end{bmatrix} \tag{6.32}$$

根据计算流程，低频渐近展开时前二阶的系数矩阵$\boldsymbol{X}_{\mathrm{L}}^{(i)}$、$\boldsymbol{Y}_{\mathrm{L0}}^{(i)}$、$\boldsymbol{Y}_{\mathrm{L1}}^{(i)}$（$i=1$、2）见表6.2。

表6.2　　低频渐近展开时的系数矩阵

项目	$i=1$	$i=2$
$\boldsymbol{X}_{\mathrm{L}}^{(i)}$	$\begin{bmatrix}0.9476 & 0\\-0.0233 & 0.5982\end{bmatrix}$	$\begin{bmatrix}0.9377 & 0\\-0.0414 & 1.6156\end{bmatrix}$
$\boldsymbol{Y}_{\mathrm{L0}}^{(i)}$	$\begin{bmatrix}19.4430 & -0.1701\\-0.1701 & -4.1357\end{bmatrix}$	$\begin{bmatrix}-17.4355 & -0.2931\\-0.2931 & -2.1432\end{bmatrix}$
$\boldsymbol{Y}_{\mathrm{L1}}^{(i)}$	$\begin{bmatrix}0.6133 & 0.0271\\0.0271 & -3.0541\end{bmatrix}$	$\begin{bmatrix}-0.6868 & 0.1234\\0.1234 & -7.1226\end{bmatrix}$

图6.1显示了采用高频渐近和双渐近展开时，不同阶次的数值解和解析解之间的比较。可以看出，计算结果随着阶数M_{H}的增加而收敛。当$M_{\mathrm{H}}=3$时，2个二节点的刚度系数与解析解相差大约7.1%；当$M_{\mathrm{H}}=M_{\mathrm{L}}=1$时，2个二节点的刚度系数与解析解相差大约5.0%。$M_{\mathrm{H}}=3$阶的单渐近方法在动刚度的连分式展开中有4项，与$M_{\mathrm{H}}=M_{\mathrm{L}}=1$的双渐近方法的项数相同。因此，在展开项数相同的情况下，双渐近方法比单渐近方法更为准确。当采用阶数$M_{\mathrm{H}}=M_{\mathrm{L}}=1$时，3个三节点单元的结果与解析解具有良好的一致性，如图6.2所示。采用更密网格和更高阶数$M_{\mathrm{H}}=M_{\mathrm{L}}=2$时得出的结果几乎相同。

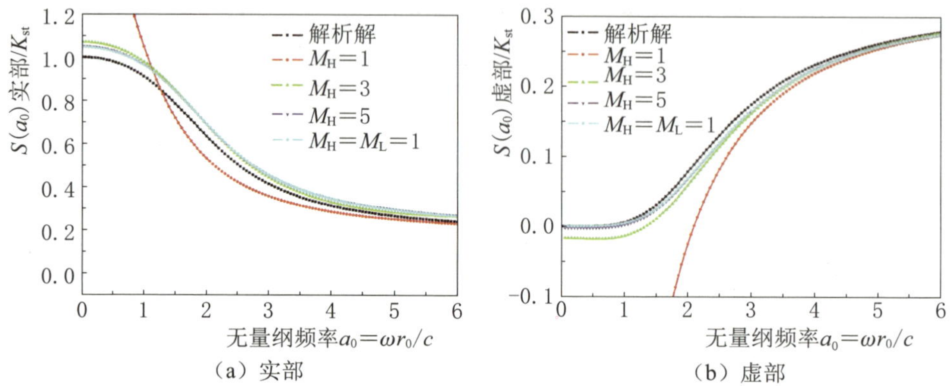

图 6.1　采用 2 个二节点单元的动力刚度系数

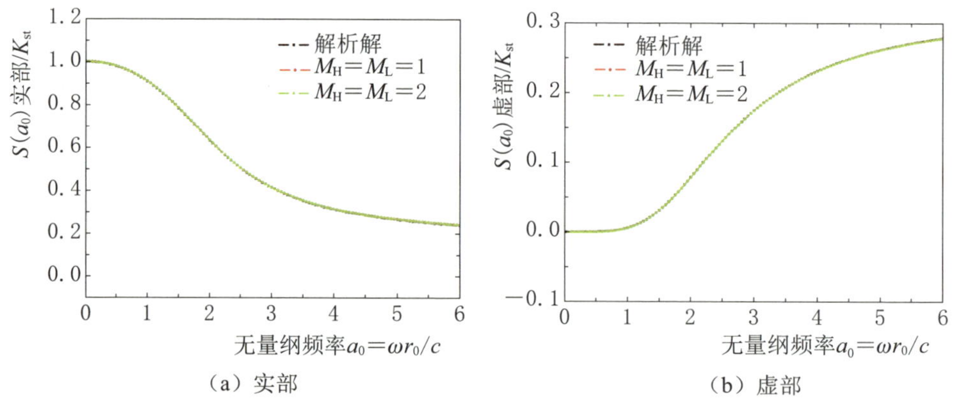

图 6.2　采用 3 个三节点单元的动力刚度系数

6.3.2　算例 2：半无限楔形体平面内波动

考察 4.5.3 节中的半无限楔形体，模型尺寸为 $x_1=b$，$y_1=-b/\sqrt{5}$，$x_2=b$，$y_2=0$，其中 $b=1\text{m}$。介质的力学参数为：剪切模量 $G=1\text{Pa}$，质量密度 $\rho=1\text{kg/m}^3$，泊松比 $\nu=0.25$。

按平面应变问题进行分析。采用 3 个三节点线单元进行离散，共 7 个节点 14 个自由度，相似中心位于坐标原点 O 处，比例边界有限元网格如图 4.11 所示。

分别采用单渐近、双渐近算法以及半解析的 Runge－Kutta 法求解半无限楔形体的动力刚度矩阵 $\boldsymbol{S}^{\infty}$，并提取 $\boldsymbol{S}^{\infty}$ 中的对角项 $\boldsymbol{S}_{1,1}$ 的实部及虚部结果进行比较，如图 6.3 所示。可以看出，$M_H=6$ 阶和 $M_H=8$ 阶的高频渐近方法的结果在频率段 $a_0=\omega b/c=0\sim40$ 时与 Runge－Kutta 法参考结果有很大差异。另外，可以观察到在低频段存在一些奇异的结果。使用高频渐近方法计算的实部和虚部随着连分式展开阶数 M_H 的增加而收敛到参考解。在此例中，当阶数增加到 $M_H\geqslant15$ 时，可获得准确的结果。

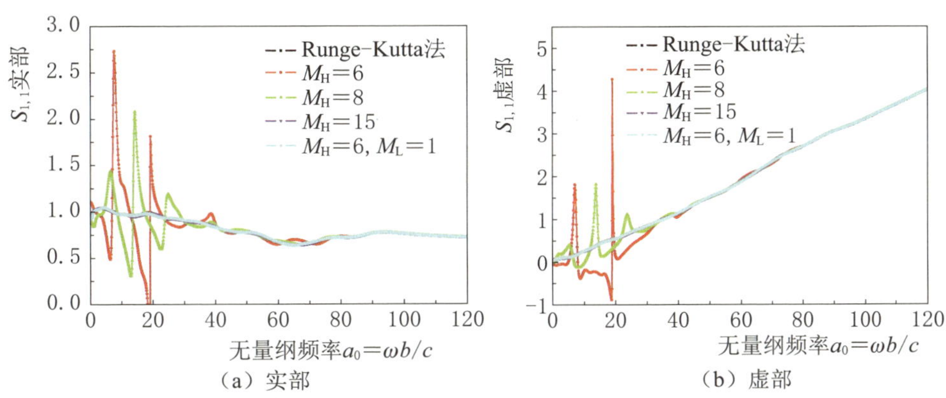

（a）实部　　（b）虚部

图 6.3　动力刚度系数 $S_{1,1}$ 比较

当采用双渐近方法时，对于 $M_H=6$、$M_L=1$ 与 Runge－Kutta 法参考结果具有很好的一致性，如图 6.3 所示。双渐近方法以相同的计算量可以显著提高导致计算精度。$M_H=8$ 阶的单渐近方法有 9 项，与 $M_H=6$、$M_L=1$ 的双渐近方法的项数相同。因此，在展开项数相同的情况下，双渐近方法比单渐近方法更为准确。图 6.4 显示了使用不同阶数 M_H 和 M_L 时进行分析的计算结果，均与 Runge－Kutta 法的求解结果吻合。

6.3.3　算例 3：三维半空间问题

考察 4.5.2 节的三维半空间问题，模型尺寸为 $b=1\text{m}$，$e=2/3\text{m}$。介质的力学参数为：弹性模量 $E=0.3125\text{GPa}$，泊松比 $\nu=0.30$，质量密度 $\rho=2000\text{kg/m}^3$，波速为 $c_s=245.15\text{m/s}$，$c_p=$

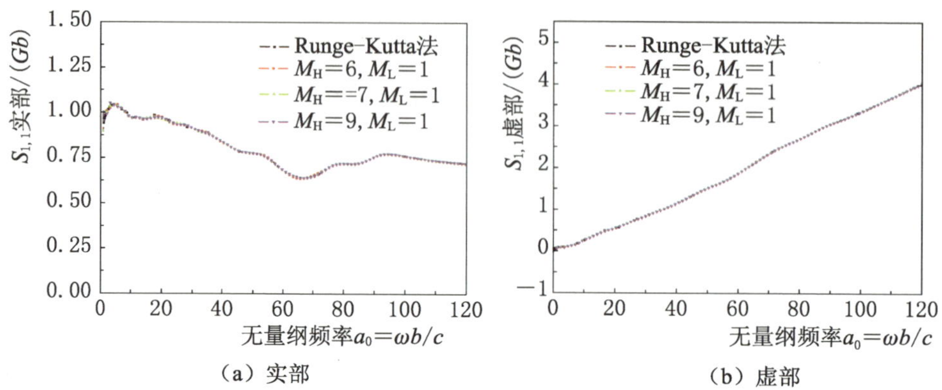

(a) 实部　　(b) 虚部

图 6.4　不同 M_H、M_L阶数时动力刚度系数 $S_{1,1}$比较

458.62m/s。由于只计算竖向刚度并考虑到结构的对称性，因此计算模型可取计算区域的1/4，并且将对称面的法向位移均进行约束。

采用12个八节点的面单元进行离散，共49个节点129个自由度，相似中心选择在坐标系的原点 O 处，比例边界有限元网格如图4.6所示。

同样，分别采用单渐近、双渐近算法以及半解析的 Runge - Kutta 法求解三维半空间的动力刚度矩阵 $\boldsymbol{S}^{\infty}$，并提取 $\boldsymbol{S}^{\infty}$ 中的对角项 $\boldsymbol{S}_{1,1}$、非对角项 $\boldsymbol{S}_{1,2}$实部及虚部结果进行比较，分别如图6.5和图6.6所示。可以看出，采用双渐近算法时，连分式展开阶数 $M_H=M_L=2$ 时结果与 Runge - Kutta 解吻合得很好；采用单渐近算法时，连分式展开阶数 $M_H=5$ 时计算结果在低频段 $a_0=\omega b/c=$

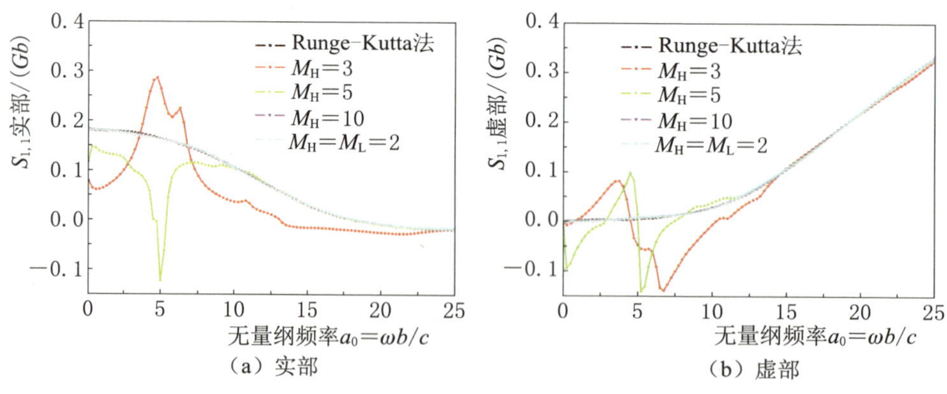

(a) 实部　　(b) 虚部

图 6.5　动力刚度系数 $S_{1,1}$比较

0～10 呈奇异状态，直至 $M_H \geqslant 10$ 时与解析解吻合得较好。还可以看出，展开阶数 $M_H=5$ 阶的单渐近方法结果有 5 项，与 $M_H=M_L=2$ 阶的双渐近方法结果的项数相同，但 $M_H=M_L=2$ 阶的双渐近方法结果比 $M_H=5$ 的高频渐近方法结果要精确得多。另外，采用不同阶数的 M_H 和 M_L 进行分析得出的结果几乎相同，分别如图 6.7 和图 6.8 所示。

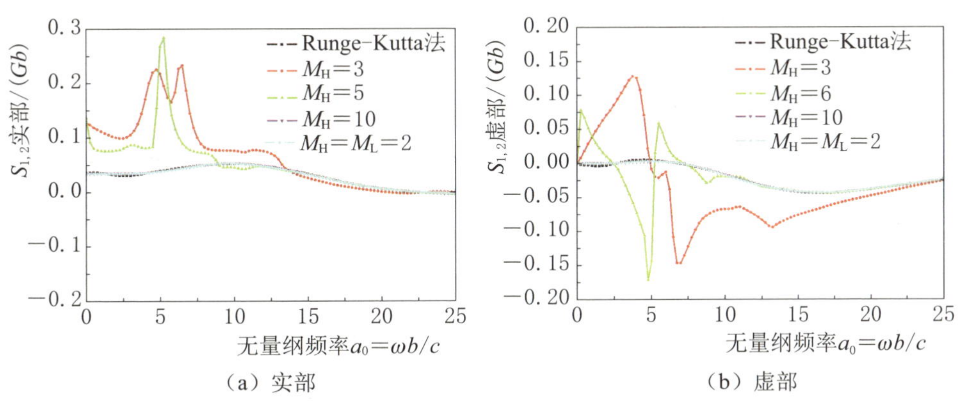

（a）实部　（b）虚部

图 6.6　动力刚度系数 $S_{1,2}$ 比较

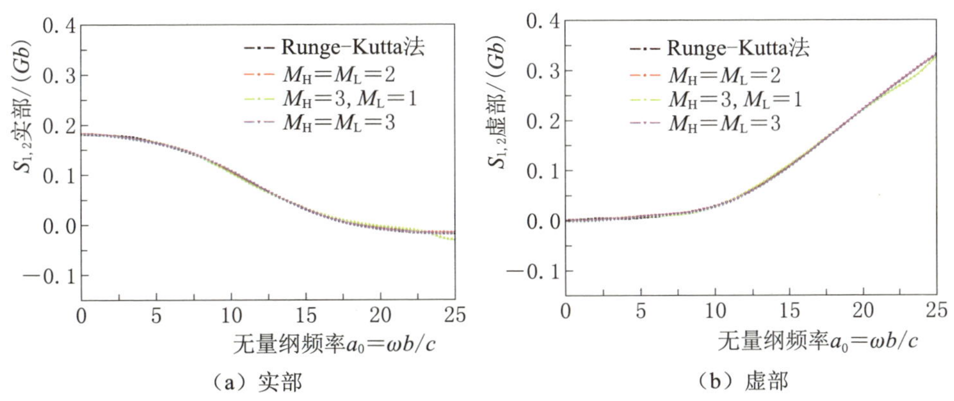

（a）实部　（b）虚部

图 6.7　不同 M_H、M_L 阶数时动力刚度系数 $S_{1,1}$ 比较

综合上述的二维、三维算例，单渐近算法的结果在低频时不稳定，主要体现在低频处出现了大幅波动情况，需要更高的连分式阶数以提高计算精度；而提出的双渐近算法克服了该问题，能在较低的连分式阶数时获得很精确的结果。

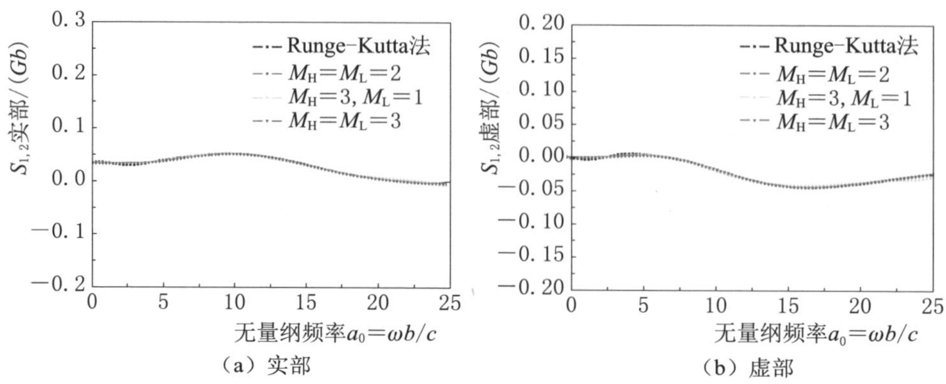

(a) 实部　　(b) 虚部

图 6.8　不同 M_H、M_L 阶数时动力刚度系数 $S_{1,2}$ 比较

为了评价该方法的有效性，作者在一台 Intel (R)CORE(TM) I7 -5557U CPU @3.10GHz 和 8GB 内存的计算机上记录了 Matlab 代码在上述分析中所花费的计算机时间。例 1 中，使用单渐近方法时，$M_H=M_L=1$ 的 CPU 时间约为 0.4s，单渐近 $M_H=5$ 的 CPU 时间约为 0.5s。在例 2 中，$M_H=6$、$M_L=1$ 的 CPU 时间约为 0.7s，单渐近 $M_H=15$ 的 CPU 时间约为 1.3s。在例 3 中，$M_H=M_L=2$ 的 CPU 时间约为 2.5s，单渐近 $M_H=10$ 的 CPU 时间约为 3.3s。双渐近算法的计算时间明显减少，约 20%～46%。显然，双渐近算法是非常有效的。

6.4　本　章　小　结

本章在高频渐近连分式算法的基础上考虑了低频渐近，发展了一种双渐近算法；随着阶数的增加，连分式解答可以在全频域范围内快速逼近准确解。通过在高频极限 $\omega\to+\infty$、低频极限 $\omega\to0$ 时满足动力刚度表示的比例边界有限元方程，建立了递推关系求得动力刚度矩阵。二维半无限楔形体、三维均质弹性半空间算例表明：双渐近算法比单渐近算法更稳定、有效。

第7章　基于比例边界有限元法的动应力强度因子及T应力求解

比例边界有限元法已经被广泛地应用于结构在静力条件下的断裂分析。然而，在很多实际工程中，结构的裂纹问题多是由动力荷载作用引起的，此时由于惯性效应的影响，结构的变形及破坏模式往往和静力条件下的情况不同，因此将比例边界有限元法拓展到动载条件下的断裂分析就显得十分必要。其中，动应力强度因子（DSIFs）是判断裂纹是否发展以及发展方向的重要参数，如何精确高效地求解DSIFs是将比例边界有限元法应用于动力断裂分析中需要解决的首要问题。

国内外学者针对这一问题提出了许多不同的求解方法，其中采用连分式方法描述结构的高频响应，并用其求解动应力强度因子是近年来的研究热点。但随着研究的不断深入，陈灯红等[157]发现针对自由度较多的结构系统，当连分式阶数逐渐增大时，原连分式算法可能会造成矩阵运算病态，进而导致该方法失效的情况发生，此时必须对原连分式方法进行改进处理，增加其稳定性。同时，对于断裂分析中的另一重要参数：T应力是裂纹尖端位移渐进表达式中的常数项，其对裂纹路径的稳定及裂纹扩展角度有一定的影响，但现有的研究成果较少，仅Song等[61,187]求解了这一参数，并与有限元和边界元结果进行了对比，取得了较好的一致性。

本章基于比例边界有限元法的基本概念，首先介绍广义应力强度因子和T应力的提取方法，然后在改进连分式的研究基础上，提出一种计算单元内部位移场及应力场的方法并成功将其应用到求解裂纹尖端的动应力强度因子和T应力。通过4个典型算例验证采用改进连分式方法求解动力断裂参数的高效性及稳定性。在此基础上，提出了一种大坝-地基耦合系统的时域动态断裂分析方法，该方法聚合了比例边界有限元法在求解断裂力学和无限域问题两方面的优势，可快速离散耦合系统中的近场结构，不需要对裂纹尖端的网格进行局部加密，同时，只需截断很小的近场地基范围和选取较低的连分式阶数就能对耦合系统进行准确的动力断裂分析。通过两个典型算例验证提出的耦合系统时域动态断裂分析方法的精确性与高效性。

7.1　基于比例边界有限元法的广义应力强度因子

7.1.1　两种常用应力强度因子的定义

应力强度因子是反映裂纹尖端附近应力场和位移场强弱程度的重要参数，也是断裂力学中一个非常重要的物理量，常作为判断裂纹扩展与否的重要条件之一。自 Irwin 提出应力强度因子概念，并成功解释了低应力脆断事故以来，众多学者针对不同的奇异性问题，给出了许多不同的应力强度因子定义。但是由于应力强度因子的表达方式不同，在处理不同类型的奇异性问题时，不仅需要人为选择合适的表达式，而且会因一些互相不匹配的定义得到矛盾的结果。目前常采用的应力强度因子定义有以下两种。

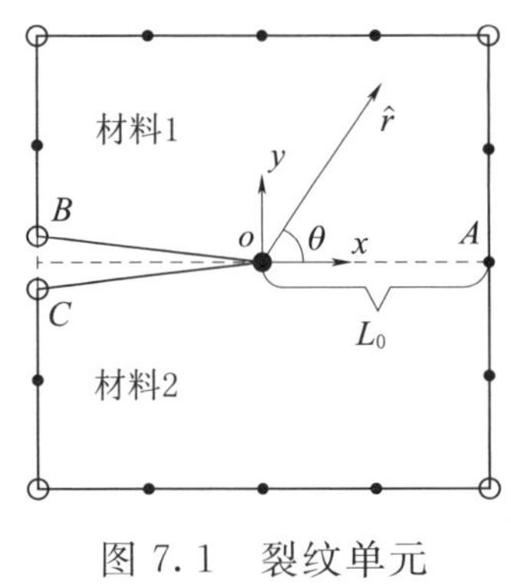

图 7.1　裂纹单元

(1) 均质材料中的应力强度因子定义。如图 7.1 所示，在裂纹尖端建立关于 (r, θ) 的极坐标系，当材料 1 和材料 2 为同一种均质材料时，裂纹的应力强度因子可定义为

$$\begin{Bmatrix} \sigma_{\theta\theta}^{(s)}(r,0) \\ \tau_{r\theta}^{(s)}(r,0) \end{Bmatrix} = \frac{1}{\sqrt{2\pi r}} \begin{Bmatrix} K_{\mathrm{I}} \\ K_{\mathrm{II}} \end{Bmatrix} \tag{7.1}$$

式中：K_{I}、K_{II} 分别为 Ⅰ 型、Ⅱ 型应力强度因子。

由式 (7.1) 可知，裂纹在均质材料中，存在两个均为 0.5 的

奇异特征值，即平方根奇异。

(2) 界面材料中的应力强度因子定义。当材料 1 和材料 2 为两种不同的各向同性材料，且裂纹分布在两种材料交界面时，其应力强度因子可定义为

$$\begin{Bmatrix}\sigma_{\theta\theta}^{(s)}(\hat{r},0)\\ \tau_{r\theta}^{(s)}(\hat{r},0)\end{Bmatrix}=\frac{1}{\sqrt{2\pi\hat{r}}}\begin{bmatrix}c(\hat{r}) & -s(\hat{r})\\ s(\hat{r}) & c(\hat{r})\end{bmatrix}\begin{Bmatrix}K_{\mathrm{I}}\\ K_{\mathrm{II}}\end{Bmatrix} \tag{7.2a}$$

$$c(\hat{r})=\cos[\varepsilon\ln(\hat{r}/L)] \tag{7.2b}$$

$$s(\hat{r})=\sin[\varepsilon\ln(\hat{r}/L)] \tag{7.2c}$$

式中：L 为特征长度，在该定义中特征长度 L 可以取任意值，应力强度因子的幅值不随 L 的变化而改变，一般情况下，特征长度 L 取为裂纹的长度；ε 为双材料的振荡系数，其大小仅由两种材料的材料参数决定。

由式 (7.2) 可知，裂纹在材料交界面处，存在两个共轭的奇异特征值：$0.5\pm i\varepsilon$。

值得注意的是，当材料 1 和材料 2 为同一种材料时，式 (7.2a) 中的振荡系数 $\varepsilon=0$，此时式 (7.2a) 即转化为式 (7.1)。因此均质材料中的应力强度因子定义可看作为界面材料中应力强度因子定义的一种特殊情况。当求得裂纹尖端的应力强度因子以后，即可根据不同的裂纹开裂准则来判断裂纹是否开裂及裂纹开裂的生长角度。

7.1.2 广义应力强度因子和 T 应力的定义

本书第 2 章中已经详细阐述了比例边界有限元中静力平衡方程的推导及其求解过程，具体计算公式如式 (2.33) ~式 (2.43) 所示。为说明比例边界有限元法求得的应力场能显示的表征裂纹尖端的奇异性，将式 (2.38) 中的特征值矩阵 $\boldsymbol{S}_{11}$、特征值向量矩阵 $\boldsymbol{V}_{11}$ 进一步分块处理为[238]

$$\boldsymbol{S}_{11}=\mathrm{diag}(\boldsymbol{S}_{n1},-\boldsymbol{I},\boldsymbol{S}^{(s)},0) \tag{7.3a}$$

$$\boldsymbol{V}_{11}=[\boldsymbol{\psi}_{n1},\boldsymbol{\psi}^{(T)},\boldsymbol{\psi}^{(s)},\boldsymbol{\psi}^{(r)}] \tag{7.3b}$$

其中，$\boldsymbol{S}^{(s)}$、$\boldsymbol{S}_{n1}$ 的特征值分别满足 $-1<\lambda(S^{(s)})<0$ 和 $\lambda(\boldsymbol{S}_{n1})<-1$ 的要求。

考虑应力场表达式 [式 (2.43)] 中的矩阵函数 $\xi^{-\boldsymbol{S}_{11}-\boldsymbol{I}}$，若

$-1<\lambda(\boldsymbol{S}_{11})<0$ 且 ξ 趋于 0 时（裂纹尖端），矩阵函数的值趋于无穷大，存在奇异性，因此可以直接采用 $\boldsymbol{S}^{(s)}$ 及其对应的特征向量 $\boldsymbol{\psi}^{(s)}$ 表示裂纹尖端的应力奇异性。将该特征值对应的应力分量代入合适的应力强度因子表达式，则裂纹的应力强度因子就可以解析地提取出来，这是比例边界有限元法在求解断裂力学问题时优于其他数值方法的特点之一。应力场的表达式［式（2.43）］同样可以按照特征值矩阵 $\boldsymbol{S}_{11}$ 的分块方式进行处理。

$$\boldsymbol{\sigma}(\xi,\eta)=\boldsymbol{\psi}_{\sigma}^{(s)}(\eta)\xi^{-\boldsymbol{S}^{(s)}-\boldsymbol{I}}\boldsymbol{c}^{(s)}+\boldsymbol{\psi}_{\sigma}^{(T)}(\eta)\boldsymbol{c}^{(T)}+O(1) \tag{7.4}$$

其中

$$\boldsymbol{\psi}_{\sigma}^{(s)}(\eta)=\boldsymbol{D}(-\boldsymbol{B}_1(\eta)\boldsymbol{\psi}^{(s)}\boldsymbol{S}^{(s)}+\boldsymbol{B}_2(\eta)\boldsymbol{\psi}^{(s)}) \tag{7.5a}$$

$$\boldsymbol{\psi}_{\sigma}^{(T)}(\eta)=\boldsymbol{D}(\boldsymbol{B}_1(\eta)\boldsymbol{\psi}^{(T)}\boldsymbol{S}^{(s)}+\boldsymbol{B}_2(\eta)\boldsymbol{\psi}^{(T)}) \tag{7.5b}$$

式中：$\boldsymbol{\psi}_{\sigma}^{(s)}(\eta)$ 和 $\boldsymbol{\psi}_{\sigma}^{(T)}(\eta)$ 分别表示应力奇异项和 T 应力项[173]。

由于 $\boldsymbol{S}_{n1}$ 对应的应力项与裂纹尖端的奇异性无关，因此在求解应力强度因子时将其简写为 $O(1)$，而特征值 0 对应的部分代表了结构的刚体平移运动，不会引起应力的变化。

在此基础上，Song[239] 通过在裂纹尖端引入极坐标系（r，θ）（图 7.1），进一步提出了广义应力强度因子的定义。在该极坐标系下，原比例边界坐标 ξ 可表示为

$$\xi=\hat{r}/r(\theta)=[L/r(\theta)]\times(\hat{r}/L) \tag{7.6}$$

式中：$r(\theta)$ 为边界上和极坐标为 θ 的点到裂纹尖端的距离，当 $\theta=0$ 时，$r(0)=L_0$。

引入特征长度 L 的目的是为了提出与单位无关的应力强度因子的定义。

因此，矩阵函数 $\xi^{-\boldsymbol{S}_{11}-\boldsymbol{I}}$ 可进一步表示为

$$\xi^{-\boldsymbol{S}^{(s)}-\boldsymbol{I}}=[L/r(\theta)]^{-\boldsymbol{S}^{(s)}-\boldsymbol{I}}(\hat{r}/L)^{-\boldsymbol{S}^{(s)}-\boldsymbol{I}} \tag{7.7}$$

将式（7.7）代入式（7.5），得到应力奇异项的表达式

$$\boldsymbol{\sigma}^{(s)}(\hat{r},\theta)=\boldsymbol{\psi}_{\sigma L}^{(s)}(\theta)[(\hat{r}/L)^{-\boldsymbol{S}^{(s)}-\boldsymbol{I}}]\boldsymbol{c}^{(s)} \tag{7.8a}$$

$$\boldsymbol{\psi}_{\sigma L}^{(s)}(\theta)=\boldsymbol{\psi}_{\sigma}^{(s)}(\eta)[L/r(\theta)]^{-\boldsymbol{S}^{(s)}-\boldsymbol{I}} \tag{7.8b}$$

结合应力强度因子的表达式［式（7.1）、式（7.2a）］，应力奇异项可以写成

$$\boldsymbol{\sigma}^{(s)}(\hat{r},\theta)=\frac{1}{\sqrt{2\pi L}}\boldsymbol{\psi}_{\sigma L}^{(s)}(\theta)[(\hat{r}/L)^{-\boldsymbol{S}^{(s)}-\boldsymbol{I}}][\boldsymbol{\psi}_{\sigma L}^{(s)}(\theta)]^{-1}\boldsymbol{K}(\theta) \tag{7.9a}$$

$$\boldsymbol{K}(\theta)=\sqrt{2\pi L}\cdot\boldsymbol{\psi}_{\sigma L}^{(s)}(\theta)\boldsymbol{c}^{(s)} \tag{7.9b}$$

其中，$\boldsymbol{K}(\theta)$ 即为广义应力强度因子的定义。在求解应力强度因子和模拟裂纹扩展过程中，一般通过裂纹面沿线与边界交点（如图 7.1 中的 A 点）的应力值来计算应力强度因子，此时 $\theta=0$。

为说明该广义应力强度因子与传统应力强度因子的关系，引入辅助变量：

$$\widetilde{\boldsymbol{S}}^{(S)}(\theta)=\boldsymbol{\psi}_{\sigma L}^{(s)}(\theta)(\boldsymbol{S}^{(s)}+\boldsymbol{I})[\boldsymbol{\psi}_{\sigma L}^{(s)}(\theta)]^{-1} \tag{7.10}$$

式（7.9a）可进一步表示为

$$\boldsymbol{\sigma}^{(s)}(\hat{r},\theta)=\frac{1}{\sqrt{2\pi L}}(\hat{r}/L)^{-\widetilde{\boldsymbol{S}}^{(S)}(\theta)}\boldsymbol{K}(\theta) \tag{7.11}$$

在均质材料中，用比例边界有限元法求解得到的奇异阶数为 $\widetilde{\boldsymbol{S}}^{(S)}=0.5\boldsymbol{I}$，将其代入式（7.11），并以 A 点为例，可得到与式（7.1）一致的表达。

在界面材料中，用比例边界有限元法求解得到的奇异阶数为

$$\widetilde{\boldsymbol{S}}^{(S)}=\begin{bmatrix}0.5 & +\varepsilon\\ -\varepsilon & 0.5\end{bmatrix} \tag{7.12}$$

由矩阵变化关系可得

$$\left(\frac{\hat{r}}{L}\right)^{-\widetilde{\boldsymbol{S}}^{(S)}}=\left(\frac{\hat{r}}{L}\right)^{-0.5I-\begin{bmatrix}0 & +\varepsilon\\ -\varepsilon & 0\end{bmatrix}}=\left(\frac{\hat{r}}{L}\right)^{-0.5}\begin{bmatrix}c(\hat{r}) & -s(\hat{r})\\ s(\hat{r}) & c(\hat{r})\end{bmatrix} \tag{7.13}$$

将式（7.13）代入式（7.11），同样以 A 点为例，也可得到与式（7.2a）完全一致的表达式。

因此，该广义应力强度因子同传统的应力强度因子是统一的，在使用时无须特殊的修改，且在处理这两类奇异问题时，可采用统一的表达式进行计算，使求解过程更加简洁明了。

对于式（7.4）中的 T 应力项，由于其与比例边界坐标 ξ 无关，

因此，根据 T 应力的定义，其在 A 点的表达式为

$$T=\boldsymbol{\sigma}_{xx}^{(T)} \tag{7.14}$$

其中

$$\boldsymbol{\sigma}^{(T)}(\xi,\theta=0)=\boldsymbol{\psi}_{\sigma}^{(T)}[\eta(\theta=0)]\boldsymbol{c}^{(T)} \tag{7.15}$$

7.2 单元内部位移场的计算方法

通过求解频域或时域下的运动方程［式（3.31）或式（3.35）］，即可得到各多边形单元边界上的节点位移和辅助变量值。对于边界上其他点的位移，则可通过类似于有限元中形函数插值的方法求得。至于多边形单元内部的位移，Song[238]通过幂指数展开的方式得到了位移函数的解析表达式，但该方法较为复杂。为更加方便求解多边形单元内部的位移场，作者基于改进连分式算法，提出了一种求解多边形单元内部位移场、应力场的计算方法。

7.2.1 位移场的渐近表达

时域内单元内部的运动方程可表示为

$$\boldsymbol{K}_{\mathrm{b}}\boldsymbol{z}(\xi)+\xi^2\boldsymbol{M}_{\mathrm{b}}\ddot{\boldsymbol{z}}(\xi)=\boldsymbol{f}(\xi) \tag{7.16}$$

其中，系数矩阵 $\boldsymbol{K}_{\mathrm{b}}$、$\boldsymbol{M}_{\mathrm{b}}$，待求向量 $\boldsymbol{z}(\xi)$ 以及右端荷载向量 $\boldsymbol{f}(\xi)$ 分别表示为

$$\boldsymbol{z}(\xi)=((\boldsymbol{u}(\xi))^{\mathrm{T}}\quad(\boldsymbol{u}^{(1)}(\xi))^{\mathrm{T}}\quad\cdots\quad(\boldsymbol{u}^{(M)}(\xi))^{\mathrm{T}})$$

$$\boldsymbol{f}(\xi)=(\boldsymbol{q}(\xi)^{\mathrm{T}}\quad\boldsymbol{0}\quad\cdots\quad\boldsymbol{0})$$

将力的平衡方程式（2.30b）代入式（7.16），则时域内的运动方程可改写成位移函数 $\boldsymbol{u}(\xi)$ 的一阶常微分方程

$$\begin{Bmatrix}\boldsymbol{E}_0\xi\boldsymbol{u}(\xi)_{,\xi}\\0\\0\\\vdots\\0\\0\end{Bmatrix}=\begin{bmatrix}\boldsymbol{K}-(\boldsymbol{E}_1)^{\mathrm{T}} & \boldsymbol{0} & \boldsymbol{0} & \cdots & \boldsymbol{0} & \boldsymbol{0}\\\boldsymbol{0} & \boldsymbol{S}_0^{(1)} & \boldsymbol{0} & \cdots & \boldsymbol{0} & \boldsymbol{0}\\\boldsymbol{0} & 0 & \boldsymbol{S}_0^{(2)} & \cdots & \boldsymbol{0} & \boldsymbol{0}\\\vdots & \vdots & \vdots & \ddots & \vdots & \vdots\\\boldsymbol{0} & \boldsymbol{0} & \boldsymbol{0} & \cdots & \boldsymbol{S}_0^{(M-1)} & \boldsymbol{0}\\\boldsymbol{0} & \boldsymbol{0} & \boldsymbol{0} & \cdots & \boldsymbol{0} & \boldsymbol{S}_0^{(M)}\end{bmatrix}\begin{Bmatrix}\boldsymbol{u}(\xi)\\\boldsymbol{u}^{(1)}(\xi)\\\boldsymbol{u}^{(2)}(\xi)\\\vdots\\\boldsymbol{u}^{(M-1)}(\xi)\\\boldsymbol{u}^{(M)}(\xi)\end{Bmatrix}$$

$$+\xi^2\begin{bmatrix} \boldsymbol{M} & -\boldsymbol{X}^{(1)} & 0 & \cdots & 0 & 0 \\ -(\boldsymbol{X}^{(1)})^{\mathrm{T}} & \boldsymbol{S}_1^{(1)} & -\boldsymbol{X}^{(2)} & \cdots & 0 & 0 \\ 0 & -(\boldsymbol{X}^{(2)})^{\mathrm{T}} & \boldsymbol{S}_1^{(2)} & \cdots & 0 & 0 \\ \vdots & \vdots & \vdots & \ddots & -\boldsymbol{X}^{(M-1)} & 0 \\ 0 & 0 & 0 & -(\boldsymbol{X}^{(M-1)})^{\mathrm{T}} & \boldsymbol{S}_1^{(M-1)} & -X^{(M)} \\ 0 & 0 & 0 & 0 & -(\boldsymbol{X}^{(M)})^{\mathrm{T}} & \boldsymbol{S}_1^{(M)} \end{bmatrix}\begin{Bmatrix} \ddot{\boldsymbol{u}}(\xi) \\ \ddot{\boldsymbol{u}}^{(1)}(\xi) \\ \ddot{\boldsymbol{u}}^{(2)}(\xi) \\ \vdots \\ \ddot{\boldsymbol{u}}^{(M-1)}(\xi) \\ \ddot{\boldsymbol{u}}^{(M)}(\xi) \end{Bmatrix} \tag{7.17}$$

式（7.17）可以看作是以多边形单元边界上的节点位移 $\boldsymbol{u}(\xi=1)$ 及其对应的辅助变量 $\boldsymbol{u}^{(i)}$（$\xi=1$），（$i=1$，2，…，M）为初始条件的初值问题。

对于动力问题，位移函数 $\boldsymbol{u}(\xi)$ 可表示成如下的渐近表达式[61]

$$\boldsymbol{u}(\xi)=\boldsymbol{V}_{11}\xi^{-\boldsymbol{S}_{11}}\boldsymbol{c}+O(\xi^2) \tag{7.18}$$

式中，积分常数 $\boldsymbol{c}$ 与静力问题一样，由边界条件确定，$O(\xi^n)$ 包含了惯性力的作用，其趋近于 0 的速度与 ξ^n 一致。

将式（7.3）中 $\boldsymbol{S}_{11}$、$\boldsymbol{V}_{11}$ 的分块形式代入式（7.18），可得位移函数的分块表达形式

$$\boldsymbol{u}(\xi)=\boldsymbol{\psi}^{(r)}\boldsymbol{c}^{(r)}+\boldsymbol{\psi}^{(s)}\xi^{-\boldsymbol{S}^{(s)}}\boldsymbol{c}^{(s)}+\boldsymbol{\psi}^{(T)}\xi\boldsymbol{c}^{(T)}+\boldsymbol{\psi}_{n1}\xi^{-\boldsymbol{S}_{n1}}\boldsymbol{c}_{n1}+O(\xi^2) \tag{7.19}$$

式中：$\boldsymbol{\psi}^{(r)}\boldsymbol{c}^{(r)}$ 和 $\boldsymbol{\psi}^{(T)}\xi\boldsymbol{c}^{(T)}$ 分别代表了结构的刚体转动位移和刚体平移位移；$\boldsymbol{\psi}^{(s)}\xi^{-\boldsymbol{S}^{(s)}}\boldsymbol{c}^{(s)}$ 和 $\boldsymbol{\psi}_{n1}\xi^{-\boldsymbol{S}_{n1}}\boldsymbol{c}_{n1}$ 则分别与应力奇异项及其余非奇异项的结构位移相对应。

对于应力函数 $\boldsymbol{\sigma}(\xi, \eta)$，其分块表达式仍可采用式（7.4）的表达形式。

由式（7.4）可知，当求得积分常数 $\boldsymbol{c}$ 以后，提出的广义强度因子和 T 应力这两个重要参数可直接应用于求解动力断裂问题

之中。

7.2.2　多边形单元内部位移场在时域下的求解方法

对于动力问题，若模型的网格尺寸较大，此时结构在边界处的惯性效应 $O(\xi^2)$ 不能被忽略，因此不能像静力问题一样，直接通过多边形单元边界的节点位移来求解积分常数 $\boldsymbol{c}$。对于这种情况，积分常数 $\boldsymbol{c}$ 需要通过裂纹尖端（$\xi=0$）的位移场得到。

本节基于式（7.17）的常微分方程，提出了一种适用于改进连分式法的内部位移场求解方法。该方法保留了改进连分式法的优点，在求解断裂参数时不会随着连分式阶数和节点数的增加而失效，且求解过程更加高效。

由于 ξ 趋于 0（裂纹尖端）时，式（7.17）中的 $\boldsymbol{u}(\xi=0)_{,\xi}$ 存在奇异性[61]，为确保计算过程的稳定性及结果的正确性，首先需要引入变量 $\boldsymbol{v}(\xi)$ 来消除这一奇异性。

$$\boldsymbol{v}(\xi)=\xi^{\boldsymbol{S}_v}(\boldsymbol{V}_{11})^{-1}\boldsymbol{u}(\xi) \tag{7.20}$$

其中，$\boldsymbol{S}_v$ 是与 $\boldsymbol{S}_{11}$ 对应的分块系数矩阵

$$\boldsymbol{S}_v=\mathrm{diag}(0,-\boldsymbol{I},\boldsymbol{S}^{(s)},0) \tag{7.21}$$

其中，$\boldsymbol{S}^{(s)}$ 和 $-\boldsymbol{I}$ 分别用于表示奇异应力和 T 应力。

将式（7.18）代入式（7.20），可得到关于 $\boldsymbol{v}(\xi)$ 的渐近表达式，即

$$\boldsymbol{v}(\xi)=\xi^{\boldsymbol{S}_v}[\xi^{-\boldsymbol{S}_{11}}\boldsymbol{c}+O(\xi^2)]=\mathrm{diag}(\xi^{-\boldsymbol{S}_{n1}},\boldsymbol{I},\boldsymbol{I},\boldsymbol{I})\boldsymbol{c}+O(\xi) \tag{7.22}$$

此时，由于 $-\boldsymbol{S}_{n1}$ 都大于 1，当 $\xi\to 0$ 时，$\boldsymbol{v}(\xi)_{,\xi}$ 将不存在奇异性。

考虑式（7.17）的常微分方程，其中第一行是关于位移函数 $\boldsymbol{u}(\xi)$ 的方程

$$\boldsymbol{E}_0\xi\boldsymbol{u}(\xi)_{,\xi}=[\boldsymbol{K}-(\boldsymbol{E}_1)^{\mathrm{T}}]\boldsymbol{u}(\xi)+\xi^2\boldsymbol{M}\ddot{\boldsymbol{u}}(\xi)-\xi^2\boldsymbol{X}^{(1)}\ddot{\boldsymbol{u}}^{(1)}(\xi) \tag{7.23}$$

结合式（3.7），式（7.23）可表示为

$$\xi\boldsymbol{u}(\xi)_{,\xi}=-\boldsymbol{V}_{11}\boldsymbol{S}_{11}(\boldsymbol{V}_{11})^{-1}\boldsymbol{u}(\xi)+\xi^2(\boldsymbol{E}_0)^{-1}\boldsymbol{M}\ddot{\boldsymbol{u}}(\xi)$$

$$-\xi^2(\boldsymbol{E}_0)^{-1}\boldsymbol{X}^{(1)}\ddot{\boldsymbol{u}}^{(1)}(\xi) \tag{7.24}$$

将 $\boldsymbol{v}(\xi)$ 代入式（7.24），并消去位移函数 $\boldsymbol{u}(\xi)$，则式（7.24）可重新表达为

$$\begin{aligned}\xi\boldsymbol{v}(\xi)_{,\xi}=&(-\boldsymbol{S}_{11}+\boldsymbol{S}_v)\boldsymbol{v}(\xi)+\xi^2\xi^{\boldsymbol{S}_v}(\boldsymbol{V}_{11})^{-1}(\boldsymbol{E}_0)^{-1}\boldsymbol{M}\boldsymbol{V}_{11}\xi^{-\boldsymbol{S}_v}\ddot{\boldsymbol{v}}(\xi)\\&-\xi^2\xi^{\boldsymbol{S}_v}(\boldsymbol{V}_{11})^{-1}(\boldsymbol{E}_0)^{-1}\boldsymbol{X}^{(1)}\ddot{\boldsymbol{u}}^{(1)}(\xi)\end{aligned} \tag{7.25}$$

此时，用式（7.25）和式（7.20）分别替换原常微分方程的第一行和第二行，则可得到关于 $\boldsymbol{v}(\xi)$ 的常微分方程

$$\boldsymbol{A}\boldsymbol{D}(\xi)+\boldsymbol{B}(\xi)\ddot{\boldsymbol{D}}(\xi)=\boldsymbol{C}\xi\boldsymbol{D}(\xi)_{,\xi} \tag{7.26}$$

式中，$\boldsymbol{D}(\xi)$ 是由变量 $\boldsymbol{v}(\xi)$ 和辅助变量 $\boldsymbol{u}^{(i)}(\xi=1)$，$(i=1, 2, \cdots, M)$ 组成的列向量

$$\boldsymbol{D}(\xi)=\{\boldsymbol{v}(\xi)\quad \boldsymbol{u}^{(1)}(\xi)\quad \boldsymbol{u}^{(2)}(\xi)\quad \cdots\quad \boldsymbol{u}^{(M)}(\xi)\} \tag{7.27}$$

其余系数矩阵分别可表示为

$$\boldsymbol{A}=\mathrm{diag}(-\boldsymbol{S}_{11}+\boldsymbol{S}_v,\boldsymbol{S}_0^{(1)},\boldsymbol{S}_0^{(2)},\cdots,\boldsymbol{S}_0^{(M)}) \tag{7.28a}$$

$$\boldsymbol{B}(\xi)=\xi^2\begin{bmatrix}\xi^{\boldsymbol{S}_v}(\boldsymbol{V}_{11})^{-1}(\boldsymbol{E}_0)^{-1}\boldsymbol{M}\boldsymbol{V}_{11}\xi^{-\boldsymbol{S}_v} & -\xi^{\boldsymbol{S}_v}(\boldsymbol{V}_{11})^{-1}(\boldsymbol{E}_0)^{-1}\boldsymbol{X}^{(1)} & 0 & \cdots & 0\\ -\boldsymbol{X}^{(1)}\boldsymbol{V}_{11}\xi^{-\boldsymbol{S}_v} & \boldsymbol{S}_1^{(1)} & -\boldsymbol{X}^{(2)} & \cdots & 0\\ 0 & -(\boldsymbol{X}^{(2)})^{\mathrm{T}} & \boldsymbol{S}_1^{(2)} & \cdots & 0\\ \vdots & \vdots & \vdots & \ddots & \vdots\\ 0 & 0 & 0 & \cdots & \boldsymbol{S}_1^{(M)}\end{bmatrix} \tag{7.28b}$$

$$\boldsymbol{C}=\begin{bmatrix}\boldsymbol{I} & \boldsymbol{0}\\ \boldsymbol{0} & \boldsymbol{0}\end{bmatrix} \tag{7.28c}$$

其初始条件由式（7.29）及边界上的辅助变量 $\boldsymbol{u}^{(i)}(\xi=1)$，$(i=1, 2, \cdots, M)$ 组成。

$$\boldsymbol{v}(\xi=1)=(\boldsymbol{V}_{11})^{-1}\boldsymbol{u}(\xi=1) \tag{7.29}$$

值得注意的是，系数矩阵 $\boldsymbol{B}(\xi)$ 与质量矩阵 $\boldsymbol{M}_b$ 的形式相似，若不采用改进连分式进行计算，随着连分式阶数的提高，该系数矩阵也会产生病态，进而影响计算的效率。

采用重新构造的常微分方程［式（7.26）］求解裂纹尖端位移场时，首先需要将比例坐标离散成 n 个节点，即 $\xi_j(j=1, 2, \cdots, n)$，其中 $\xi_1=1$ 代表边界上的点，ξ_n 代表裂纹尖端。引入类似

Newmark积分的形式来表示离散的节点函数 $\boldsymbol{D}(\xi_{j+1})$，即

$$\boldsymbol{D}(\xi_{j+1})=\boldsymbol{D}(\xi_j)+(1-\gamma_\xi)\Delta\xi\boldsymbol{D}(\xi_j)_{,\xi}+\gamma_\xi\Delta\xi\boldsymbol{D}(\xi_{j+1})_{,\xi} \tag{7.30}$$

式中：γ_ξ 为积分常数；积分步长 $\Delta\xi=\xi_{j+1}-\xi_j$，其大小主要由网格所能反应的最短波长来决定。

由 $\Delta\xi$ 的参数敏感性分析可知，当 $\Delta\xi$ 选取为最短波长的 1/20～1/10 时，模拟结果基本不受影响，都能得到较高的计算精度，因此在本章的数值算例中，积分步长统一选取为最短波长的 1/13。同时，为满足数值求解的稳定性，ξ_n 一般选取为一个近似为 0 的值来代替 $\xi_n=0$ 进行求解，例如 10^{-6}。式（7.28b）的系数矩阵 $\boldsymbol{B}(\xi)$ 包含有幂指数 $\xi^{-\boldsymbol{S}_v}$，在计算过程中，可通过 Matlab 软件自带的矩阵函数 $\exp(-\boldsymbol{S}_v\ln\xi)$ 进行求解[238]。

将式（7.30）代入式（7.26），得到

$$\left(-\boldsymbol{A}+\frac{\xi_{j+1}}{\gamma_\xi\Delta\xi}\boldsymbol{C}\right)\boldsymbol{D}(\xi_{j+1})-\boldsymbol{B}(\xi_{j+1})\ddot{\boldsymbol{D}}(\xi_{j+1})$$
$$=\frac{\xi_{j+1}}{\gamma_\xi\Delta\xi}\boldsymbol{C}[\boldsymbol{D}(\xi_j)+(1-\gamma_\xi)\Delta\xi\boldsymbol{D}(\xi_{j+1})_{,\xi}] \tag{7.31}$$

根据 Newmark 积分方法，时间间隔 $\Delta t=t_{k+1}-t_k$ 下的节点函数 $\boldsymbol{D}(\xi_j)_{k+1}$ 可表示为

$$\dot{\boldsymbol{D}}(\xi_j)_{k+1}=\dot{\boldsymbol{D}}(\xi_j)_k+(1-\gamma)\Delta t\ddot{\boldsymbol{D}}(\xi_j)_k+\gamma\Delta t\ddot{\boldsymbol{D}}(\xi_j)_{k+1} \tag{7.32a}$$

$$\boldsymbol{D}(\xi_j)_{k+1}=\boldsymbol{D}(\xi_j)_k+\Delta t\dot{\boldsymbol{D}}(\xi_j)_k+\left(\frac{1}{2}-\beta\right)\Delta t^2\ddot{\boldsymbol{D}}(\xi_j)_k+\beta\Delta t^2\ddot{\boldsymbol{D}}(\xi_j)_{k+1} \tag{7.32b}$$

结合式（7.31）、式（7.32），对于任意时刻 t，多边形单元内各离散节点 $\xi_j(j=1,2,\cdots,n)$ 的位移场可由以下迭代方程得到

$$\left[-\boldsymbol{A}+\frac{\xi_{j+1}}{\gamma_\xi\Delta\xi}\boldsymbol{C}-\frac{1}{\beta\Delta t^2}\boldsymbol{B}(\xi_{j+1})\right]\boldsymbol{D}(\xi_{j+1})_{k+1}$$
$$=\frac{\xi_{j+1}}{\gamma_\xi\Delta\xi}\boldsymbol{C}\{\boldsymbol{D}(\xi_j)_{k+1}+(1-\gamma_\xi)\Delta\xi[\boldsymbol{D}(\xi_{j+1})_{,\xi}]_{k+1}\}$$

$$-\frac{1}{\beta\Delta t^2}\boldsymbol{B}(\xi_{j+1})\left[\boldsymbol{D}(\xi_{j+1})_k+\Delta t\dot{\boldsymbol{D}}(\xi_{j+1})_k+\left(\frac{1}{2}-\beta\right)\Delta t^2\ddot{\boldsymbol{D}}(\xi_{j+1})_k\right] \tag{7.33}$$

为方便叙述改进连分式的稳定性，定义系数矩阵 $\boldsymbol{G}_{j+1}$ 为

$$\boldsymbol{G}_{j+1}=\left[-\boldsymbol{A}+\frac{\xi_{j+1}}{\gamma_\xi\Delta\xi}\boldsymbol{C}-\frac{1}{\beta\Delta t^2}\boldsymbol{B}(\xi_{j+1})\right] \tag{7.34}$$

当求出裂纹尖端位移场 $\boldsymbol{D}(\xi=0)$ 后，积分常数 $\boldsymbol{c}$ 可通过式（7.22）直接得到

$$\boldsymbol{v}(\xi=0)=\{0;\boldsymbol{c}^{(T)};\boldsymbol{c}^{(s)};\boldsymbol{c}^{(r)}\} \tag{7.35}$$

此时，根据前述应力强度因子及 T 应力的定义，并结合式（7.35）即可得到裂纹尖端的动力断裂参数。

7.3 数值算例分析

本节通过 6 个数值算例[61,240]来证明上述方法的高效性及稳定性。其中，第一个算例求解了带中心裂纹矩形板的动应力强度因子和 T 应力，并通过比较系数矩阵 $\boldsymbol{S}_0^{(i)}$ 和 $\boldsymbol{G}_j$，详细说明了该方法的改进之处。其余 5 个算例分别模拟了带倾斜裂纹的矩形板、带孔洞的双裂纹板、带界面裂纹的双材料板以及土-结构相互作用问题。算例中求得的动应力强度因子和 T 应力与参考文献中的结果相一致，且其求解过程比原连分式方法更加高效。所有算例中，积分参数选取为 $\gamma_\xi=2/3$，$\gamma=1/2$ 和 $\beta=1/4$。求解过程的计算效率通过电脑的 CPU 时间来进行比较，其配置为：Intel Core I5－4200M CPU @ 2.50 GHz，4 GB RAM。

7.3.1 带中心裂纹的矩形板

本节第一个算例模拟了带中心裂纹的矩形板，其上下两端受到均布的阶跃荷载 $p(t)=PH(t)$作用，其中 P 是荷载的幅值。模型的几何尺寸及边界条件如图 7.2（a）所示，其中裂缝长度为 $2a=$

4.8mm。结构的材料参数分别为：剪切模量 $G=76.923\text{GPa}$，泊松比 $\nu=0.3$，密度 $\rho=5\times10^{-6}\text{kg/mm}^3$。计算过程中，采用平面应变假定。

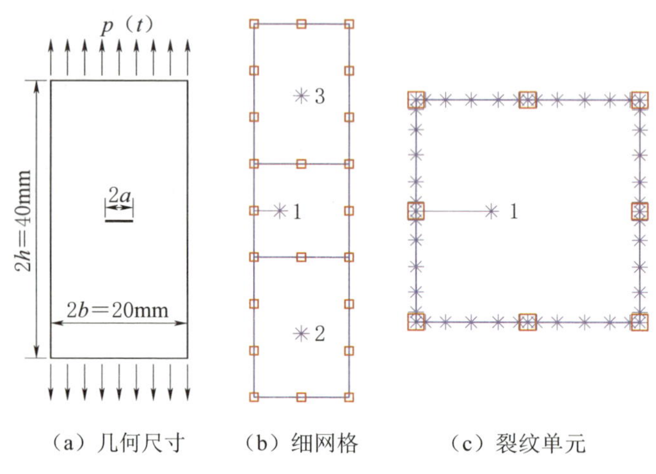

（a）几何尺寸　（b）细网格　（c）裂纹单元

图 7.2　带中心裂纹的矩形板

根据结构的对称性，可选取 1/4 的结构进行建模，但为了方便与原连分式算法[61]的结果进行对比，故选取一半的结构进行分析。本算例采用粗、细两种网格进行计算，其中细网格模型如图 7.2（b）所示。在细网格模型中，结构被划分成 3 个多边形，其中多边形 1 为裂纹单元，其比例中心在裂纹尖端处；多边形 2、3 为普通单元，其比例中心在单元形心处。多边形的边界共被等分成 24 个七节点的高阶单元。图 7.2（c）为裂纹单元的节点分布图，其中每个节点都用“*”表示。算例中所有的动应力强度因子都通过系数 $P\sqrt{\pi a}$ 进行无量纲化处理，其中 a 是裂纹长度的一半。

为保证计算结果的准确性，每个多边形都需要一定数量的节点数和连分式阶数。由 Song 等[58]的参数研究可知，每 6 个节点和 3～4 阶的连分式可准确地描述一个波长。在细网格中，每个单元的边长为 5mm 且每个单元都由 7 个节点组成，因此该网格能表征的最短波长大约为 5mm。由于网格中比例中心到边界节点的最远距离为 9mm，约为 1.8 个波长，因此连分式的阶数选取为 $M=5$。考虑到结构的膨胀波速 $c_p=7.338\text{mm}/\mu\text{s}$，此时最短波长的周期为

0.68μs，因此选取时间间隔为 $\Delta t=0.05\mu$s，即一个波长内有 13 个计算步。同时为保证最短波长被划分成 13 个积分步长，$\Delta\xi$ 选取为 0.05。

图 7.3 为采用细网格计算得到的动应力强度因子与其他算法结果的对比，其中虚线表示改进连分式的结果。可以看出，改进算法求解得到的 DSIFs 与原算法[61]、有限元法[241]的结果吻合得很好。同时，有限元结果中[241]的小幅高频震荡都没有出现在原算法和改进算法中，其主要原因是该震荡的周期大约为 0.3μs，小于现有网格所能反映的最短波长的周期。当采用改进连分式求解时，CPU 耗时大约为 44.9s，其中大部分时间都用于求解裂纹单元内部的位移场和提取动应力强度因子上（41.8s），而采用原算法求解时，总耗时约为 86.6s。由此可以看出，改进算法在计算效率方面有着明显的提高。为了体现求解多边形内部应力场的必要性，图 7.3 中也画出了忽略位移函数高阶项 $O(\xi^2)$ 的结果（绿色实线）。该结果与有限元结果存在一定的误差，仅趋势一致。图 7.4 为采用改进算法和原算法求解得到的 T 应力时程曲线，与动应力强度因子一样，计算得到的 T 应力也与参考文献［242］中的结果基本一致。

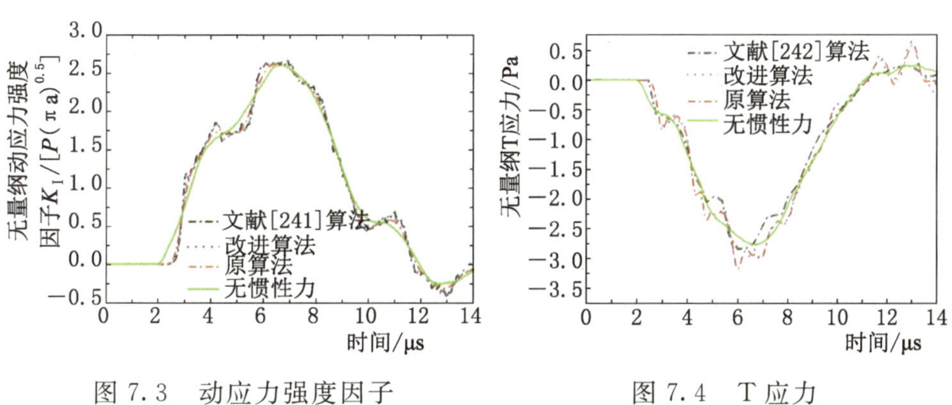

图 7.3 动应力强度因子　　图 7.4 T 应力

图 7.5 为该结构的粗网格模型，其中每个单元的边长都为 10mm，且比例中心到节点的最远距离约为两倍的边长。根据该网格所能表征的最短波长，连分式阶数宜采用 6～10 阶，同时积分步长选取为 $\Delta\xi=0.09$。为了具体说明改进连分式在求解动力断裂参

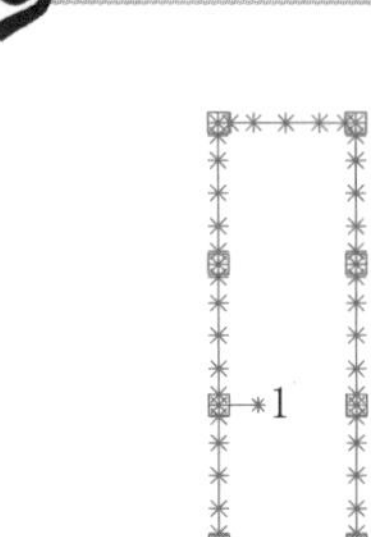

图7.5 粗网格模型

数时的稳定性和高效性，分别采用改进算法和原算法求解了粗网格情况下的动应力强度因子，并对连分式阶数进行了参数研究。

研究发现，当连分式阶数选取为6或7时，两种算法都能得到基本一致的动应力强度因子结果。但对于其余更高的阶数，原连分式算法会在计算过程中形成奇异矩阵，进而导致算法的失效。为详细说明矩阵形态与连分式阶数的关系，表7.1列举了不同阶数情况下，系数矩阵 $\boldsymbol{S}_0^{(i)}$ 和 $\boldsymbol{G}_j$ 的条件数，其中由于改进算法的系数矩阵 $\boldsymbol{G}_j$ 的条件数不随连分式阶数的增加而改变，因此仅列出了 $M=10$ 的情况。

表7.1 不同算法、不同阶数情况下系数矩阵 $\boldsymbol{S}_0^{(i)}$ 和 $\boldsymbol{G}_j$ 条件数的比较

i/j	原算法				改进算法	
	$\boldsymbol{S}_0^{(i)}$	$\boldsymbol{G}_j:M=6$	$\boldsymbol{G}_j:M=8$	$\boldsymbol{G}_j:M=10$	$\boldsymbol{S}_0^{(i)}$	$\boldsymbol{G}_j$
1	1.04E06	1.76E09	2.64E12	1.97E14	190.27	3.46E05
2	1.83E05	1.85E09	2.31E12	1.68E14	82.73	3.03E05
3	6.69E05	1.97E09	1.97E12	1.46E14	84.73	2.61E05
4	3.71E06	2.13E09	1.65E12	1.95E14	39.46	2.19E05
5	2.86E07	2.34E09	1.32E12	9.72E13	44.46	1.79E05
6	4.69E09	2.62E09	1.01E12	8.79E13	27.67	1.39E05
7	6.44E09	2.98E09	7.02E11	4.61E13	36.91	1.01E05
8	6.03E10	3.43E09	4.16E11	3.10E13	34.90	6.57E04
9	7.42E10	3.95E09	1.76E11	2.85E13	35.48	3.46E04
10	2.73E11	4.45E09	7.72E10	1.05E14	31.70	1.08E04

由文献［243］可知，矩阵的条件数越大，表示其越容易形成病态矩阵，计算效率越低，当采用双精度计算时，矩阵的条件数大于 10^{12}，就会导致运算的不收敛。根据表7.1，随着连分式阶数的不断提高，原算法中的系数矩阵 $\boldsymbol{S}_0^{(i)}$ 的条件数不断增大，当 $M=10$ 时 $\boldsymbol{S}_0^{(i)}$ 已经达到2.73E11，而改进算法中该系数矩阵的条件数始终

较小，并随着连分式阶数的增加而不断变小最终趋于稳定。由于$\boldsymbol{S}_0^{(i)}$是求解过程中最基本的系数矩阵，其形态良好与否直接影响到求解过程中其他系数矩阵的求解结果，例如，用于求解内部位移场的系数矩阵$\boldsymbol{G}_j$，当$M \geqslant 8$时，原算法的条件数已经达到了10^{12}，而改进算法的条件数始终保持稳定。因此，对于该粗网格模型当连分式阶数大于7时，原算法会出现求解过程失效的情况。

两种算法在$M=6$时采用粗网格计算得到的动应力强度因子如图7.6所示。可以看出，两者的结果与有限元结果依然一致，此时计算所用的CPU时间分别为63.2s和117.0s，改进算法的效率几乎提升了一倍。因此，通过对原连分式算法进行改进得到形态良好的系数矩阵，能够显著地提升求解过程的效率及其稳定性。

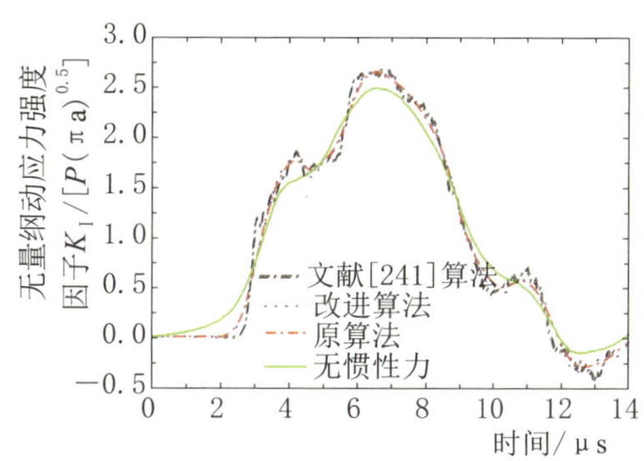

图7.6 粗网格模型的动应力强度因子

图7.6中的绿色实线为忽略位移函数中高阶项$O(\xi^2)$的作用，而直接通过多边形单元边界位移求解得到的结果。此时由于网格尺寸的进一步增大，动应力强度因子的误差也随之增大。因此，对于网格尺寸较大的情况，必须通过裂纹尖端的位移场来求解结构的动力断裂参数。

7.3.2 带倾斜裂纹的矩形板

本节第二个算例为带有中心倾斜裂纹的矩形板。如图7.7(a)所示，板的几何尺寸分别为$2b=30\text{mm}$和$2h=60\text{mm}$，裂纹长度为$2a=10\sqrt{2}\,\text{mm}$，裂纹与水平方向的夹角$\theta=45°$。结构的材料参数与算例一中的参数一致，分别为：剪切模量$G=76.923\text{GPa}$，泊松比$\nu=0.3$，密度$\rho=5\times10^{-6}\ \text{kg/mm}^3$。从$t=0$时刻开始，板的上下两端受到均布的阶跃荷载$p(t)=PH(t)$作用。计算过程中，采用平面应变假定。

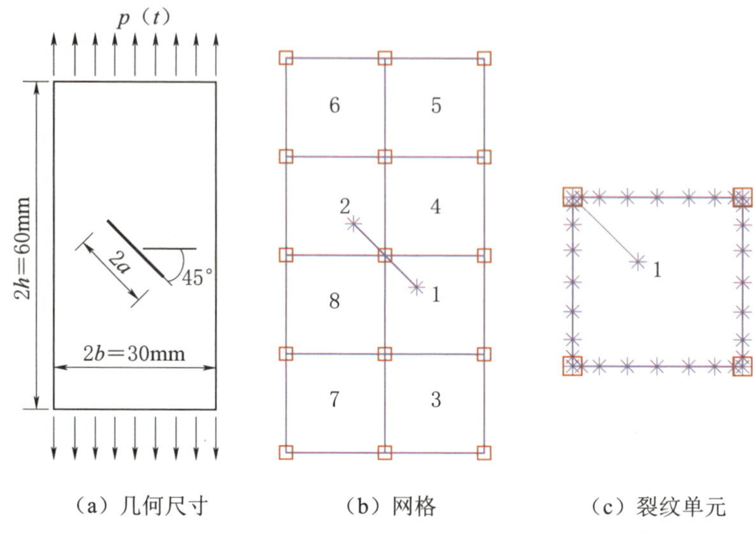

（a）几何尺寸　（b）网格　（c）裂纹单元

图 7.7　带倾斜裂纹的矩形板

如图 7.7（b）所示，模型被划分成 8 个多边形，每个多边形的每条边都采用一个九节点的高阶单元进行离散。图 7.7（c）为裂纹单元 1 的节点分布示意图，其中节点用“*”表示。裂纹单元中，比例中心位于裂纹尖端，裂纹面通过“side - face”来表示，因此不需要离散裂纹面，降低了裂纹单元的自由度。动力计算过程中，时间步长选取为 $\Delta t=0.1\mu s$；提取裂纹单元内部位移场时，积分步长选取为 $\Delta\xi=0.05$。本算例中，每个多边形的连分式阶数都为 $M=4$。

图 7.8 给出了采用改进算法与原算法得到的动应力强度因子 K_{I} 和 K_{II} 的数值解，并以 Song 和 Paulino 的有限元结果[241]（仅有 K_{I}）、Wen 的边界元结果[244]作为参考解，其中所有的 DSIFs 结果都进行了无量纲化处理。通过比较，两种算法都取得了较好的一致性，但改进算法仅需 19.8s（约有 16.2s 用于求解裂纹单元内部的位移场和提取动应力强度因子），而原算法需要 30.5s。与算例一中的计算时间相比，随着裂纹单元自由度的减少和连分式阶数的降低，求解过程中用于提取内部位移场的时间会明显缩短。

图 7.9 为采用改进算法与原算法计算得到的 T 应力结果，两者

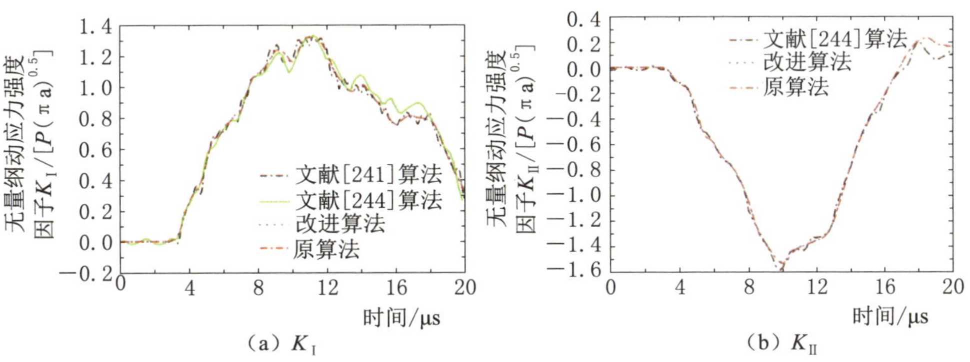

图 7.8　带倾斜裂纹矩形板的动应力强度因子

之间吻合的很好。但与 Sladek 等人[242]采用边界元法得到 T 应力结果相比，存在着一定的差异。当采用改进连分式计算时，作者分别通过改变多边形单元的数目、高阶单元的节点数目和连分式的阶数来复核计算得到的 T 应力结果，结果没有太大的变化。

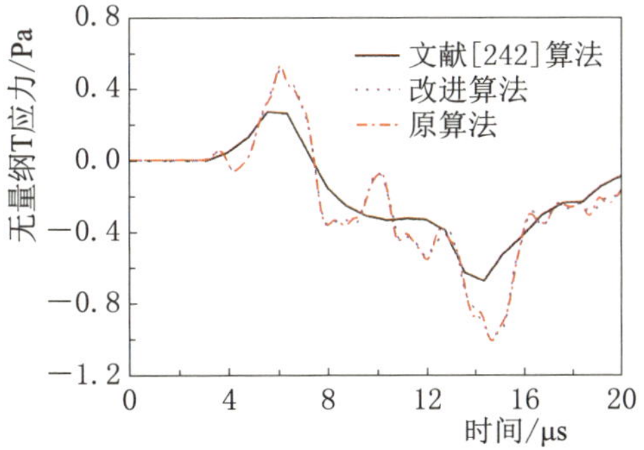

图 7.9　带倾斜裂纹矩形板的 T 应力

7.3.3　带孔洞的双裂纹矩形板

第三个算例为带有圆孔的矩形板，其中圆孔半径为 $r=3.75\text{mm}$。结构的几何尺寸如图 7.10（a）所示。在圆孔处有两条与水平方向夹角为 30°的等长裂纹，两个裂纹尖端的距离为 $2a=15\text{mm}$。板的材料与算例一中的材料相同，分别为：剪切模量 $G=76.923\text{GPa}$，泊松比 $\nu=0.3$，密度 $\rho=5\times10^{-6}\text{kg/mm}^3$。从时刻 $t=0$ 时起，板的上下两端受到均布的阶跃荷载作用。整个计算过程中，采用平面应变假定。

如图 7.10（b）所示，该模型被划分成 8 个多边形，其中多边形 1 和多边形 2 为两个裂纹单元，其比例中心位于裂纹的尖端。多

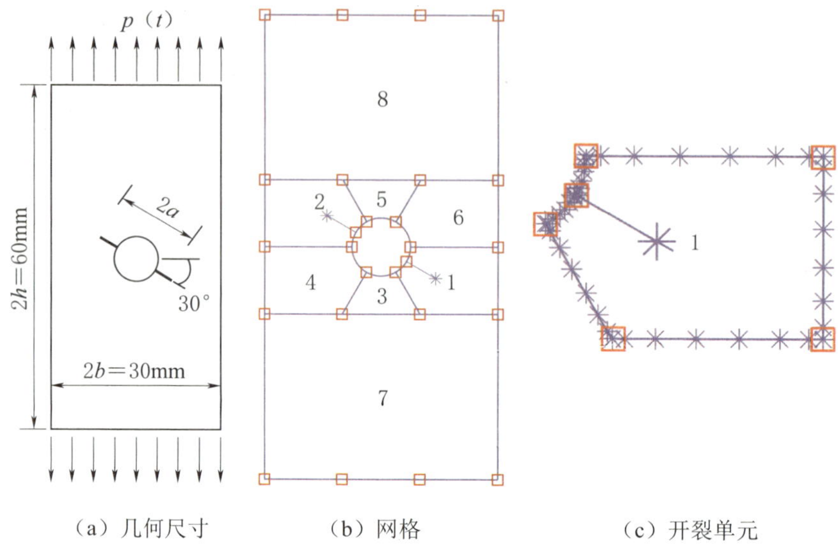

（a）几何尺寸　（b）网格　（c）开裂单元

图 7.10　带孔洞的双裂纹板

边形的边界都采用八节点的高阶单元进行离散，每个单元两端的节点用正方形表示。图 7.10（c）为裂纹单元 1 的节点分布图，其中单元内部的节点用“*”表示。该算例计算的总时间为 20μs，时间步长取为 $\Delta t=0.1\mu$s。孔洞周围的多边形 1～6 的单元尺寸较小，连分式阶数取为 $M=4$；多边形 7 和多边形 8 的单元尺寸较大，连分式阶数选取为 $M=6$。

图 7.11 给出了采用改进连分式算法求解得到的动应力强度因子 K_{I} 和 K_{II}。该结果与原算法及有限元法的结果吻合得很好，误差都在 1%以内。两种算法的 CPU 时间分别为 31.1s 和 52.4s，可见改进算法在处理复杂裂纹时，同样比原算法更高效。

7.3.4　带界面裂纹的双材料板

本算例将改进连分式算法应用到双材料界面裂纹问题中，模型的几何尺寸及裂纹长度都与算例一相同，其材料分布情况如图 7.12（a）所示，其中结构上半部分为石英（Material 1），下半部分为铜（Material 2），两者的材料参数分别为：剪切模量 $G_1=47.9$GPa，泊松比 $\nu_1=0.058$，密度 $\rho_1=5\times10^{-6}\mathrm{kg/mm^3}$；剪切模

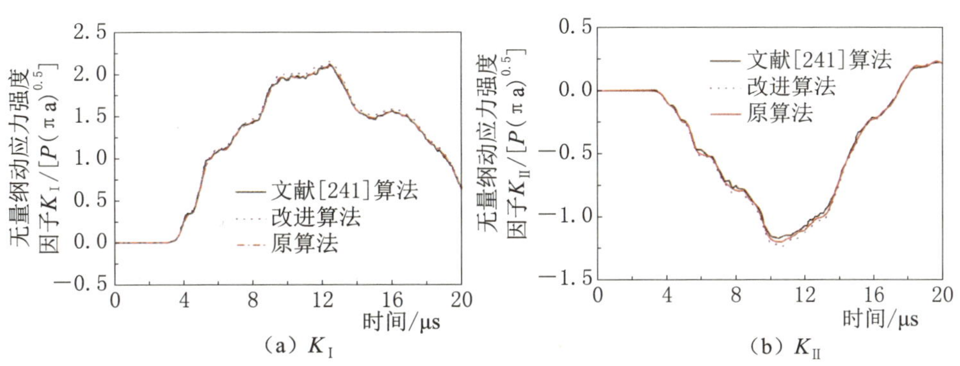

图 7.11 带孔洞的双裂纹矩形板的动应力强度因子

量 $G_2=48.1\text{GPa}$，泊松比 $\nu_2=0.2976$，密度 $\rho_2=8.96\times10^{-6}\text{kg/mm}^3$。本算例与其他 3 个算例一样，同样分析结构上下表面受到均布阶跃荷载 $p(t)=PH(t)$ 的动力响应情况。为分析网格粗密情况对界面裂纹动应力强度因子及 T 应力的影响，分别采用图 7.2（b）和图 7.12（b）的两种网格进行模拟计算。

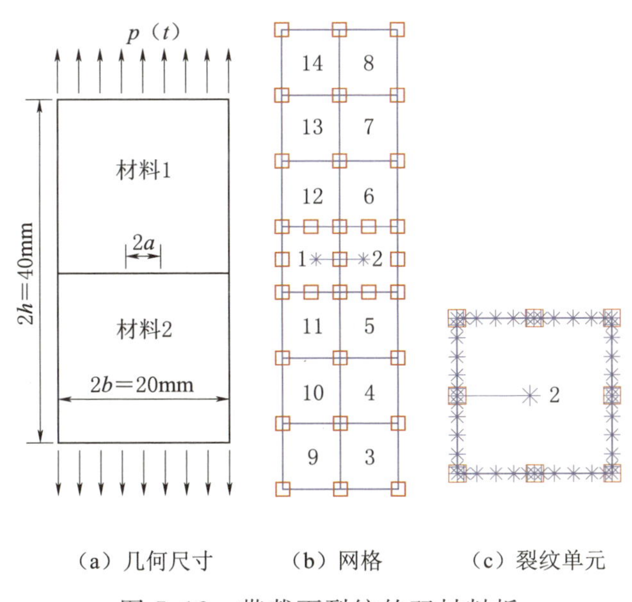

（a）几何尺寸　（b）网格　（c）裂纹单元

图 7.12 带截面裂纹的双材料板

首先对结构进行静力分析，当采用广义应力强度因子的定义时，粗、细两种网格都能得到相同的一组共轭奇异特征值：0.5±

i0.047，采用该奇异特征值求解得到的静力应力强度因子和 T 应力都为 $K_{\mathrm{I}}=1.041$、$K_{\mathrm{II}}=0.1076$ 和 $T=-1.1944$，这与文献中的结论相一致[173]，因此在静力问题中，计算结果对网格不敏感。

对结构进行动力分析时，计算的总时间为 30μs，时间步长取为 $\Delta t=0.1\mu$s。粗、细两种网格中，所有多边形单元的连分式阶数都选取为 $M=5$。如图 7.13 所示，当采用改进连分式进行计算时，粗、细两种网格得到的动应力强度因子都与 Song 等采用原算法计算得到的结果吻合的很好。由图 7.13 可知，两种网格的 DSIFs 结果仅在高频响应上有略微的差别。因此在动力问题中，改进算法的结果对网格也不敏感。图 7.14 为采用粗、细两种网格计算得到的 T 应力时程曲线，与 DSIFs 结果规律一样，也与参考解答吻合得很好。

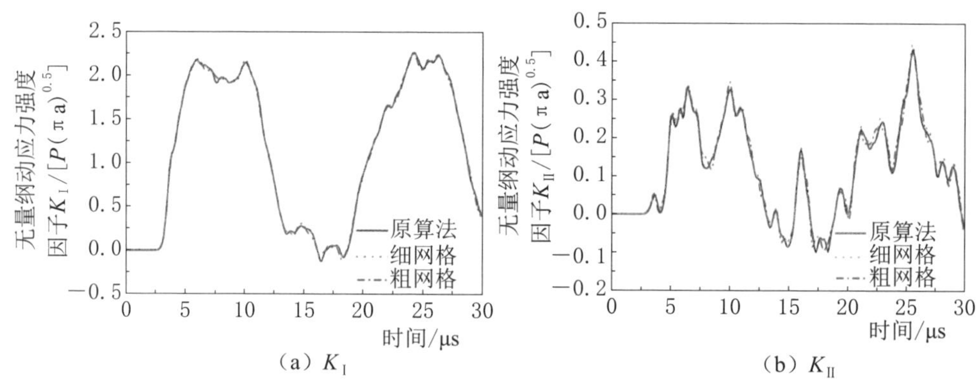

(a) K_{I}　　(b) K_{II}

图 7.13　界面裂纹的动应力强度因子

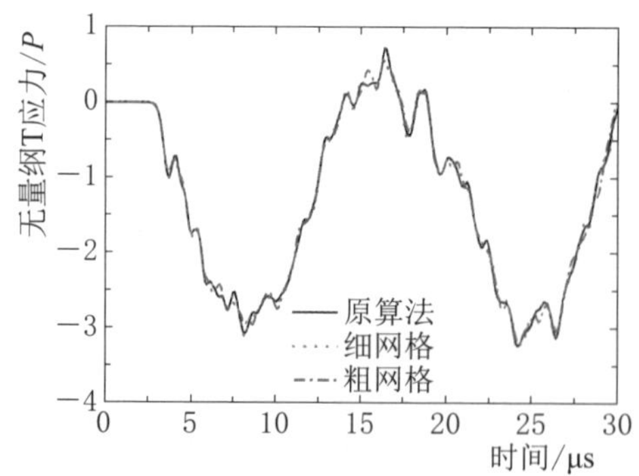

图 7.14　界面裂纹的 T 应力

当采用细网格进行模拟计算时，改进算法与原算法分别需要 59.9s 和 109.0s，由此可以看出，对于含有界面裂纹的结构进行动力分析时，改进算法同样适用且在计算效率方面要明显优于原算法。

7.3.5 含初始裂纹的土-结构相互作用问题

本算例考虑如图 7.15 所示的含初始裂纹的土-结构相互作用问题，其中 $b=1\text{m}$。地基、结构材料参数分别为：$G_1=G=1\text{Pa}$，$\rho_1=\rho=1\text{kg/m}^3$，$\nu_1=0.25$；$G_2=9G=9\text{Pa}$，$\rho_2=\rho=1\text{kg/m}^3$，$\nu_2=0.25$；初始裂纹长为 $b/4$。施加的均布荷载时程 $P(t)$ 由峰值为 P、持时 $5b/c_s$ 的三角波系列组成，如图 7.16 所示。按平面应变问题进行分析。

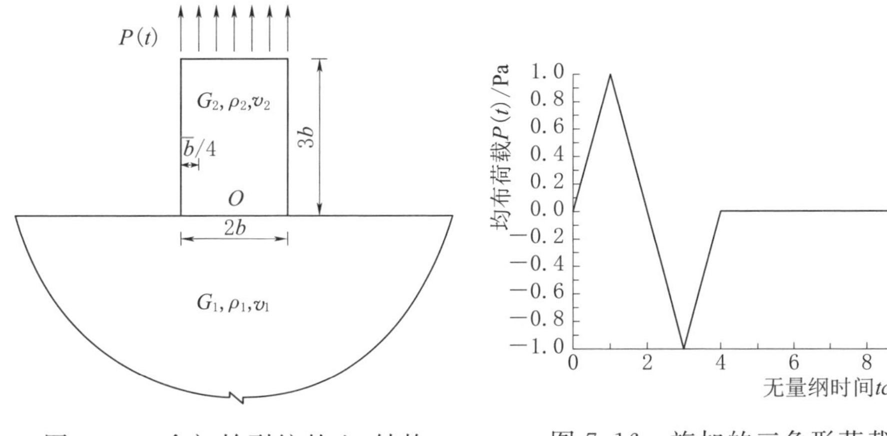

图 7.15 含初始裂纹的土-结构相互作用问题

图 7.16 施加的三角形荷载

采用多边形单元离散，共划分 69 个多边形单元 136 节点，网格如图 7.17（a）所示。其中截断边界采用 15 个二节点线单元离散，相似中心选在 O 点处。进行耦合分析时，各边界全部自由，没有约束条件。

为了说明该方法的精确性，采用基于 ABAQUS 的有限元扩展网格进行了计算，作为参考解答本算例扩展网格的范围取为 $42b\times 20b$。采用四节点四边形单元离散，共划分 23269 个单元 23645 个节点。时域计算总时间为 $T=20b/c_s$，积分步长为 $t=0.02b/c_s$。

为了说明该方法的优越性，采用黏弹性边界对该问题进行了对比分析，其计算区域 $10b\times 4b$，共划分 2936 个八节点四边形单元 7054 个节点，网格如图 7.17（b）所示。黏弹性边界中并联的弹

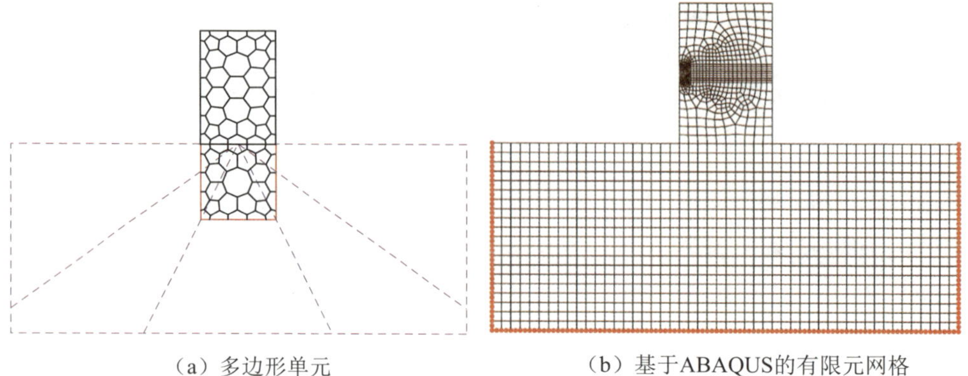

图 7.17　系统网格图

簧、阻尼器力学参数按式（1.8）确定。

图 7.18、图 7.19 分别绘制了动应力强度因子和顶部左侧节点的竖向位移时程。当阶数 $M_{cf}=4$ 时，该方法的结果与扩展网格计算结果吻合得很好。但在粗网格条件下，黏弹性边界的结果存在小振幅振荡，并且当 $t\geqslant 10$ 时黏弹性边界的结果不太准确。

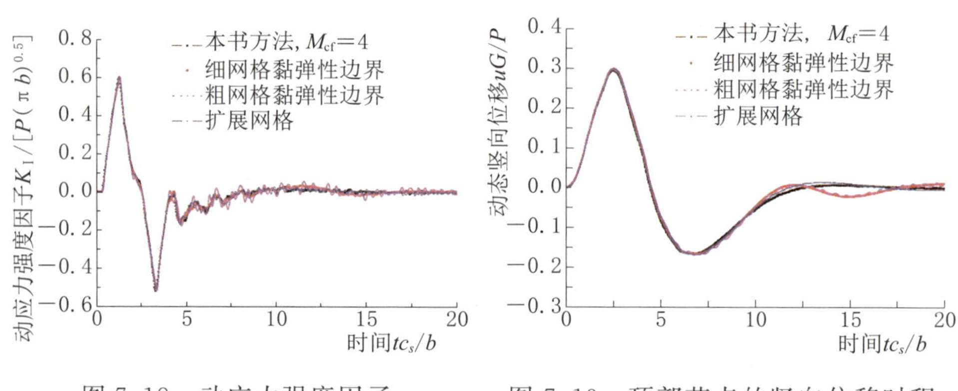

图 7.18　动应力强度因子　　　图 7.19　顶部节点的竖向位移时程

7.3.6　含裂纹的重力坝-地基系统的地震响应分析

选取 Koyna 大坝为研究对象，针对地震荷载作用下，对大坝-地基系统进行动力断裂分析。大坝的体型及几何尺寸如图 7.20 所示，混凝土材料的力学参数：$E_c=31.0\text{GPa}$，$\nu_c=0.15$，$\rho_c=2643\text{kg/m}^3$；岩基的力学参数：$E_r=12.0\text{GPa}$，$\nu_r=0.25$，$\rho_r=$

2500kg/m³。根据文献［245］，选取初始裂纹的高程为 59.25m，初始长度为 $a=1$m。计算中，采用平面应变假定。输入的地震波如图 7.21 所示。

采用多边形单元离散，共划分 93 个多边形单元 458 节点，网格如图 7.22（a）所示。其中截断边界采用 11 个三节点线单元离散，相似中心选在坝基的中点处。进行耦合分析时，各边界全部自由，没有约束条件。

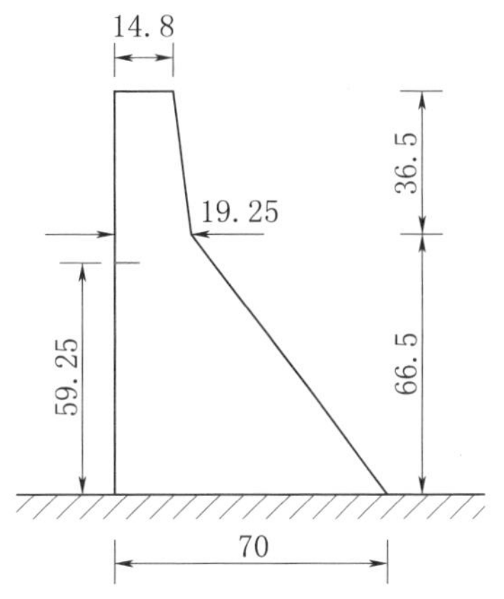

图 7.20 Koyna 重力坝

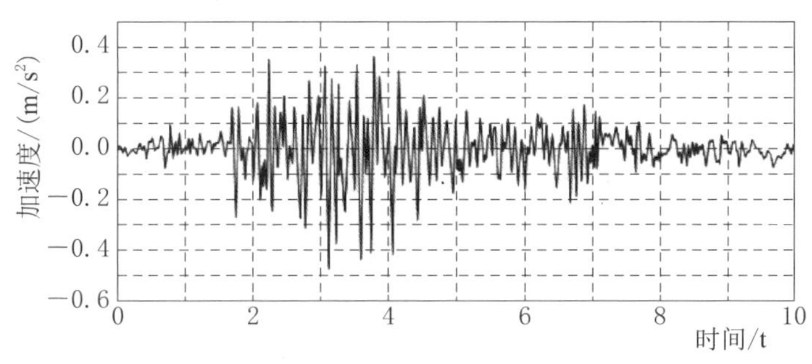

图 7.21 Koyna 地震波

同样，分别采用有限元扩展网格和黏弹性边界进行了地震响应分析。在扩展网格模型中，由于本算例中地基的膨胀波速 $c_p=2400$m/s，根据波动理论，扩展网格的范围取为：$-20000\text{m}\leqslant x\leqslant 20000\text{m}$，$-10000\text{m}\leqslant y\leqslant 0$。采用四节点四边形单元离散，共划分 137588 单元 138483 节点。在黏弹性边界模型中，共划分 4636 个四节点四边形单元 4431 个节点，网格如图 7.22（b）所示。

图 7.23～图 7.25 分别绘制了动应力强度因子 K_1、坝顶水平位移、T 应力时程。计算结果（$M_{cf}=5$）与扩展网格和黏弹性边界模型的计算结果吻合较好。分别对于本章模型、黏弹性边界模型和扩

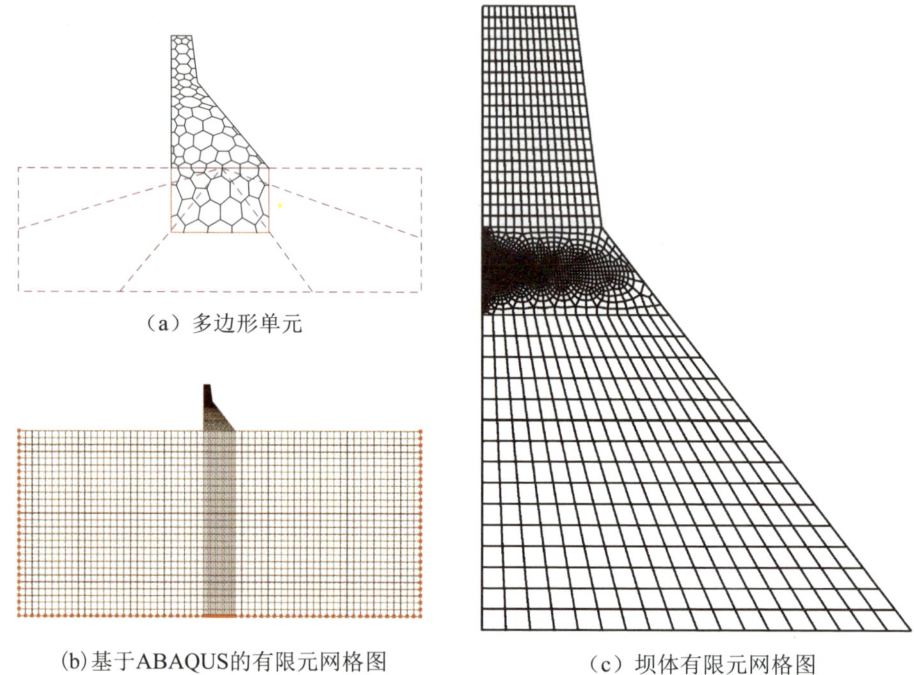

图 7.22　Koyna 重力坝-地基系统网格图

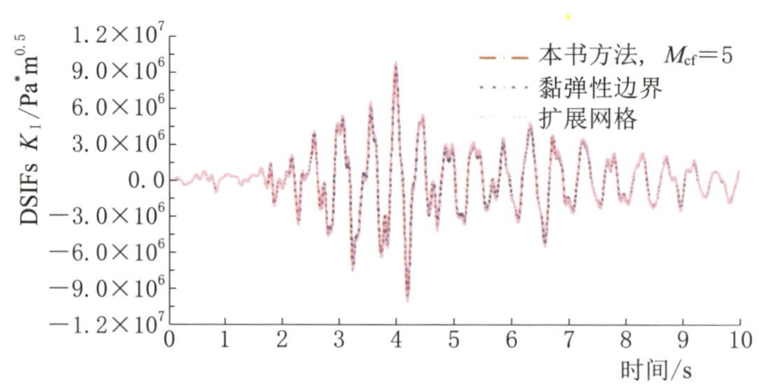

图 7.23　动应力强度因子

展网格的结果，最大动应力强度因子 K_{I} 分别为 9815339Pa · m$^{0.5}$、10104400Pa · m$^{0.5}$和 10043600Pa · m$^{0.5}$；坝顶最大水平位移分别为

5.98cm、5.92cm 和 6.05cm。对于本章模型、黏弹性边界模型，与扩展网格模型相比，最大动应力强度因子 K_{I} 的相对误差分别为 2.27%和 0.61%；最大水平位移相对误差分别为 1.09%和 2.13%。本章方法的相对误差均小于 3%，从工程角度来看是可以接受的。

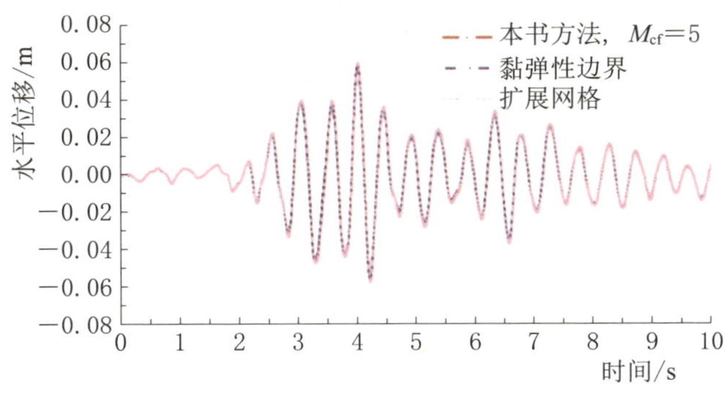

图 7.24 坝顶水平位移时程

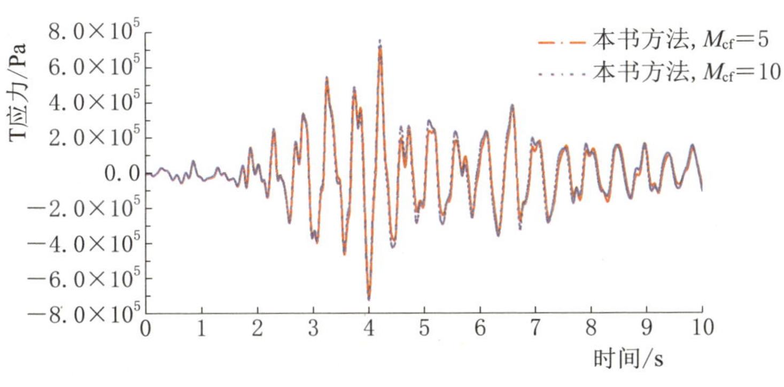

图 7.25 T 应力时程

为了评估本方法的计算效率，记录了上述分析所花费的计算机时间。这两个算例的 CPU 总时间在用相对黏弹性边界模型的百分比表示，如图 7.26 所示。在 7.3.5 节的算例中，对于 $M_{cf}=4$ 和 $M_{cf}=9$，CPU 时间分别约为黏弹性边界模型的 11.21%和 15.57%。在本节算例中，对于 $M_{cf}=5$ 和 $M_{cf}=10$，CPU 时间分别约为黏弹性边界模型的 13.52%和 17.26%。可以看出计算时间显著减少，显然，该方法是非常有效的。

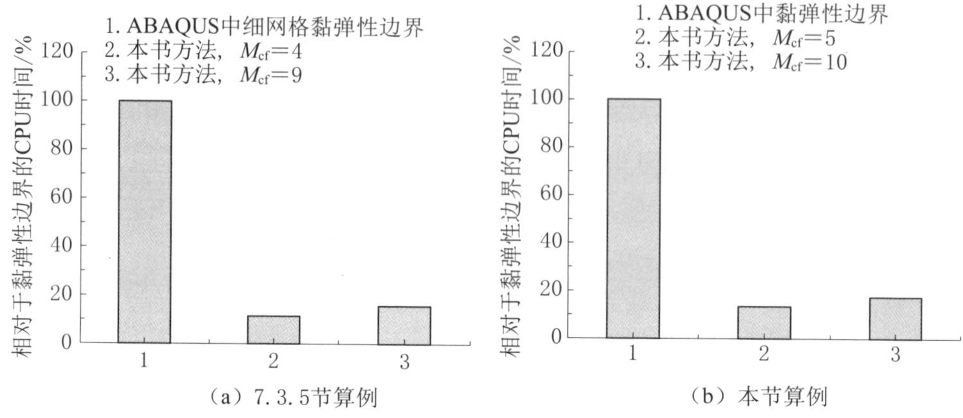

（a）7.3.5节算例　　（b）本节算例

图7.26　相对于ABAQUS中黏弹性边界的CPU时间

7.4 本章小结

本章基于改进连分式算法，提出了一种求解多边形单元内部位移场、应力场以及与其配套的动应力强度因子和T应力的求解方法。当引入辅助变量 $\boldsymbol{v}(\xi)$ 消除位移函数 $\boldsymbol{u}(\xi)$ 的奇异性后，多边形内部的位移场可以通过求解关于 $\boldsymbol{v}(\xi)$ 的常微分方程解析得到。结构的动应力强度因子和T应力可以根据其定义，通过求解得到的裂纹尖端位移场直接计算，不需要进行网格的加密处理。4个数值算例表明改进算法在处理均质材料及界面材料的裂纹问题时都适用，计算得到的动应力强度因子和T应力与文献中的参考解吻合得很好。与原算法相比，该算法保留了改进连分式的优点，在求解断裂参数时不会随着连分式阶数和节点数的增加而失效，而且求解过程更加高效。

同时，本章提出了一种混凝土坝-地基耦合系统的时域动态断裂分析方法，该方法聚合了比例边界有限元法在求解断裂力学和无限域问题两方面的优势，其中采用多边形单元模拟大坝及近场地基，采用高阶透射边界模拟远场地基。两个数值算例表明该方法可快速离散耦合系统中的近场结构，不需要对裂纹尖端的网格进行局部加密，同时，只需截断很小的近场地基范围和选取较低的连分式的阶数就能对耦合系统进行准确的动力断裂分析。

第8章　混凝土坝-库水系统动力相互作用的时域模型

混凝土坝面动水压力的研究起始于20世纪30年代，Westergaard[246]给出了刚性坝面动水压力的理论解答。此后，许多学者对刚性坝面动水压力问题进行了研究。1967年，Chopra[247]提出了在水平和垂直地震激励下垂直刚性坝面考虑可压缩库水动水压力的解析公式。20世纪70年代以后，学者们开始考虑坝体与库水的动力相互作用。Nath指出，对于圆柱形拱坝或者可以近似为这种形状的拱坝，库水可压缩性影响很小，忽略库水的可压缩性不会产生很大误差。王进廷[248]研究了混凝土坝-库水相互作用的地震响应，研究结果表明库水可压缩性影响的重要性。钟红等研究表明考虑水库边界吸收的影响后，库水压力波向无限地基散发，库水可压缩性影响可能大幅度降低，特别对多泥沙河流更为显著，另外高拱坝基频小于可压缩水库水体的基频，且两者都远较基岩基频小，不可能发生压缩库水的共振现象。Chopra等[25]研究表明库水可压缩性及水库边界吸收某种情况下削弱拱坝地震响应，在某些工况下对其响应有放大作用。因此，库水可压缩性对坝体地震响应的影响尚需进一步研究。

目前，我国《水工建筑物抗震设计标准》（GB 51247—2018）推荐采用Westergaard附加质量考虑库水动压力，忽略其可压缩性，从而能够简化体系中流固耦合的问题。本章采用比例边界有限元法建立基于标量波波动方程的高阶双渐近透射边界，以精确模拟混凝土坝-库水动力相互作用，并通过两个数值算例验证构建的高阶模型的正确性和有效性。

8.1　混凝土坝-库水系统的运动方程

考虑如图8.1所示的混凝土坝-库水系统，其由近场结构和远

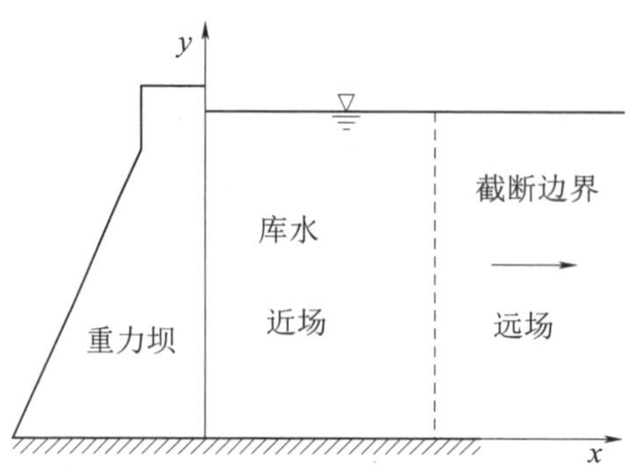

图 8.1　混凝土坝-库水系统

场库水两个部分组成。近场结构由部分库水及混凝土坝组成，远场库水则可以简化为等高或者等截面的半无限层状介质。

假设库水为无黏性、可压缩、小幅振动的理想流体，在地震作用下，其动水压力 $p(x, y, t)$ 满足标准波动方程

$$\frac{\partial^2 p}{\partial x^2}+\frac{\partial^2 p}{\partial y^2}=\frac{1}{c^2}\frac{\partial^2 p}{\partial t^2} \tag{8.1}$$

式中：c 为动水压力波波速。

c 与体积压缩模量 K 和密度 ρ 之间的关系为

$$c=\sqrt{\frac{K}{\rho}} \tag{8.2}$$

在竖直截断边界处，应满足下述应力连续条件

$$\frac{\partial p}{\partial n}=-\rho\ddot{u}_n \tag{8.3}$$

忽略自由表面重力波的影响，库水自由表面边界条件为

$$p=0 \tag{8.4}$$

暂不考虑库底的竖向地震荷载以及忽略库底对动水压力波的吸收作用，库底边界条件可表示为

$$\frac{\partial p}{\partial n}=0 \text{ 或 } \ddot{u}_n=0 \tag{8.5}$$

无穷远处应满足 Sommerfeld 辐射边界条件，即

$$\frac{\partial p}{\partial n}=-\frac{\dot{p}}{c} \tag{8.6}$$

混凝土坝-库水系统的运动方程可以表示为

$$\begin{bmatrix} \boldsymbol{M}_{\mathrm{ss}} & \boldsymbol{0} & \boldsymbol{0} \\ \rho \boldsymbol{H}_{\mathrm{fs}}^{\mathrm{T}} & \boldsymbol{M}_{\mathrm{ff}} & \boldsymbol{M}_{\mathrm{fe}} \\ \boldsymbol{0} & \boldsymbol{M}_{\mathrm{ef}} & \boldsymbol{M}_{\mathrm{ee}} \end{bmatrix} \begin{Bmatrix} \ddot{\boldsymbol{u}}_{\mathrm{s}} \\ \ddot{\boldsymbol{p}}_{\mathrm{f}} \\ \ddot{\boldsymbol{p}}_{\mathrm{e}} \end{Bmatrix} + \begin{bmatrix} \boldsymbol{C}_{\mathrm{ss}} & \boldsymbol{C}_{\mathrm{sf}} & \boldsymbol{0} \\ \boldsymbol{0} & \boldsymbol{C}_{\mathrm{ff}} & \boldsymbol{C}_{\mathrm{fe}} \\ \boldsymbol{0} & \boldsymbol{C}_{\mathrm{ef}} & \boldsymbol{C}_{\mathrm{ee}} \end{bmatrix} \begin{Bmatrix} \dot{\boldsymbol{u}}_{\mathrm{s}} \\ \dot{\boldsymbol{p}}_{\mathrm{f}} \\ \dot{\boldsymbol{p}}_{\mathrm{e}} \end{Bmatrix} + \begin{bmatrix} \boldsymbol{K}_{\mathrm{ss}} & -\boldsymbol{H}_{\mathrm{sf}} & \boldsymbol{0} \\ \boldsymbol{0} & \boldsymbol{K}_{\mathrm{ff}} & \boldsymbol{K}_{\mathrm{fe}} \\ \boldsymbol{0} & \boldsymbol{K}_{\mathrm{ef}} & \boldsymbol{K}_{\mathrm{ee}} \end{bmatrix} \begin{Bmatrix} \boldsymbol{u}_{\mathrm{s}} \\ \boldsymbol{p}_{\mathrm{f}} \\ \boldsymbol{p}_{\mathrm{e}} \end{Bmatrix} = \begin{Bmatrix} \boldsymbol{f}_{\mathrm{s}} \\ \boldsymbol{f}_{\mathrm{f}} \\ -\boldsymbol{r} \end{Bmatrix} \tag{8.7}$$

式中：$\boldsymbol{M}$、$\boldsymbol{C}$、$\boldsymbol{K}$ 分别表示系统的质量、阻尼和刚度矩阵；$\boldsymbol{H}$ 为混凝土坝与库水的相互作用耦合矩阵；$\boldsymbol{f}$ 为外荷载向量；$\boldsymbol{u}$ 和 $\boldsymbol{p}$ 分别表示待求的位移和动水压力向量；下标 s 和 f 分别表示混凝土坝单元节点自由度和库水单元节点自由度；e 表示无限库水竖直截断边界上的节点自由度；$\boldsymbol{r}$ 为近场结构与远场库水的相互作用力向量。

为了求解式（8.7），需要确定 $\boldsymbol{r}$ 与竖直截断边界上动水压力之间的关系。

8.2 半无限库水的比例边界有限元方程

远场库水可以简化为半无限等高或等截面层状介质，若不考虑体积力，动水压力-流体质点加速度关系可以表示为

$$\boldsymbol{L}p + \rho \ddot{\boldsymbol{u}} = 0 \tag{8.8}$$

式中：$\ddot{\boldsymbol{u}} = \{\ddot{u}_x, \ddot{u}_y\}^{\mathrm{T}}$ 为流体质点加速度向量；$\boldsymbol{L} = \{\partial/\partial x, \partial/\partial y\}^{\mathrm{T}}$ 为微分算符。

将式（8.8）代入式（8.1）可得

$$\boldsymbol{L}^{\mathrm{T}} \ddot{\boldsymbol{u}} = -\frac{1}{K}\frac{\partial^2 p}{\partial t^2} \tag{8.9}$$

考虑图 8.2（a）所示的半无限等高层状库水，截断边界的横坐标为常数 x_b。采用三节点线单元离散截断边界，典型单元如图 8.2（b）所示。设节点纵坐标为 $\boldsymbol{y}_b$，则边界上任意一点的纵坐标可以通过插值函数 $\boldsymbol{N}(\eta)$ 插值得到，即

$$y_b(\eta) = \boldsymbol{N}(\eta)\boldsymbol{y}_b \tag{8.10}$$

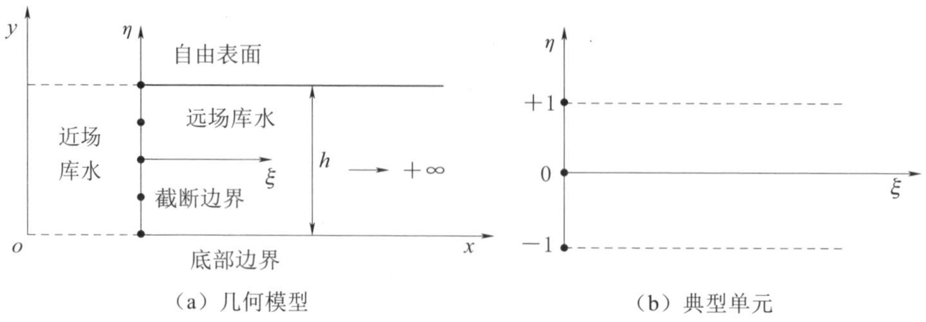

图 8.2　半无限等高层状库水模型

在整体坐标系 xoy 下，半无限库水内任意一点的坐标（x，y）可以表示为

$$x(\xi)=x_b+\xi$$
$$y(\xi,\eta)=y_b(\eta)=\boldsymbol{N}(\eta)\boldsymbol{y}_b \tag{8.11}$$

从整体坐标（x，y）到比例边界坐标（ξ，η）的雅克比转换矩阵为

$$\boldsymbol{J}(\eta)=\begin{bmatrix} x_{,\xi} & y_{,\xi} \\ x_{,\eta} & y_{,\eta} \end{bmatrix}=\begin{bmatrix} 1 & 0 \\ 0 & y_{b,\eta} \end{bmatrix} \tag{8.12}$$

对于二维问题，单位厚度的体积微元 dV 可以表示为

$$\mathrm{d}V=|\boldsymbol{J}(\eta)|\mathrm{d}\xi\mathrm{d}\eta \tag{8.13}$$

式中：$|\boldsymbol{J}(\eta)|$为雅克比矩阵 $\boldsymbol{J}(\eta)$的行列式。

考虑式（8.12），式（8.8）中定义的微分算子 $\boldsymbol{L}$ 可以写成

$$\boldsymbol{L}=\boldsymbol{J}(\eta)^{-1}\begin{bmatrix} \frac{\partial}{\partial\xi} & \frac{\partial}{\partial\eta} \end{bmatrix}^{\mathrm{T}}=\boldsymbol{b}_1\frac{\partial}{\partial\xi}+\boldsymbol{b}_2(\eta)\frac{\partial}{\partial\eta} \tag{8.14}$$

其中，$\boldsymbol{b}_1$ 和 $\boldsymbol{b}_2(\eta)$ 表示为

$$\boldsymbol{b}_1=\begin{Bmatrix} 1 \\ 0 \end{Bmatrix},\boldsymbol{b}_2(\eta)=\frac{1}{|\boldsymbol{J}(\eta)|}\begin{Bmatrix} 0 \\ 1 \end{Bmatrix} \tag{8.15}$$

沿着 ξ 方向，节点动水压力可以表示成$\{p\}=\{p(\xi,t)\}$，则在截断边界上有$\{p_b\}=\{p(\xi=0,t)\}$。在半无限库水域内，节点动水压力$\{p\}=\{p(\xi,\eta,t)\}$通过插值形函数插值得到，即

$$p=\boldsymbol{N}(\eta)\boldsymbol{p} \tag{8.16}$$

将式（8.14）、式（8.16）代入式（8.8）可得流体质点加速度

向量$\{\ddot{u}\}=\{\ddot{u}(\xi,\eta)\}$的表达式为

$$\ddot{\boldsymbol{u}}=-\frac{1}{\rho}[\boldsymbol{B}_1(\eta)\boldsymbol{p}_{,\xi}+\boldsymbol{B}_2(\eta)\boldsymbol{p}] \tag{8.17}$$

其中，系数矩阵$\boldsymbol{B}_1(\eta)$和$\boldsymbol{B}_2(\eta)$定义为

$$\boldsymbol{B}_1(\eta)=\boldsymbol{b}_1\boldsymbol{N}(\eta),\boldsymbol{B}_2(\eta)=\boldsymbol{b}_2(\eta)\boldsymbol{N}(\eta)_{,\eta} \tag{8.18}$$

对式（8.9）采用伽辽金法，结合式（8.14），乘以加权函数$w=w(\xi,\eta)$并对该单元对应的区域积分可得

$$\int_V w(\boldsymbol{b}_1)^{\mathrm{T}}\ddot{\boldsymbol{u}}_{,\xi}\mathrm{d}V+\int_V w[\boldsymbol{b}_2(\eta)^{\mathrm{T}}]\ddot{\boldsymbol{u}}_{,\eta}\mathrm{d}V+\int_V w\frac{1}{K}\frac{\partial^2\boldsymbol{p}}{\partial t^2}\mathrm{d}V=0 \tag{8.19}$$

根据式（8.13），将式（8.19）展开得到

$$\int_0^{\infty}\int_{-1}^{1}w(\boldsymbol{b}_1)^{\mathrm{T}}\ddot{\boldsymbol{u}}_{,\xi}|\boldsymbol{J}(\eta)|\mathrm{d}\eta\mathrm{d}\xi+\int_0^{\infty}\int_{-1}^{1}w[\boldsymbol{b}_2(\eta)]^{\mathrm{T}}\ddot{\boldsymbol{u}}_{,\eta}|\boldsymbol{J}(\eta)|\mathrm{d}\eta\mathrm{d}\xi$$

$$+\int_0^{\infty}\int_{-1}^{1}w\frac{1}{K}\ddot{\boldsymbol{p}}|\boldsymbol{J}(\eta)|\mathrm{d}\eta\mathrm{d}\xi=0 \tag{8.20}$$

对式（8.20）中的第二项进行分部积分，得到

$$\int_0^{\infty}\left(\int_{-1}^{1}[w\boldsymbol{b}_1^{\mathrm{T}}\ddot{\boldsymbol{u}}_{,\xi}-w_{,\eta}\boldsymbol{b}_2(\eta)^{\mathrm{T}}\ddot{\boldsymbol{u}}+w\frac{1}{K}\ddot{p}]\right.$$

$$\left.|\boldsymbol{J}(\eta)|\mathrm{d}\eta+w\boldsymbol{b}_2(\eta)^{\mathrm{T}}\ddot{\boldsymbol{u}}|\boldsymbol{J}(\eta)||_{-1}^{+1}\right)\mathrm{d}\xi=0 \tag{8.21}$$

要使式（8.21）完全成立，则必须使ξ方向上的被积式等于零，这使得波动方程在ξ方向上严格满足，即

$$\int_{-1}^{1}[w\boldsymbol{b}_1^{\mathrm{T}}\ddot{\boldsymbol{u}}_{,\xi}-w_{,\eta}\boldsymbol{b}_2(\eta)^{\mathrm{T}}\ddot{\boldsymbol{u}}+w\frac{1}{K}\ddot{\boldsymbol{p}}]|\boldsymbol{J}(\eta)|\mathrm{d}\eta$$

$$+w\boldsymbol{b}_2(\eta)^{\mathrm{T}}\ddot{\boldsymbol{u}}|J(\eta)||_{-1}^{+1}=0 \tag{8.22}$$

采用与动水压力具有相同形式的权函数，即

$$w(\xi,\eta)=\boldsymbol{N}(\eta)\boldsymbol{w}(\xi) \tag{8.23}$$

将式（8.23）代入式（8.22），并对于任意$\boldsymbol{w}(\xi)$成立，因此得到

$$\int_{-1}^{1}\boldsymbol{B}_1(\eta)^{\mathrm{T}}\ddot{\boldsymbol{u}}_{,\xi}|\boldsymbol{J}(\eta)|\mathrm{d}\eta-\int_{-1}^{1}\boldsymbol{B}_2(\eta)^{\mathrm{T}}\ddot{\boldsymbol{u}}|\boldsymbol{J}(\eta)|\mathrm{d}\eta$$

$$+\int_{-1}^{1}\boldsymbol{N}(\eta)^{\mathrm{T}}\frac{1}{K}\ddot{\boldsymbol{p}}|\boldsymbol{J}(\eta)|\mathrm{d}\eta+\boldsymbol{T}=0 \tag{8.24}$$

式中：$\boldsymbol{T}$ 为等效节点加速度向量。

$$\boldsymbol{T}=\boldsymbol{N}(\eta)^{\mathrm{T}}\boldsymbol{b}_2(\eta)^{\mathrm{T}}\ddot{\boldsymbol{u}}\ |\boldsymbol{J}(\eta)|\,|_{-1}^{+1} \tag{8.25}$$

将式（8.17）代入式（8.24），并且注意到 $\boldsymbol{b}_1^{\mathrm{T}}\boldsymbol{b}_2(\eta)=\boldsymbol{b}_2(\eta)^{\mathrm{T}}\boldsymbol{b}_1=0$［式（8.15）］，由此可得

$$\boldsymbol{E}_0\boldsymbol{p}_{,\xi\xi}-\boldsymbol{E}_2\boldsymbol{p}-\boldsymbol{M}_0\ddot{\boldsymbol{p}}-\boldsymbol{T}=0 \tag{8.26}$$

其中，系数矩阵 $\boldsymbol{E}_0$、$\boldsymbol{E}_2$ 和 $\boldsymbol{M}_0$ 表示为

$$\begin{aligned}\boldsymbol{E}_0&=\int_{-1}^{1}\boldsymbol{B}_1(\eta)^{\mathrm{T}}\frac{1}{\rho}\boldsymbol{B}_1(\eta)\,|\boldsymbol{J}(\eta)|\,\mathrm{d}\eta\\&=\int_{-1}^{1}\boldsymbol{N}(\eta)^{\mathrm{T}}\frac{1}{\rho}\boldsymbol{N}(\eta)\,|\boldsymbol{J}(\eta)|\,\mathrm{d}\eta\end{aligned} \tag{8.27a}$$

$$\begin{aligned}\boldsymbol{E}_2&=\int_{-1}^{1}\boldsymbol{B}_2(\eta)^{\mathrm{T}}\frac{1}{\rho}\boldsymbol{B}_2(\eta)\,|\boldsymbol{J}(\eta)|\,\mathrm{d}\eta\\&=\int_{-1}^{1}\boldsymbol{N}(\eta)_{,\eta}^{\mathrm{T}}\frac{1}{\rho}\boldsymbol{N}(\eta)_{,\eta}\frac{1}{|\boldsymbol{J}(\eta)|}\mathrm{d}\eta\end{aligned} \tag{8.27b}$$

$$\boldsymbol{M}_0=\int_{-1}^{1}\boldsymbol{N}(\eta)^{\mathrm{T}}\frac{1}{K}\boldsymbol{N}(\eta)\,|\boldsymbol{J}(\eta)|\,\mathrm{d}\eta=\frac{1}{c^2}\boldsymbol{E}_0 \tag{8.27c}$$

式（8.26）对边界上任意单元成立，为了模拟整个半无限库水，同有限元法一样，需要对单元进行集成。在集成的过程中，节点加速度向量 $\boldsymbol{T}$ 在单元的公共边界相互抵消。考虑自由表面边界条件式（8.4）和库底边界条件式（8.5），可得在自由表面和库底处 $\boldsymbol{T}=0$。

因此，对于二维半无限等高层状库水，以动水压力为未知量的比例边界有限元控制方程可以表示为

$$\boldsymbol{E}_0\boldsymbol{p}_{,\xi\xi}-\boldsymbol{E}_2\boldsymbol{p}-\frac{1}{c^2}\boldsymbol{E}_0\ddot{\boldsymbol{p}}=0 \tag{8.28}$$

值得指出的是三维半无限等截面层状库水的比例边界有限元方程的形式与式（8.28）完全相同。

对于声学流体，垂直表面上常数为 ξ 的声学节点载荷矢量 $\boldsymbol{r}=\boldsymbol{r}(\xi,t)$ 表示为

$$\boldsymbol{r}=-\boldsymbol{E}_0\boldsymbol{p}_{,\xi} \tag{8.29}$$

设 $\boldsymbol{p}(\xi,t)=\boldsymbol{P}(\xi,\omega)e^{+\mathrm{i}\omega t}$，对式(8.28)进行傅里叶变换，可以得到频域内动水压力表示的比例边界有限元方程

$$\boldsymbol{E}_0\boldsymbol{P}_{,\xi\xi}-\boldsymbol{E}_2\boldsymbol{P}+\frac{\omega^2}{c^2}\boldsymbol{E}_0\boldsymbol{P}=0 \tag{8.30}$$

在竖直截断边界上，等效节点荷载 $\boldsymbol{R}$ 与节点动水压力之间的关系可以通过虚功原理得到，在频域内可以表示为

$$\boldsymbol{R}=-\boldsymbol{E}_0\boldsymbol{P}_{,\xi} \tag{8.31}$$

其中，等效节点荷载 $\boldsymbol{R}$ 与动力刚度矩阵 $\boldsymbol{S}^{\infty}(\omega)$ 的关系为

$$\boldsymbol{R}(\omega)=\boldsymbol{S}^{\infty}(\omega)\boldsymbol{P}(\omega) \tag{8.32}$$

由式（8.31）、式（8.32），消掉 $\boldsymbol{P}(\omega)$ 后式（8.30）可以表示为以动力刚度矩阵 $\boldsymbol{S}^{\infty}(\omega)$ 为未知量的比例边界有限元方程为

$$\boldsymbol{S}^{\infty}(\omega)(\boldsymbol{E}_0)^{-1}\boldsymbol{S}^{\infty}(\omega)-\boldsymbol{E}_2+\omega^2\boldsymbol{M}_0=0 \tag{8.33}$$

8.3 半无限库水的高阶双渐近透射边界

考虑如下的广义特征值分解

$$\boldsymbol{E}_2\boldsymbol{\Phi}=\boldsymbol{E}_0\boldsymbol{\Phi}\boldsymbol{\Lambda}^2/h^2 \tag{8.34}$$

其中，$\boldsymbol{\Phi}$ 为特征向量矩阵；$\boldsymbol{\Lambda}$ 为对角元素为正值的对角阵，即 $\boldsymbol{\Lambda}^2=\mathrm{diag}\{\lambda_1^2 \quad \lambda_2^2 \quad \cdots \quad \lambda_N^2\}$。

将特征向量 $\boldsymbol{\Phi}$ 正交化为

$$\boldsymbol{\Phi}^{\mathrm{T}}\boldsymbol{E}_0\boldsymbol{\Phi}=\boldsymbol{I} \tag{8.35}$$

$$\boldsymbol{\Phi}^{\mathrm{T}}\boldsymbol{E}_2\boldsymbol{\Phi}=\boldsymbol{\Lambda}^2/h^2 \tag{8.36}$$

将式（8.33）左乘 $\boldsymbol{\Phi}^{\mathrm{T}}$ 并右乘 $\boldsymbol{\Phi}$，结合式（8.35），式（8.33）进一步表示为

$$[\widetilde{\boldsymbol{S}}(a_0)]^2+(a_0^2\boldsymbol{I}-\boldsymbol{\Lambda}^2)=0 \tag{8.37}$$

式中：a_0 为无量纲频率，$a_0=\omega h/c$；$\widetilde{\boldsymbol{S}}(a_0)$ 为模态动力刚度矩阵。

$\widetilde{\boldsymbol{S}}(a_0)$ 与动力刚度矩阵存在以下关系

$$\widetilde{\boldsymbol{S}}(a_0)=h\boldsymbol{\Phi}^{\mathrm{T}}\boldsymbol{S}^{\infty}(\omega)\boldsymbol{\Phi} \tag{8.38}$$

对于一个竖直截断边界上有 N_e 个节点的二维无限库水，式（8.37）可解耦为 N_e 个与独立的模态方程

$$S_j(a_0)^2+a_0^2-\lambda_j^2=0 \quad j=1,2,\cdots,N_e \tag{8.39}$$

采用双渐近算法求解模态动力刚度 $S_j(a_0)$，其中高频渐近展开[150,163,167]可表示为

$$S_j(a_0)=K_\infty+\mathrm{i}a_0C_\infty-(\psi^{(1)})^2\left[Y^{(1)}(a_0)\right]^{-1} \tag{8.40}$$

$$Y^{(i)}(a_0)=Y_0^{(i)}+\mathrm{i}a_0Y_1^{(i)}-(\psi^{(i+1)})^2\left[Y^{(i+1)}(a_0)\right]^{-1}$$
$$(i=1,2,\cdots,M_{\mathrm{H}}) \tag{8.41}$$

式中：C_∞、K_∞ 为常数阻尼、刚度系数；$Y_0^{(i)}$、$Y_1^{(i)}$ 均为常数系数。

$\psi^{(i)}$ 的引入是为了增加系统的稳定性，$i=1$，2，…，M_{H}，M_{H} 为高频渐近的展开阶数。系数 C_∞、K_∞、$Y_0^{(i)}$、$Y_1^{(i)}$、$\boldsymbol{\psi}^{(i)}$ 的求解过程参见[150,163,167]。

将高频渐近展开的残余量采用低频渐近[150,163,167]可进一步展开表示为

$$Y_{\mathrm{L}}(a_0)=Y_{\mathrm{L0}}^{(0)}+\mathrm{i}a_0Y_{\mathrm{L1}}^{(0)}-(\mathrm{i}a_0)^2\left[Y_{\mathrm{L}}^{(1)}(a_0)\right]^{-1} \tag{8.42}$$

$$Y_{\mathrm{L}}^{(j)}(a_0)=Y_{\mathrm{L0}}^{(j)}+\mathrm{i}a_0Y_{\mathrm{L1}}^{(j)}-(\mathrm{i}a_0)^2\left[Y_{\mathrm{L}}^{(j+1)}(a_0)\right]^{-1} \quad (j=1,2,\cdots,M_{\mathrm{L}}) \tag{8.43}$$

式中：$Y_{\mathrm{L0}}^{(0)}$、$Y_{\mathrm{L1}}^{(0)}$、$Y_{\mathrm{L0}}^{(j)}$、$Y_{\mathrm{L1}}^{(j)}$ 均为常数系数；$j=1$，2，…，M_{L}，M_{L} 为低频渐近的展开阶数，其求解过程参见[150,163,167]。

根据边界 $\xi=1$ 上的平衡关系，可以构建无限库水截断边界上的高阶双渐近透射边界条件，即

$$\boldsymbol{K}_w\boldsymbol{p}_w(t)+\boldsymbol{C}_w\dot{\boldsymbol{p}}_w(t)=\boldsymbol{f}_w(t) \tag{8.44}$$

式中　$\boldsymbol{K}_w$、$\boldsymbol{C}_w$ 分别为无限库水截断边界的刚度、阻尼矩阵；$\boldsymbol{p}_w(t)$、$\boldsymbol{f}_w(t)$ 分别为动水压力和荷载向量。

它们分别表示为

$$\boldsymbol{p}_w=(\boldsymbol{p}_{\mathrm{e}} \quad \widetilde{\boldsymbol{p}}^{(1)} \quad \cdots \quad \widetilde{\boldsymbol{p}}^{(M_{\mathrm{H}})} \quad \widetilde{\boldsymbol{p}}_{\mathrm{L}}^{(0)} \quad \widetilde{\boldsymbol{p}}_{\mathrm{L}}^{(1)} \quad \cdots \quad \widetilde{\boldsymbol{p}}_{\mathrm{L}}^{(M_{\mathrm{L}})})^{\mathrm{T}} \tag{8.45}$$

$$\boldsymbol{f}_w=(\boldsymbol{f}_e \quad \boldsymbol{0} \quad \cdots \quad \boldsymbol{0} \quad \boldsymbol{0} \quad \boldsymbol{0} \quad \cdots \quad \boldsymbol{0})^{\mathrm{T}} \tag{8.46}$$

$$\boldsymbol{K}_w=\frac{1}{h}\begin{bmatrix}\boldsymbol{K}_\infty & -\boldsymbol{\Phi}^{-\mathrm{T}}\boldsymbol{\psi}^{(1)} & & & & & & & \\ -\boldsymbol{\psi}^{(1)}\boldsymbol{\Phi}^{-1} & \boldsymbol{Y}_0^{(1)} & -\boldsymbol{\psi}^{(2)} & & & & & & \\ & -\boldsymbol{\psi}^{(2)} & \ddots & \ddots & & & & & \\ & & \ddots & \boldsymbol{Y}_0^{(M_\mathrm{H})} & \boldsymbol{0} & & & & \\ & & & \boldsymbol{0} & \boldsymbol{Y}_{\mathrm{L}0}^{(0)} & \boldsymbol{0} & & & \\ & & & & \boldsymbol{0} & \boldsymbol{Y}_{\mathrm{L}0}^{(1)} & \ddots & & \\ & & & & & \ddots & \ddots & \boldsymbol{0} \\ & & & & & & \boldsymbol{0} & \boldsymbol{Y}_{\mathrm{L}0}^{(M_\mathrm{L})}\end{bmatrix} \tag{8.47}$$

$$\boldsymbol{C}_w=\frac{1}{c}\begin{bmatrix}\boldsymbol{C}_\infty & \boldsymbol{0} & & & & & & \\ \boldsymbol{0} & \boldsymbol{Y}_1^{(1)} & \boldsymbol{0} & & & & & \\ & \boldsymbol{0} & \ddots & \ddots & & & & \\ & & \ddots & \boldsymbol{Y}_1^{(M_\mathrm{H})} & \boldsymbol{0} & & & \\ & & & \boldsymbol{0} & \boldsymbol{Y}_{\mathrm{L}1}^{(0)} & -\boldsymbol{I} & & \\ & & & & -\boldsymbol{I} & \boldsymbol{Y}_{\mathrm{L}1}^{(1)} & \ddots & \\ & & & & & \ddots & \ddots & -\boldsymbol{I} \\ & & & & & & -\boldsymbol{I} & \boldsymbol{Y}_{\mathrm{L}1}^{(M_\mathrm{L})}\end{bmatrix} \tag{8.48}$$

坝体和近场库水有限域部分可以根据第 3 章式（3.35）分别进行求解。将式（3.35）、式（8.44）按照自由度顺序对应叠加，结合式（8.7），大坝和库水系统的耦合方程可以表达为

$$\boldsymbol{M}_\mathrm{G}\ddot{\boldsymbol{z}}_\mathrm{G}+\boldsymbol{C}_\mathrm{G}\dot{\boldsymbol{z}}_\mathrm{G}+\boldsymbol{K}_\mathrm{G}\boldsymbol{z}_\mathrm{G}=\boldsymbol{f}_\mathrm{G} \tag{8.49}$$

式中：$\boldsymbol{M}_\mathrm{G}$、$\boldsymbol{C}_\mathrm{G}$、$\boldsymbol{K}_\mathrm{G}$分别为大坝-库水系统的总体质量、阻尼、刚度矩阵；$\boldsymbol{z}_\mathrm{G}$ 为待求的未知向量；$\boldsymbol{f}_\mathrm{G}$ 为荷载向量。

它们展开表示为

$$\boldsymbol{z}_G=\left[\boldsymbol{u}_\mathrm{b}\boldsymbol{u}_\mathrm{fs} \;\vdots\; \boldsymbol{p}_\mathrm{fs}\boldsymbol{p}_\mathrm{b}\boldsymbol{p}_\mathrm{e} \;\vdots\; \boldsymbol{u}^{(1)}\cdots\boldsymbol{u}^{(M_\mathrm{s})} \;\vdots\; \boldsymbol{p}^{(1)}\cdots\boldsymbol{p}^{(M_\mathrm{f})} \;\vdots\; \widetilde{\boldsymbol{p}}^{(1)}\cdots\widetilde{\boldsymbol{p}}^{(\boldsymbol{M}_\mathrm{H})}\widetilde{\boldsymbol{p}}_\mathrm{L}^{(0)}\cdots\widetilde{\boldsymbol{p}}_\mathrm{L}^{(M_\mathrm{L})}\right]^\mathrm{T} \tag{8.50}$$

$$\boldsymbol{f}_G=[\boldsymbol{f}_s \mid \boldsymbol{f}_e \mid \boldsymbol{0} \ \cdots \ \boldsymbol{0} \mid \boldsymbol{0} \ \cdots \ \boldsymbol{0} \mid \boldsymbol{0} \ \cdots \ \boldsymbol{0} \ \ \boldsymbol{0} \ \cdots \ \boldsymbol{0}]^{\mathrm{T}} \tag{8.51}$$

式中：$\boldsymbol{u}$ 为坝体的位移向量；$\boldsymbol{p}$ 为库水的动水压力向量；下标 b 表示坝体/库水内部节点自由度，f_s 表示大坝-库水交界面上的自由度，e 表示无限库水截断边界上的自由度；$\boldsymbol{u}^{(i)}$（$i=1$，2，…，M_s）为坝体固体结构求解展开的辅助变量；$\boldsymbol{p}^{(j)}$（$j=1$，2，…，M_f）为库水近场流体结构求解展开的辅助变量；$\widetilde{\boldsymbol{p}}^{(i)}$、$\widetilde{\boldsymbol{p}}_L^{(j)}$（$i=1$，2，…，$M_H$、$j=0$，1，2，…，$M_L$）为库水远场流体结构求解展开的辅助变量。

$$\boldsymbol{M}_G=\left[\begin{array}{cc|ccc|cccc|cccc|c}
\boldsymbol{M}^s_{b\cdot b} & \boldsymbol{M}^s_{b\cdot fs} & & & & -\boldsymbol{I} & \boldsymbol{0} & \cdots & \boldsymbol{0} & & & & & \\
(\boldsymbol{M}^s_{b\cdot fs})^{\mathrm{T}} & \boldsymbol{M}^s_{fs} & & & & & & & & & & & & \\
\hline
\boldsymbol{0} & \rho(\boldsymbol{H}_{fs})^{\mathrm{T}} & \boldsymbol{M}^f_{fs} & \boldsymbol{M}^f_{fs\cdot b} & 0 & & & & & & & & & \\
\boldsymbol{0} & \boldsymbol{0} & (\boldsymbol{M}^f_{fs\cdot b})^{\mathrm{T}} & \boldsymbol{M}^f_{b\cdot b} & \boldsymbol{M}^f_{b\cdot e} & & & & & -\boldsymbol{I} & \boldsymbol{0} & \cdots & \boldsymbol{0} & \\
\boldsymbol{0} & \boldsymbol{0} & \boldsymbol{0} & (\boldsymbol{M}^f_{b\cdot e})^{\mathrm{T}} & \boldsymbol{M}^f_{e\cdot e} & & & & & & & & & \\
\hline
-\boldsymbol{I} & & & & & \boldsymbol{S}_1^{s(1)} & -\boldsymbol{I} & \cdots & \boldsymbol{0} & & & & & \\
\boldsymbol{0} & & & & & -\boldsymbol{I} & \boldsymbol{S}_1^{s(2)} & \cdots & \boldsymbol{0} & & & & & \\
\vdots & & & & & \vdots & \vdots & \ddots & \vdots & & & & & \\
\boldsymbol{0} & & & & & \boldsymbol{0} & \boldsymbol{0} & \cdots & \boldsymbol{S}_1^{s(MS)} & & & & & \\
\hline
 & & -\boldsymbol{I} & & & & & & & \boldsymbol{S}_1^{f(1)} & -\boldsymbol{I} & \cdots & \boldsymbol{0} & \\
 & & \boldsymbol{0} & & & & & & & -\boldsymbol{I} & \boldsymbol{S}_1^{f(2)} & \cdots & \boldsymbol{0} & \\
 & & \vdots & & & & & & & \vdots & \vdots & \ddots & \vdots & \\
 & & \boldsymbol{0} & & & & & & & \boldsymbol{0} & \boldsymbol{0} & \cdots & \boldsymbol{S}_1^{f(Mf)} & \\
\hline
 & & & & & & & & & & & & & \begin{matrix}\boldsymbol{0} & & & & & \\ & \ddots & & & & \\ & & \boldsymbol{0} & & & \\ & & & \boldsymbol{0} & & \\ & & & & \boldsymbol{0} & \\ & & & & & \ddots \\ & & & & & & \boldsymbol{0}\end{matrix}
\end{array}\right] \tag{8.52}$$

$$
\boldsymbol{C}_{\mathrm{G}}=\frac{h}{c}\left[\begin{array}{c:ccc:c:c:cccccccc}
\mathbf{0} & & & & & & & & & & & & & \\
\hdashline
 & \mathbf{0} & & & & & & & & & & & & \\
 & & \mathbf{0} & & & & & & & & & & & \\
 & & & \boldsymbol{C}_{\infty} & & & & & & & & & & \\
\hdashline
 & & & & \mathbf{0} & & & & & & & & & \\
\hdashline
 & & & & & \mathbf{0} & & & & & & & & \\
\hdashline
 & & & & & & \boldsymbol{Y}_{1}^{(1)} & \mathbf{0} & & & & & & \\
 & & & & & & \mathbf{0} & \ddots & \ddots & & & & & \\
 & & & & & & & \ddots & \boldsymbol{Y}_{1}^{(M_{\mathrm{H}})} & \mathbf{0} & & & & \\
 & & & & & & & & \mathbf{0} & \boldsymbol{Y}_{\mathrm{L}1}^{(0)} & -\boldsymbol{I} & & & \\
 & & & & & & & & & -\boldsymbol{I} & \boldsymbol{Y}_{\mathrm{L}1}^{(1)} & \ddots & & \\
 & & & & & & & & & & \ddots & \ddots & -\boldsymbol{I} & \\
 & & & & & & & & & & & -\boldsymbol{I} & \boldsymbol{Y}_{\mathrm{L}1}^{(M_{\mathrm{L}})} &
\end{array}\right] \tag{8.53}
$$

$$
\boldsymbol{K}_{\mathrm{G}}=\left[\begin{array}{cc|ccc|cccc|cccc|ccccccc}
\boldsymbol{K}^{\mathrm{s}}_{\mathrm{b\cdot b}} & \boldsymbol{K}^{\mathrm{s}}_{\mathrm{b\cdot fs}} & \mathbf{0} & \mathbf{0} & \mathbf{0} & & & & & & & & & & & & & & & \\
(\boldsymbol{K}^{\mathrm{s}}_{\mathrm{b\cdot fs}})^{\mathrm{T}} & \boldsymbol{K}^{\mathrm{s}}_{\mathrm{fs}} & -\boldsymbol{H}_{fs} & \mathbf{0} & \mathbf{0} & & & & & & & & & & & & & & & \\
\hline
 & & \boldsymbol{K}^{\mathrm{f}}_{\mathrm{fs}} & \boldsymbol{K}^{\mathrm{f}}_{\mathrm{fs\cdot b}} & \mathbf{0} & & & & & & & & & \mathbf{0} & \mathbf{0} & \cdots & \mathbf{0} & \mathbf{0} & \cdots & \mathbf{0} \\
 & & (\boldsymbol{K}^{\mathrm{f}}_{\mathrm{fs\cdot b}})^{\mathrm{T}} & \boldsymbol{K}^{\mathrm{f}}_{\mathrm{b\cdot b}} & \boldsymbol{K}^{\mathrm{f}}_{b\cdot e} & & & & & & & & & \mathbf{0} & \mathbf{0} & \cdots & \mathbf{0} & \mathbf{0} & \cdots & \mathbf{0} \\
 & & \mathbf{0} & (\boldsymbol{K}^{\mathrm{f}}_{\mathrm{b\cdot e}})^{\mathrm{T}} & \boldsymbol{K}^{\mathrm{f}}_{\mathrm{e\cdot e}}+\boldsymbol{K}_{\infty} & & & & & & & & & -\boldsymbol{\Phi}^{-\mathrm{T}}\boldsymbol{\psi}^{(1)} & \mathbf{0} & \cdots & \mathbf{0} & \mathbf{0} & \cdots & \mathbf{0} \\
\hline
 & & & & & \boldsymbol{S}^{\mathrm{s}(1)}_{0} & & & & & & & & & & & & & & \\
 & & & & & & \boldsymbol{S}^{\mathrm{s}(2)}_{0} & & & & & & & & & & & & & \\
 & & & & & & & \ddots & & & & & & & & & & & & \\
 & & & & & & & & \boldsymbol{S}^{\mathrm{s}(M\mathrm{s})}_{0} & & & & & & & & & & & \\
\hline
 & & & & & & & & & \boldsymbol{S}^{\mathrm{f}(1)}_{0} & & & & & & & & & & \\
 & & & & & & & & & & \boldsymbol{S}^{\mathrm{f}(2)}_{0} & & & & & & & & & \\
 & & & & & & & & & & & \ddots & & & & & & & & \\
 & & & & & & & & & & & & \boldsymbol{S}^{\mathrm{f}(M\mathrm{f})}_{0} & & & & & & & \\
\hline
 & & \mathbf{0} & \mathbf{0} & -(\boldsymbol{\psi}^{(1)})^{\mathrm{T}}\boldsymbol{\Phi}^{-1} & & & & & & & & & \boldsymbol{Y}^{(1)}_{0} & -\boldsymbol{\psi}^{(2)} & & & & & \\
 & & \mathbf{0} & \mathbf{0} & \mathbf{0} & & & & & & & & & -(\boldsymbol{\psi}^{(2)})^{\mathrm{T}} & \ddots & \ddots & & & & \\
 & & \vdots & \vdots & \vdots & & & & & & & & & & \ddots & \boldsymbol{Y}^{(M_{\mathrm{H}})}_{0} & -\boldsymbol{\psi}^{*}_{\mathrm{L}} & & & \\
 & & \mathbf{0} & \mathbf{0} & \mathbf{0} & & & & & & & & & & & -(\boldsymbol{\psi}^{*}_{\mathrm{L}})^{\mathrm{T}} & \boldsymbol{Y}^{(0)}_{L0} & \mathbf{0} & & \\
 & & \mathbf{0} & \mathbf{0} & \mathbf{0} & & & & & & & & & & & & \mathbf{0} & \boldsymbol{Y}^{(1)}_{\mathrm{L0}} & \ddots & \\
 & & \vdots & \vdots & \vdots & & & & & & & & & & & & & \ddots & \ddots & \mathbf{0} \\
 & & \mathbf{0} & \mathbf{0} & \mathbf{0} & & & & & & & & & & & & & & \mathbf{0} & \boldsymbol{Y}^{(M_{\mathrm{L}})}_{\mathrm{L0}}
\end{array}\right] \tag{8.54}
$$

其中

$$\boldsymbol{H}_{\mathrm{fs}}=\int_{\Gamma}(\boldsymbol{N}_{\mathrm{s}})^{\mathrm{T}}\boldsymbol{n}\boldsymbol{N}_{\mathrm{f}}\mathrm{d}\Gamma \tag{8.55}$$

式中：ρ、c、h 分别为库水密度、动水压力波波速、水深；$\boldsymbol{I}$ 为单位矩阵；下标 b、fs、e 的意义同式（8.50）；上标 s、f 分别表示坝体结构、库水；$\boldsymbol{S}_1^{\mathrm{s}(i)}$、$\boldsymbol{S}_0^{\mathrm{s}(i)}$（$i=1, 2, \cdots, M_{\mathrm{s}}$）、$\boldsymbol{S}_1^{\mathrm{f}(j)}$、$\boldsymbol{S}_0^{\mathrm{f}(j)}$（$j=1, 2, \cdots, M_{\mathrm{f}}$）分别为求解坝体结构、库水近场有限域动力刚度的系数矩阵，求解过程参见第 3 章；$\boldsymbol{Y}_0^{(i)}$、$\boldsymbol{Y}_1^{(i)}$、$\boldsymbol{\psi}^{(i)}$、$\boldsymbol{Y}_{\mathrm{L}0}^{(j)}$、$\boldsymbol{Y}_{\mathrm{L}1}^{(j)}$（$i=1, 2, \cdots, M_{\mathrm{H}}$、$j=0, 1, 2, \cdots, M_{\mathrm{L}}$）分别为求解库水远场无限域动力刚度的系数矩阵；$\boldsymbol{H}_{\mathrm{fs}}$ 为大坝与库水之间的耦合矩阵；$\boldsymbol{n}$ 为外法线方向余弦向量；$\boldsymbol{N}$ 为形函数矩阵；下标 s、f 分别表示坝体结构、库水。

8.4 数值算例分析

8.4.1 半无限等高层状介质算例

本章中将远场库水简化为半无限等高或等截面层状介质，为验证求解该层状介质中标量波动方程双渐近方法在频域里的正确性，求解如图 8.3 所示的半无限等高层状介质[151]的等效动力刚度系数。层状介质的几何和材料参数取为：高度 $h=1\mathrm{m}$，剪切模量 $G=1\mathrm{Pa}$，泊松比 $\nu=0.25$，质量密度 $\rho=1\mathrm{kg/m^3}$，波速 $c=1\mathrm{m/s}$。将边界 OA 采用 4 个三节点线单元离散，共 9 个节点 8 个自由度，计算网格如图 8.4 所示。

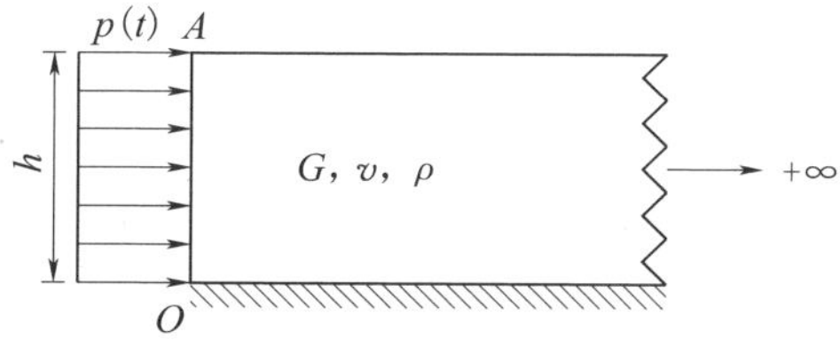

图 8.3　半无限等高层状介质示意图

由式（8.34）～式（8.43）可以求出等效动力刚度系数$S(a_0)$，无量纲化后的实部、虚部如图 8.5 所示。可以看出，当双渐近展开阶数 $M_{\mathrm{H}}=M_{\mathrm{L}}=2$ 时，其实部、虚部结果与解析解总体上吻合得较

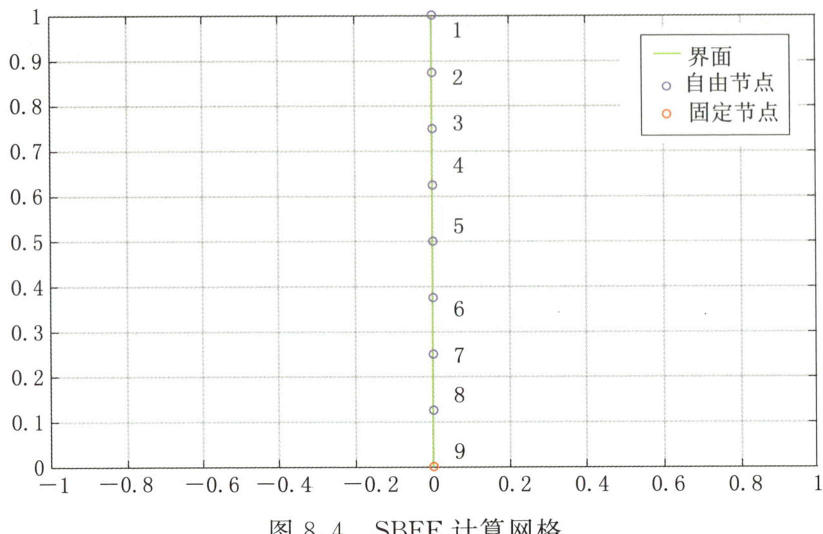

图 8.4　SBFE 计算网格

好；当双渐近展开阶数 $M_{\mathrm{H}}=M_{\mathrm{L}}=5$ 时，其实部、虚部结果与解析解一致。从而验证了求解该层状介质中标量波动方程双渐近方法的正确性及精确性。

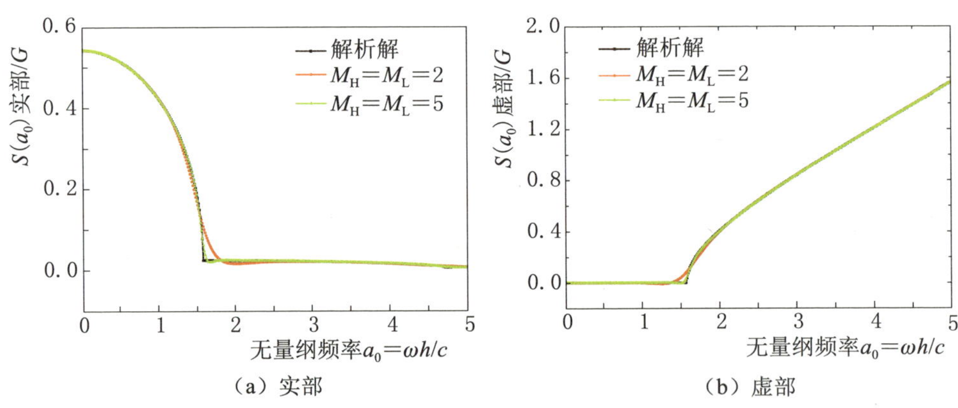

（a）实部　　（b）虚部

图 8.5　半无限等高层状介质动力刚度系数

为验证求解该层状介质中标量波动方程双渐近方法在时域里的正确性，在边界 OA 上施加均布的三角形压力时程 $P(t)$，如图 8.6 所示。同样，针对该问题采用扩展的有限元网格进行了分析。计算区域大小为 $50h\times h$，有限元网格采用四节点四边形单元离散，共

划分了1800个单元2107个节点；有限元分析的边界条件为最外层的边界固定。时域计算总时间为$30h/c$，积分步长为$\Delta t=0.02h/c$。

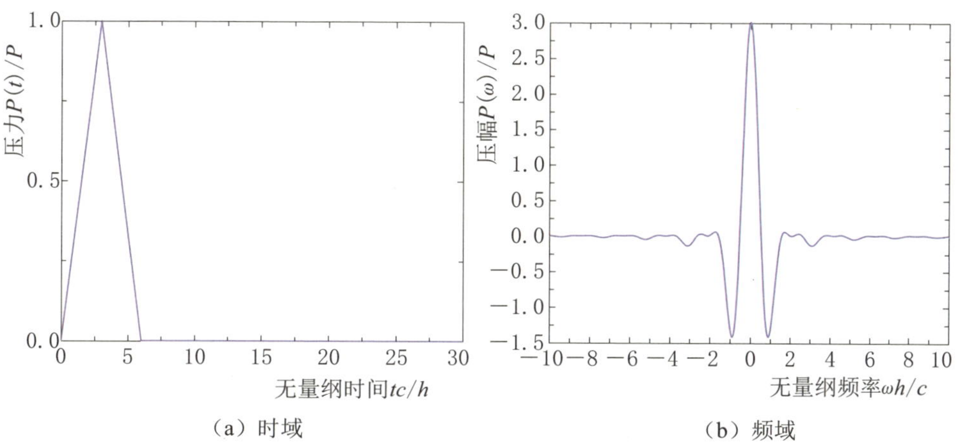

(a) 时域　　(b) 频域

图8.6　施加的三角形压力

比较了本章算法和有限元扩展网格的结果，A点的压力时程如图8.7所示。可以看出，当双渐近展开阶数$M_H=M_L=2$时，本章算法的结果在无量纲时间$\bar{t}=tc/h=10$以前与扩展网格的结果吻合得很好，在$\bar{t}=10$以后吻合得较差；当双渐近展开阶数$M_H=M_L=5$时，本章算法的结果则与扩展网格的结果吻合得很好。

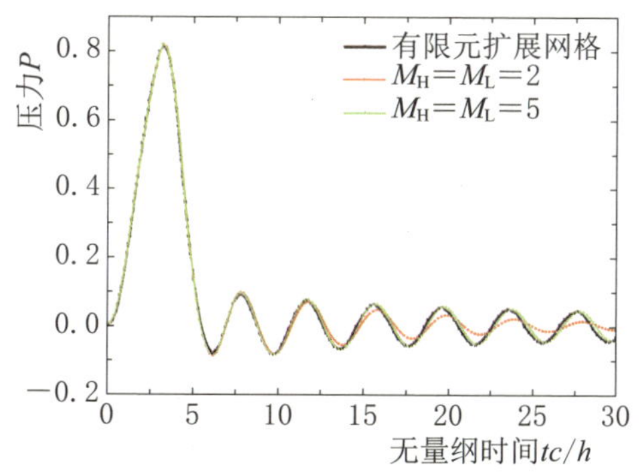

图8.7　A点压力时程图

8.4.2 重力坝算例

选取一重力坝[167,250]作为算例，该重力坝的几何尺寸以及与半无限库水耦合系统如图8.8所示。材料参数取值为：坝体混凝土弹性模量$E_c=35\text{GPa}$，泊松比$\nu_c=0.2$，质量密度$\rho_c=2400\text{kg/m}^3$；动水压力波波速$c=1438.7\text{m/s}$，库水密度$\rho=1000\text{kg/m}^3$。

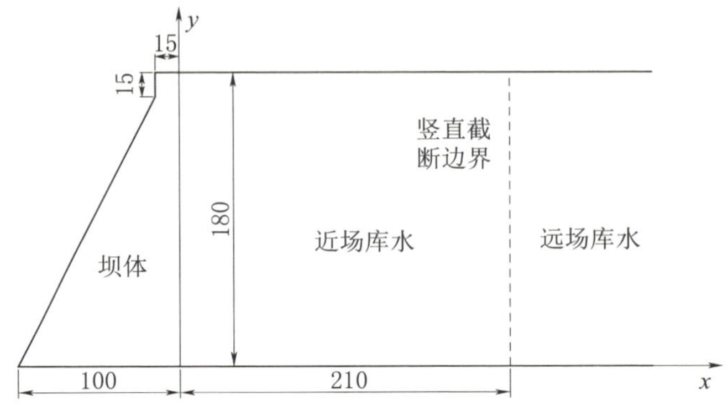

图 8.8　重力坝与半无限库水耦合系统（单位：m）

采用多边形单元离散，坝体共划分 70 个多边形单元 355 个节点，库水近场有限域共划分 205 个多边形单元 1023 个节点，其中截断边界采用 14 个三节点线单元离散共 29 个节点，相似中心选在无穷远处，网格如图 8.9 所示。进行耦合分析时，本算例的边界条件为：①坝体底面按固定边界考虑；②库水表面按自由表面边界处理；③远域库水由构建的高阶双渐近透射边界模拟。选取坝体及库水有限域的连分式展开阶数为 $M_s=M_f=1$，高阶透射边界阶数为 $M_H=M_L=1$。

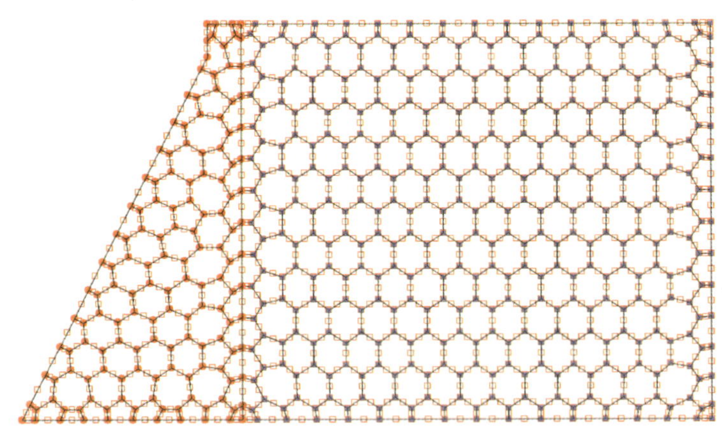

图 8.9　重力坝-库水系统多边形网格图

考虑该重力坝受到如图 8.10 所示的地震作用。在计算中，将有限元扩展网格模型的计算结果作为参考解，用于验证本章高阶模型的计算精度。其中扩展网格模型的离散范围为7200m，动水压力波在这个范围内往返传播的时间约为5s，因此，选取有限元扩展网格解前5s的计算结果作为参考解。

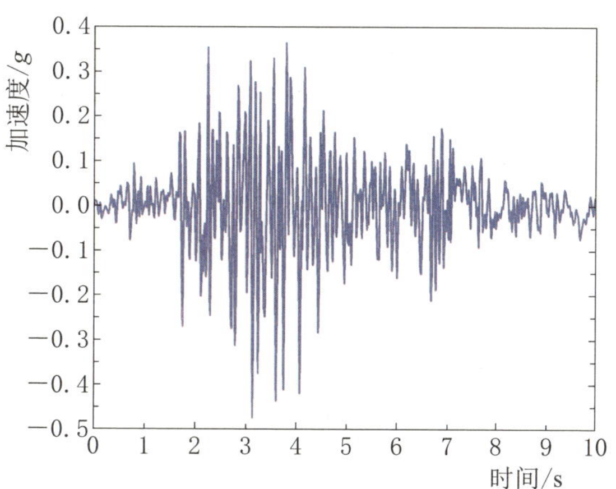

图8.10 施加的地震加速度时程

提取坝踵动水压力、坝顶顺河向位移时程曲线分别如图8.11、图8.12所示。可以看出，当高阶透射边界阶数取为$M_H=M_L=1$时，

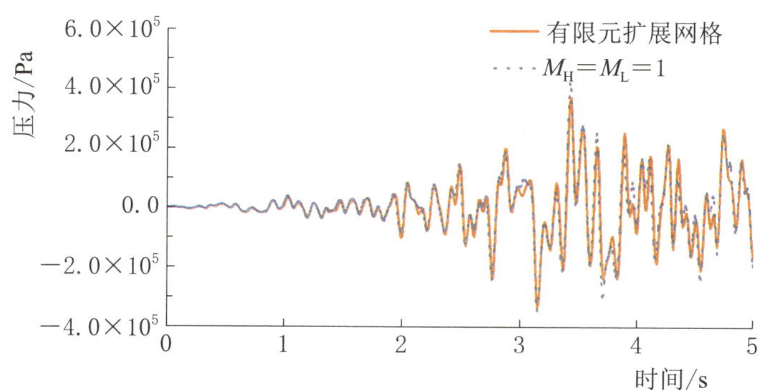

图8.11 坝踵动水压力与扩展网格结果的比较

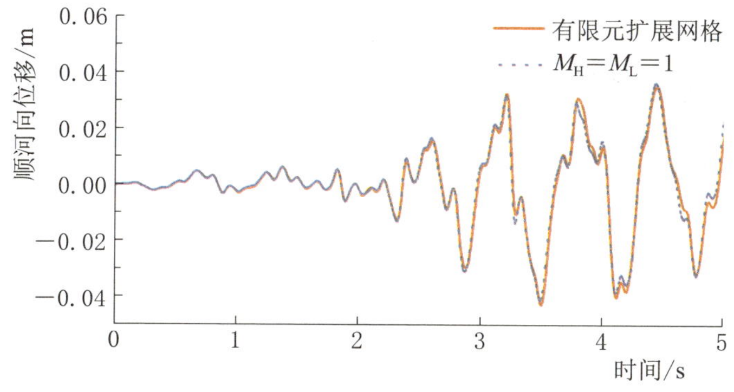

图8.12 坝顶顺河向位移与扩展网格结果的比较

本章构建模型的计算结果与有限元扩展网格的结果吻合得很好。从计算耗时上看，本章构建模型的计算分析耗时约 55s，而扩展网格模型耗时约 1023s，表明该模型具有很高的计算效率。

8.5 本 章 小 结

本章建立了基于标量波波动方程的高阶双渐近透射边界以模拟坝-库动力相互作用，其中远场库水可简化为等高或等截面的半无限层状介质，将描述半无限库水的标量波波动方程转化为半解析的比例边界有限元控制方程，通过广义特征值分解，将控制方程解耦为模态动力刚度系数表示的平衡方程，由高阶双渐近算法高效求解。以半无限等高层状介质和重力坝为例，研究了计算模型的计算精度和计算效率。

参 考 文 献

[1] Zhang C. H. Challenges of high dam construction to computational mechanics [J]. Frontiers of Architecture and Civil Engineering in China, 2007, 1 (1): 12-33.

[2] Chen H Q, Ma H F, Zhang C R. Recent progresses in seismic study on high arch dam in China [C]. The 14th World Conference on Earthquake Engineering. Beijing, China, 2008.

[3] Nuss L K, Matsumoto N, Hansen K D. Shaken, but not stirred - earthquake performance of concrete dams [C] //Proceedings of 32nd USSD Annual Meeting and Conference. New Orleans, Louisiana, 2012.

[4] 陈厚群. 混凝土高坝强震震例分析和启迪 [J]. 水利学报, 2009, 40 (1): 10-18.

[5] Mojtahedi S, Fenves G. editors. Effect of contraction joint opening on Pacoima Dam in the 1994 Northridge earthquake, California Strong Motion Instrumentation Program. Data Utilization Report CSMIP/00-05 OSMS 00-07) [R]. Sacramento, CA., 2000.

[6] Wieland M, Chen H Q. Lessons learnt from observed damage of large dams and hydropower projects caused by the Wenchuan earthquake of May 12, 2008 [C] //The 14th European Conference on Earthquake Engineering. Ohrid, Macedonia, 2010.

[7] Chen H Q. Lessons learned from Wenchuan earthquake for seismic safety of large dams [J]. Earthquake Engineering and Engineering Vibration, 2009, 8 (2): 241-249.

[8] Zhang C H. The performance of dams during the Wenchuan 5-12 Earthquake and lessons learned from the event [J]. Journal of Earthquake and Tsunami, 2011, 5: 309-327.

[9] Wieland M. Features of seismic hazard in large dam projects and strong motion monitoring of large dams [J]. Frontiers of Architecture and Civil Engineering in China, 2010, 4 (1): 56-64.

[10] Zhao B, Taucer F. Performance of infrastructure during the May 12,

2008 Wenchuan Earthquake in China [J]. Journal of Earthquake Engineering，2010，14：578－600.

[11] 林皋. 汶川大地震中大坝震害与大坝抗震安全性分析 [J]. 大连理工大学学报，2009，49 (5)：657－666.

[12] 张楚汉. 汶川地震工程震害的启示 [J]. 水利水电技术，2009，40 (1)：1－3.

[13] 林鹏，王仁坤，李庆斌，等. 汶川 8.0 级地震对典型高坝结构安全的影响分析 [J]. 岩石力学与工程学报，2009，28 (6)：1261－1269.

[14] 陈厚群. 水工建筑物抗震设计规范修编的若干问题研究 [J]. 水力发电学报，2011，30 (6)：4－10.

[15] 陈厚群，张艳红. 评判混凝土高坝地震灾变的关键问题探讨 [J]. 水利水电科技进展，2011，31 (4)：8－12.

[16] 陈厚群. 坝址地震动输入机制探讨 [J]. 水利学报，2006，37 (12)：1417－1423.

[17] 王海波. 水工抗震学科国际科学技术发展动态跟踪 [J]. 中国水利水电科学研究院学报，2009，7 (2)：126－133.

[18] 林皋. 混凝土大坝抗震安全评价的发展趋向 [J]. 防灾减灾工程学报，2006，26 (1)：1－12.

[19] Lin G，Hu Z Q. Earthquake safety assessment of concrete arch and gravity dams [J]. Earthquake Engineering and Engineering Vibration，2005，4 (2)：251－264.

[20] 张楚汉，金峰，王进廷，等. 高混凝土坝抗震安全评价的关键问题与研究进展 [J]. 水利学报，2016，47 (3)：253－264.

[21] 张翠然，陈厚群，涂劲. 频率非平稳对大岗山拱坝非线性响应的影响 [J]. 水力发电学报，2012，31 (1)：77－81.

[22] Tan H C，Chopra A K. Earthquake analysis of arch dams including dam－water－foundation rock interaction [J]. Earthquake Engineering and Structural Dynamics，1995，24：1453－1474.

[23] Tan H C，Chopra A K. Dam－foundation rock interaction effects in earthquake response of arch dams [J]. Journal of Structural Engineering，1996，122：528－538.

[24] Zhang C H. Numerical modelling of concrete dam－foundation－reservoir systems [M]. Beijing：Tsinghua University Press，2001.

[25] Chopra A K. Earthquake analysis of arch dams：factors to be considered [J]. Journal of Structural Engineering，ASCE，2012，138：205－214.

[26] Lee J, Fenves G L. A plastic - damage concrete model for earthquake analysis of dams [J]. Earthquake Engineering and Structural Dynamics, 1998, 27: 937 - 956.

[27] Valliappan S, Yazdchi M, Khalili N. Seismic analysis of arch dams - a continuum damage mechanics approach [J]. International Journal for Numerical Methods in Engineering, 1999, 45: 1695 - 1724.

[28] Chen H Q. On the obstacles and way to assess the seismic catastrophe for high arch dams [J]. Science in China Series E: Technological Sciences, 2007, 50 (Supp. 1): 11 - 19.

[29] Chen H Q, Ma H F, Tu J, et al. Parallel computation of seismic analysis of high arch dam [J]. Earthquake Engineering and Engineering Vibration, 2008, 7 (1): 1 - 11.

[30] Pan J W, Zhang C H, Xu Y J, et al. A comparative study of the different procedures for seismic cracking analysis of concrete dams [J]. Soil Dynamics and Earthquake Engineering, 2011, 31: 1594 - 1606.

[31] Zhong H, Lin G, Li X Y, et al. Seismic failure modeling of concrete dams considering heterogeneity of concrete [J]. Soil Dynamics and Earthquake Engineering, 2011, 31: 1678 - 1689.

[32] 林皋，庞林. 大坝结构静动力分析的精细化模型 [J]. 地震研究，2016，39 (1): 1 - 9.

[33] 宋崇民，渠艳龄，刘磊，等. 土-结构动力相互作用远场问题数值分析方法综述 [J]. 水力发电学报，2019，38 (9): 1 - 17.

[34] Beskos D E. Boundary element methods in dynamic analysis [J]. Applied Mechanics Reviews, 1987, 40: 1 - 23.

[35] Zhang L, Chopra A K. Impedance functions for three - dimensional foundations supported on an infinitely - long canyon of uniform cross - section in a homogeneous half - space [J]. Earthquake Engineering and Structural Dynamics, 1991, 20 (11): 1011 - 1028.

[36] Wang J T, Chopra A K. Linear analysis of concrete arch dams including dam - water - foundation rock interaction considering spatially varying ground motions [J]. Earthquake Engineering and Structural Dynamics, 2010, 39 (7): 731 - 750.

[37] Tan H C, Chopra A K. EACD - 3D - 96: A computer program for three - dimensional earthquake analysis of concrete dams, Report No. UCB/SEMM - 96/06 [R]. Earthquake Engineering Research Center, University of

California at Berkeley, CA., 1996.

[38] Wang J T, Chopra A K. EACD - 3D - 2008: A computer program for three - dimensional earthquake analysis of concrete dams considering spatially - varying ground motion, Report No. UCB/EERC - 2008/04 [R]. Earthquake Engineering Research Center, University of California at Berkeley, CA., 2008.

[39] Wang J T, Zhang C H, Jin F. Nonlinear earthquake analysis of high arch dam - water - foundation rock systems [J]. Earthquake Engineering and Structural Dynamics, 2012, 41: 1157 - 1176.

[40] Sani A A, Lotfi V. An effective procedure for seismic analysis of arch dams including dam - reservoir - foundation interaction effects [J]. Journal of Earthquake Engineering, 2011, 15: 971 - 988.

[41] Liu X J, Xu Y J, Wang G L. Seismic response of arch dams considering infinite radiation damping and joint opening effects [J]. Earthquake Engineering and Engineering Vibration, 2002, 1 (1): 65 - 73.

[42] Kausel E. Thin - layer method: formulation in the time domain [J]. International Journal for Numerical Methods in Engineering, 1994, 37: 927 - 941.

[43] Park J, Kausel E. Numerical dispersion in the thin - layer method [J]. Computers and Structures, 2004, 82: 607 - 625.

[44] Park J, Kausel E. Response of layered half - space obtained directly in the time domain, Part I: SH sources [J]. Bulletin of the Seismological Society of America, 2006, 96: 1795 - 1809.

[45] Kausel E, Park J. Response of layered half - space obtained directly in the time domain, Part II: SV - P and three - dimensional sources [J]. Bulletin of the Seismological Society of America, 2006, 96: 1810 - 1826.

[46] Keller J B, Givoli D. Exact non - reflecting boundary conditions [J]. Journal of Computational Physics, 1989, 82: 172 - 192.

[47] Guddati M N, Tassoulas J L. Characteristics methods for transient analysis of wave propagation in unbounded media [J]. Computer Methods in Applied Mechanics and Engineering, 1998, 164: 187 - 206.

[48] Guddati M N, Tassoulas J L. An efficient numerical algorithm for transient analysis of exterior scalar wave propagation in a homogeneous layer [J]. Computer Methods in Applied Mechanics and Engineering, 1998, 167: 261 - 273.

[49] Givoli D. Recent advances in the DtN FE method [J]. Archives of Computational Methods in Engineering, 1999, 6: 71 - 116.

[50] Givoli D. High - order local non - reflecting boundary conditions: a review [J]. Wave Motion, 2004, 39: 319 - 326.

[51] Wolf J P, Song C. Finite element modelling of unbounded media [M]. Chichester: John Wiley & Sons, 1996.

[52] Song C, Wolf J P. The scaled boundary finite - element method - alias consistent infinitesimal finite - element cell method - for elastodynamics [J]. Computer Methods in Applied Mechanics and Engineering, 1997, 147: 329 - 355.

[53] Song C, Wolf J P. The scaled boundary finite - element method - a primer: solution procedures [J]. Computers and Structures, 2000, 78: 211 - 225.

[54] Wolf J P, Song C. The scaled boundary finite - element method - a primer: derivations [J]. Computers and Structures, 2000, 78: 191 - 210.

[55] Wolf J P. The scaled boundary finite element method [M]. Chichester: John Wiley & Sons, 2003.

[56] Song C. The scaled boundary finite element method: introduction to theory and implementation [M]. New Jersey: John Wiley & Sons, 2018.

[57] Deeks A J, Wolf J P. A virtual work derivation of the scaled boundary finite - element method for elastostatics [J]. Computational Mechanics, 2002, 28: 489 - 504.

[58] Song C. The scaled boundary finite element method in structural dynamics [J]. International Journal for Numerical Methods in Engineering, 2009, 77: 1139 - 1171.

[59] Yang Z J, Zhang Z H, Liu G H, et al. An h - hierarchical adaptive scaled boundary finite element method for elastodynamics [J]. Computers and Structures, 2011, 89: 1417 - 1429.

[60] Song C. A super - element for crack analysis in the time domain [J]. International Journal for Numerical Methods in Engineering, 2004, 61: 1332 - 1357.

[61] Song C, Vrcelj Z. Evaluation of dynamic stress intensity factors and T - stress using the scaled boundary finite - element method [J]. Engineering Fracture Mechanics, 2008, 75: 1960 - 1980.

[62] Ooi E T, Yang Z J. A hybrid finite element - scaled boundary finite element

method for crack propagation modelling [J]. Computer Methods in Applied Mechanics and Engineering, 2010, 199: 1178 - 1192.

[63] Ooi E T, Yang Z J. Modelling dynamic crack propagation using the scaled boundary finite element method [J]. International Journal for Numerical Methods in Engineering, 2011, 88: 329 - 349.

[64] Lysmer J, Kuhlemeyer R L. Finite dynamic model for infinite media [J]. Journal of the Engineering Mechanics Division, ASCE, 1969, 95: 859 - 877.

[65] Nielsen A H. Absorbing boundary conditions for seismic analysis in ABAQUS [C] //Proceedings of ABAQUS Users' Conference. Boston, Massachusetts, 2006, 359 - 376.

[66] White W, Valliappan S, Lee Ik. Unified boundary for finite dynamic models [J]. Journal of Engineering Mechanics Division, ASCE, 1977, 103 (EM5): 949 - 964.

[67] Akiyoshi T. Compatible viscous boundary for discrete models [J]. Journal of Engineering Mechanics Division, ASCE, 1978, 104 (EM5): 1253 - 1266.

[68] Burman A, Nayak P, Agrawal P, et al. Coupled gravity dam - foundation analysis using a simplified direct method of soil - structure interaction [J]. Soil Dynamics and Earthquake Engineering, 2011, 34: 62 - 68.

[69] Chopra A K. Earthquake engineering for concrete dams: analysis, design, and evaluation [M]. Hoboken, NJ: Wiley - Blackwell, 2020.

[70] Deeks A J, Randolph M F. Axisymmetric time - domain transmitting boundaries [J]. Journal of Engineering Mechanics, ASCE, 1994, 120: 25 - 42.

[71] 刘晶波，吕彦东. 结构-地基动力相互作用问题分析的一种直接方法 [J]. 土木工程学报，1998，31 (3): 55 - 64.

[72] Liu J B, Du Y X, Du X L. 3D viscous - spring artificial boundary in time domain [J]. Earthquake Engineering and Engineering Vibration, 2006, 5 (1): 93 - 102.

[73] 刘晶波，李彬. 三维黏弹性静-动力统一人工边界 [J]. 中国科学：E辑，2005，35 (9): 966 - 980.

[74] 刘晶波，王振宇，杜修力，等. 波动问题中的三维时域黏弹性人工边界 [J]. 工程力学，2005，22 (6): 46 - 51.

[75] 刘晶波，谷音，杜义欣. 一致黏弹性人工边界及黏弹性边界单元 [J].

岩土工程学报，2006，28（9）：1070－1075.

[76] 谷音，刘晶波，杜义欣．三维一致黏弹性人工边界及等效黏弹性边界单元［J］．工程力学，2007，24（12）：31－37.

[77] 杜修力，赵密，王进廷．近场波动模拟的人工应力边界条件［J］．力学学报，2006，38（1）：49－56.

[78] 杜修力．工程波动理论与方法［M］．北京：科学出版社，2009.

[79] 赵密．近场波动有限元模拟的应力型时域人工边界条件及其应用［D］．北京：北京工业大学，2009.

[80] 杜修力，赵密．基于黏弹性边界的拱坝地震反应分析方法［J］．水利学报，2006，37（9）：1063－1069.

[81] Zhang B Y，Chen H Q，Li D Y. The earthquake free field input model of arch dams with contraction joints and its engineering application ［C］ //Proceedings of Hydropower 2006 International Conference. Beijing，China，2006.

[82] Zhang C H，Pan J W，Wang J T. Influence of seismic input mechanisms and radiation damping on arch dam response ［J］. Soil Dynamics and Earthquake Engineering，2009，29：1282－1293.

[83] Pan J W，Zhang C H，Wang J T. Seismic damage－cracking analysis of arch dams using different earthquake input mechanisms ［J］. Science in China Series E：Technological Sciences，2009，52（2）：518－529.

[84] Zhang C H，Jin F，Pan J W. Seismic safety evaluation of high concrete dams part II：Earthquake behavior of arch dams：case study ［C］. The 14th World Conference on Earthquake Engineering. Beijing，China，2008.

[85] 王进廷，潘坚文，张楚汉．地基辐射阻尼对高拱坝非线性地震反应的影响［J］．水利学报，2009，40（4）：413－420.

[86] 潘坚文．高混凝土坝静动力非线性断裂与地基辐射阻尼模拟研究［D］．北京：清华大学，2010.

[87] 马怀发，王立涛，陈厚群．黏弹性人工边界的虚位移原理［J］．工程力学，2013，30（1）：168－173.

[88] 程恒，张燎军．沙牌拱坝整体抗震安全性评价［J］．水电能源科学，2012，30（1）：49－53.

[89] Cheng H，Zhang L J. Study on ultimate anti－seismic capacity of high arch dam ［J］. Journal of Aerospace Engineering，ASCE，2013，26：648－656.

[90] 郭胜山，陈厚群，李德玉，熊堃．重力坝与坝基体系地震损伤破坏分析［J］．水利学报，2013，44（11）：1351－1358.

[91] Chen D H, Du C B, Yuan J W, et al. An investigation into the influence of damping on the earthquake response analysis of a high arch dam [J]. Journal of Earthquake Engineering, 2012, 16 (3): 329 - 349.

[92] Chen D H, Yang Z H, Wang M, et al. Seismic performance and failure modes of the Jin'anqiao concrete gravity dam based on incremental dynamic analysis [J]. Engineering Failure Analysis, 2019, 100: 227 - 244.

[93] 李明超，张佳文，张梦溪，等. 地震波斜入射下混凝土重力坝的塑性损伤响应分析 [J]. 水利学报，2019，50（11）：1326 - 1338.

[94] Engquist B, Majda A. Absorbing boundary conditions for the numerical simulation of waves [J]. Mathematics of Computation, 1977, 31 (139): 629 - 651.

[95] Higdon R L. Absorbing boundary conditions for difference approximations to multi - dimensional wave equation [J]. Mathematics of Computation, 1986, 47: 437 - 459.

[96] 王翔，宋崇民，金峰. 离散高阶 Higdon - like 透射边界 [J]. 工程力学，2010，27（2）：12 - 18.

[97] Bayliss A, Turkel E. Radiation boundary conditions for wave - like equations [J]. Communications on Pure and Applied Mathematics, 1980, 33: 707 - 725.

[98] Tsynkov S V. Numerical solution of problems on unbounded domains. A review [J]. Applied Numerical Mathematics, 1998, 27: 465 - 532.

[99] Liao Z P, Wong H L. A transmitting boundary for the numerical simulation of elastic wave propagation [J]. Soil Dynamics and Earthquake Engineering, 1984, 3: 174 - 183.

[100] Liao Z P. Extrapolation non - reflecting boundary conditions [J]. Wave Motion, 1996, 24: 117 - 138.

[101] Du X L, Wang J T. Seismic response analysis of arch dam - water - rock foundation systems [J]. Earthquake Engineering and Engineering Vibration, 2004, 3 (2): 283 - 292.

[102] Du X L, Zhang Y H, Zhang B Y. Nonlinear seismic response analysis of arch dam - foundation systems - part I dam - foundation rock interaction [J]. Bulletin of Earthquake Engineering, 2007, 5: 105 - 119.

[103] Ungless R F. An infinite finite element [D]. Vancouver: The University of British Columbia, 1973.

[104] Bettess P. Infinite elements [J]. International Journal for Numerical

Methods in Engineering, 1977, 11: 53 - 64.

[105] Beer G, Meek J L. 'Infinite domain' elements [J]. International Journal for Numerical Methods in Engineering, 1981, 17: 43 - 52.

[106] Zienkiewicz O C, Emson C, Bettess P. A novel boundary infinite element [J]. International Journal for Numerical Methods in Engineering, 1983, 19: 393 - 404.

[107] Zhang C H, Zhao C B. Coupling method of finite and infinite elements for strip foundation wave problems [J]. Earthquake Engineering and Structural Dynamics, 1987, 15: 839 - 851.

[108] Zhao C, Xu T P, Valliappan S. Seismic response of concrete gravity dams including water - dam - sediment - foundation interaction [J]. Computers and Structures, 1995, 54: 705 - 715.

[109] Zhao C, Valliappan S. Seismic wave scattering effects under different canyon topographic and geological conditions [J]. Soil Dynamics and Earthquake Engineering, 1993, 12: 129 - 143.

[110] Zhao C, Valliappan S. Effect of raft flexibility and soil media on the dynamic response of a framed structure [J]. Computers and Structures, 1993, 48: 227 - 239.

[111] Zhao C, Valliappan S. Dynamic analysis of a reinforced retaining wall using finite and infinite element coupled method [J]. Computers and Structures, 1993, 47: 239 - 244.

[112] Zhao C. Dynamic and transient infinite elements: theory and geophysical, geotechnical andgeoenvironmental applications [M]. Berlin: Springer, 2009.

[113] Berenger J P. A perfectly matched layer for the absorption of electromagnetic waves [J]. Journal of Computational Physics, 1994, 114: 185 - 200.

[114] Berenger JP. Three - dimensional perfectly matched layer for the absorption of electromagnetic waves [J]. Journal of Computational Physics, 1996, 127: 363 - 379.

[115] Basu U, Chopra A K. Perfectly matched layers for time - harmonic elastodynamics of unbounded domains: theory and finite - element implementation [J]. Computer Methods in Applied Mechanics and Engineering, 2003, 192: 1337 - 1375.

[116] Basu U, Chopra A K. Perfectly matched layers for transient elasto-

dynamics of unbounded domains [J]. International Journal for Numerical Methods in Engineering, 2004, 59: 1039 - 1074.

[117] Matzen R. An efficient finite element time - domain formulation for the elastic second - order wave equation: A non - split complex frequency shifted convolutional PML [J]. International Journal for Numerical Methods in Engineering, 2011, 88 (10): 951 - 973.

[118] Fathi A, Poursartip B, Kallivokas L F. Time - domain hybrid formulations for wave simulations in three - dimensional PML - truncated heterogeneous media [J]. International Journal for Numerical Methods in Engineering, 2015, 101: 165 - 198.

[119] Josifovski J. Analysis of wave propagation and soil - structure interaction using a perfectly matched layer model [J]. Soil Dynamics and Earthquake Engineering, 2016, 81: 1 - 13.

[120] Fontara I K, Schepers W, Savidis S, Rackwitz F. Finite element implementation of efficient absorbing layers for time harmonic elastodynamics of unbounded domains [J]. Soil Dynamics and Earthquake Engineering, 2018, 114: 625 - 638.

[121] Poul M K, Zerva A. Time - domain PML formulation for modeling viscoelastic waves with Rayleigh - type damping in an unbounded domain: Theory and application in ABAQUS [J]. Finite Elements in Analysis and Design, 2018, 152: 1 - 16.

[122] Zhang W, Esmaeilzadeh Seylabi E, Taciroglu E. An ABAQUS toolbox for soil - structure interaction analysis [J]. Computers and Geotechnics, 2019, 114: 103143.

[123] Zhang W Y, Taciroglu E. 3D time - domain nonlinear analysis of soil - structure systems subjected to obliquely incident SV waves in layered soil media [J]. Earthquake Engineering & Structural Dynamics, 2021, 50 (8): 2156 - 2173.

[124] Basu U. Perfectly matched layers for acoustic and elastic waves: theory, finite - element implementation and application to earthquake analysis of dam - water - foundation rock systems [D]. Berkeley: University of California, 2004.

[125] Khazaee A, Lotfi V. Application of perfectly matched layers in the transient analysis of dam - reservoir systems [J]. Soil Dynamics and Earthquake Engineering, 2014, 60: 51 - 68.

[126] Poul M K, Zerva A. Comparative evaluation of foundation modeling for SSI analyses using two different ABC approaches: Applications to dams [J]. Engineering Structures, 2019, 200: 109725.

[127] Zhang X, Wegner J L, Haddow J B. Three - dimensional dynamic soil - structure interaction analysis in the time domain [J]. Earthquake Engineering and Structural Dynamics, 1999, 28: 1501 - 1524.

[128] Wegner J L, Yao M M, Zhang X. Dynamic wave - soil - structure interaction analysis in the time domain [J]. Computers and Structures, 2005, 83: 2206 - 2214.

[129] Yan J Y, Zhang C H, Jin F. A coupling procedure of FE and SBFE for soil - structure interaction in the time domain [J]. International Journal for Numerical Methods in Engineering, 2004, 59: 1453 - 1471.

[130] 阎俊义，金峰，张楚汉. 基于线性系统理论的 FE - SBFE 时域耦合方法 [J]. 清华大学学报（自然科学版），2003，43（11）：1554 - 1557，1566.

[131] Lehmann L. An effective finite element approach for soil - structure analysis in the time - domain [J]. Structural Engineering and Mechanics, 2005, 21: 437 - 450.

[132] Schauer M, Lehmann L. Large scale simulation with scaled boundary finite element method [J]. Proceedings of Applied Mathematics and Mechanics, 2009, 9: 103 - 106.

[133] Genes M C, Kocak S. Dynamic soil - structure interaction analysis of layered unbounded media via a coupled finite element/boundary element/scaled boundary finite element model [J]. International Journal for Numerical Methods in Engineering, 2005, 62: 798 - 823.

[134] Genes M C, Kocak S. A combined finite element based soil - structure interaction model for large - scale systems and applications on parallel platforms [J]. Engineering Structures, 2002, 24: 1119 - 1131.

[135] Genes M C. Dynamic analysis of large - scale SSI systems for layered unbounded media via a parallelized coupled finite - element/boundary - element/scaled boundary finite - element model [J]. Engineering Analysis with Boundary Elements, 2012, 36: 845 - 857.

[136] Du J G, Lin G. Improved numerical method for time domain dynamic structure - foundation interaction analysis based on scaled boundary finite element method [J]. Frontiers of Architecture and Civil Engineering in China, 2008, 2 (4): 336 - 342.

[137] Radmanovic B, Katz C. A high performance scaled boundary finite element method [J]. Materials Science and Engineering, 2010, 10: 1-10.

[138] Radmanovic B, Katz C. Dynamic soil-structure interaction using a high performance scaled boundary finite element method in time domain [C] //Proceedings of the 8th International Conference on Structural Dynamics, EURODYN 2011. Leuven, Belgium, 2011.

[139] Radmanovic B, Katz C. Dynamic soil-structure interaction using an efficient scaled boundary finite element method in time domain with examples [J]. SECED Newsletter, 2012, 23 (3): 3-14.

[140] Schauer M, Langer S, Roman J E, et al. Large scale simulation of wave propagationin soils interacting with structures using FEM and SBFEM [J]. Journal of Computational Acoustics, 2011, 19: 75-93.

[141] Schauer M, Roman J E, Quintana-Ortí E S, et al. Parallel computation of 3-D soil-structure interaction in time domain with a coupled FEM/SBFEM approach [J]. Journal of Scientific Computing, 2012, 52: 446-467.

[142] Bazyar M H, Song C. Transient analysis of wave propagation in non-homogeneous elastic unbounded domains by using the scaled boundary finite-element method [J]. Earthquake Engineering and Structural Dynamics, 2006, 35: 1787-1806.

[143] Bazyar M H, Song C. Time-harmonic response of non-homogeneous elastic unbounded domains using the scaled boundary finite-element method [J]. Earthquake Engineering and Structural Dynamics, 2006, 35: 357-383.

[144] Bazyar M H. Dynamic soil-structure interaction analysis using the scaled boundary finite-element method [D]. Sydney: The University of New South Wales, 2007.

[145] Song C, Bazyar M H. Development of a fundamental-solution-less boundary element method for exterior wave problems [J]. Communications in Numerical Methods in Engineering, 2008, 24: 257-279.

[146] Bazyar M H, Song C. A continued-fraction-based high-order transmitting boundary for wave propagation in unbounded domains of arbitrary geometry [J]. International Journal for Numerical Methods in Engineering, 2008, 74: 209-237.

[147] Birk C, Prempramote S, Song C. An improved continued-fraction-

based high - order transmitting boundary for time - domain analyses in unbounded domains [J]. International Journal for Numerical Methods in Engineering, 2012, 89: 269 - 298.

[148] Birk C, Chen D H, Song C. A unified high - order approach to wave propagation in bounded and unbounded domains using the scaled boundary finite element method [C] //Proceedings of 10th World Congress of Computational Mechanics. São Paulo, Brazil, 2012.

[149] Birk C, Behnke R. A modified scaled boundary finite element method for three - dimensional dynamic soil - structure interaction in layered soil [J]. International Journal for Numerical Methods in Engineering, 2012, 89: 371 - 402.

[150] Prempramote S, Song C, Tin - Loi F, et al. High - order doubly asymptotic open boundaries for scalar wave equation [J]. International Journal for Numerical Methods in Engineering, 2009, 79: 340 - 374.

[151] Prempramote S. Development of high - order doubly asymptotic open boundaries for wave propagation in unbounded domains by extending the scaled boundary finite element method [D]. Sydney: The University of New South Wales, 2011.

[152] Birk C, Song C. A local high - order doubly asymptotic open boundary for diffusion in a semi - infinite layer [J]. Journal of Computational Physics, 2010, 229: 6156 - 6179.

[153] Birk C, Prempramote S, Song C. High - order doubly asymptotic absorbing boundaries for the acoustic wave equation [C] //Proceedings of 20th International Congress on Acoustics. Sydney, Australia, 2010.

[154] Lu S, Liu J, Lin G. High performance of the scaled boundary finite element method applied to the inclined soil field in time domain [J]. Engineering Analysis with Boundary Elements, 2015, 56: 1 - 19.

[155] Lin G, Lu S, Liu J. Duality system - based derivation of the modified scaled boundary finite element method in the time domain and its application to anisotropic soil [J]. Applied Mathematical Modelling, 2016, 40: 5230 - 5255.

[156] 李志远，李建波，林皋. 各向异性对半圆形河谷散射影响的数值分析[J]. 计算力学学报，2019，36 (1)：117 - 123.

[157] Chen D, Birk C, Song C, et al. A high - order approach for modelling transient wave propagation problems using the scaled boundary finite

element method [J]. International Journal for Numerical Methods in Engineering, 2014, 97: 937-959.

[158] 陈灯红，戴上秋，彭刚. 坝-基动力相互作用的高阶时域模型 [J]. 水利学报，2014，45 (5)：547-556.

[159] Chen D H, Dai S Q. Dynamic fracture analysis of the soil-structure interaction system using the scaled boundary finite element method [J]. Engineering Analysis with Boundary Elements, 2017, 77: 26-35.

[160] Chen D, Wang M, Dai S Q, et al. A high-order doubly asymptotic continued-fraction solution for frequency domain analysis of vector wave propagation in unbounded domains [J]. Soil Dynamics and Earthquake Engineering, 2018, 113: 230-240.

[161] Lin G, Wang Y, Hu Z Q. An efficient approach for frequency-domain and time-domain hydrodynamic analysis of dam-reservoir systems [J]. Earthquake Engineering and Structural Dynamics, 2012, 41: 1725-1749.

[162] Wang X, Jin F, Prempramote S, et al. Time-domain analysis of gravity dam-reservoir interaction using high-order doubly asymptotic open boundary [J]. Computers and Structures, 2011, 89: 668-680.

[163] 王翔，金峰. 动水压力波高阶双渐近时域平面透射边界：理论推导 [J]. 水利学报，2011，42 (7)：839-847.

[164] 王翔，金峰. 动水压力波高阶双渐近时域平面透射边界：计算性能 [J]. 水利学报，2011，42 (8)：986-994.

[165] 李上明. 基于比例边界有限元法动态刚度矩阵的坝库耦合分析方法 [J]. 工程力学，2013，30 (2)：313-317.

[166] Gao Y C, Jin F, Xu Y J. Transient analysis of dam-reservoir interaction using a high-order doubly asymptotic open boundary [J]. Journal of Engineering Mechanics, ASCE, 2019, 145: 04018119.

[167] 高毅超，徐艳杰，金峰，等. 基于高阶双渐近透射边界的大坝-库水动力相互作用直接耦合分析模型 [J]. 地球物理学报，2013，56 (12)：4189-4196.

[168] Xu H, Zou D G, Kong X J, et al. Error study of Westergaard's approximation in seismic analysis of high concrete-faced rockfill dams based on SBFEM [J]. Soil Dynamics and Earthquake Engineering, 2017, 94: 88-91.

[169] 许贺，邹德高，孔宪京. 基于 FEM-SBFEM 的坝-库水动力耦合简

化分析方法［J］. 工程力学，2019，36（12）：37－43.

［170］ Babaee R，Khaji N. Decoupled scaled boundary finite element method for analysing dam－reservoir dynamic interaction［J］. International Journal of Computer Mathematics，2020，97（8）：1725－1743.

［171］ Song C，Ooi E T，Natarajan S. A review of the scaled boundary finite element method for two－dimensional linear elastic fracture mechanics［J］. Engineering Fracture Mechanics，2018，187：45－73.

［172］ Song C，Wolf J P. Semi－analytical representation of stress singularity as occurring in cracks in anisotropic multi－materials with the scaled boundary finite－element method［J］. Computers & Structures，2002，80：183－197.

［173］ Song C. Evaluation of power－logarithmic singularities，T－stresses and higher order terms of in－plane singular stress fields at cracks and multi－material corners［J］. Engineering Fracture Mechanics，2005，72：1498－1530.

［174］ Chidgzey S R，Deeks A J. Determination of coefficients of crack tip asymptotic fields using the scaled boundary finite element method［J］. Engineering Fracture Mechanics，2005，72：2019－2036.

［175］ 刘钧玉，林皋，杜建国. 基于 SBFEM 的多裂纹问题断裂分析［J］. 大连理工大学学报，2008，48（3）：392－397.

［176］ 刘钧玉，林皋，范书立，等. 裂纹面受荷载作用的应力强度因子的计算［J］. 计算力学学报，2008，25（5）：621－626.

［177］ Liu J Y，Lin G，Li X C，et al. Evaluation of stress intensity factors for multiple cracked circular disks under crack surface tractions with SBFEM［J］. China Ocean Engineering，2013，27（3）：417－426.

［178］ Ooi E T，Yang Z J. Modelling crack propagation in reinforced concrete using a hybrid finite element－scaled boundary finite element method［J］. Engineering Fracture Mechanics，2011，78：252－273.

［179］ Chidgzey S R，Trevelyan J，Deeks A J. Coupling of the boundary element method and the scaled boundary finite element method for computations in fracture mechanics［J］. Computers & Structures，2008，86：1198－1203.

［180］ Natarajan S，Song C. Representation of singular fields without asymptotic enrichment in the extended finite element method［J］. International Journal for Numerical Methods in Engineering，2013，

96：813－841.

[181] Natarajan S，Song C，Belouettar S. Numerical evaluation of stress intensity factors and T－stress for interfacial cracks and cracks terminating at the interface without asymptotic enrichment [J]. Computer Methods in Applied Mechanics and Engineering，2014，279：86－112.

[182] 陈白斌，李建波，林皋. 无需裂尖增强函数的扩展比例边界有限元法 [J]. 水利学报，2015，46（4）：489－496.

[183] Li J B，Fu X A，Chen B B，et al. Modeling crack propagation with the extended scaled boundary finite element method based on the level set method [J]. Computers and Structures，2016，167：50－68.

[184] Jiang S Y，Du C B，Ooi E T. Modelling strong and weak discontinuities with the scaled boundary fnite element method through enrichment [J]. Engineering Fracture Mechanics，2019，222：106734.

[185] Yang Z J，Deeks A J，Hao H. A frobenius solution to the scaled boundary finite element equations in frequency domain [J]. International Journal for Numerical Methods in Engineering，2007，70：1387－1408.

[186] 杨贞军，Deeks A J. 基于频域比例边界有限元法的双材料界面裂缝瞬态动应力强度因子的计算 [J]. 中国科学G辑，2008，38（1）：77－88.

[187] Song C，Tin－Loi F，Gao W. Transient dynamic analysis of interface cracks in anisotropic bimaterials by the scaled boundary finite－element method [J]. International Journal of Solids and Structures，2010，47：978－989.

[188] 刘钧玉，林皋，李建波，等. 重力坝动态断裂分析 [J]. 水利学报，2009，40（9）：1096－1102.

[189] 刘钧玉，林皋，胡志强. 重力坝-地基-库水系统动态断裂分析 [J]. 工程力学，2009，26（11）：114－120.

[190] Yang Z J. Fully automatic modelling of mixed－mode crack propagation using scaled boundary finite element method [J]. Engineering Fracture Mechanics，2006，73：1711－1731.

[191] 施明光，徐艳杰，钟红，等. 基于多边形比例边界有限元的复合材料裂纹扩展模拟 [J]. 工程力学，2014，31（7）：1－7.

[192] 朱朝磊. 基于比例边界有限元方法的混凝土结构静动态断裂模拟 [D]. 大连：大连理工大学，2014.

[193] Dai S Q，Augarde C，Du C B，et al. A fully automatic polygon scaled

boundary finite element method for modelling crack propagation [J]. Engineering Fracture Mechanics, 2015, 133: 163-178.

[194] Yang Z J, Deeks A J. Fully - automatic modelling of cohesive crack growth using a finite element - scaled boundary finite element coupled method [J]. Engineering Fracture Mechanics, 2007, 74: 2547-2573.

[195] Ooi E T, Yang Z J. Modelling multiple cohesive crack propagation using a finite element - scaled boundary finite element coupled method [J]. Engineering Analysis with Boundary Elements, 2009, 33: 915-929.

[196] Ooi E T, Song C, Tin-Loi F, et al. Polygon scaled boundary finite elements for crack propagation modelling [J]. International Journal for Numerical Methods in Engineering, 2012, 91: 319-342.

[197] Shi M, Zhong H, Ooi E T, et al. Modelling of crack propagation of gravity dams by scaled boundary polygons and cohesive crack model [J]. International Journal of Fracture, 2013, 183: 29-48.

[198] Ooi E T, Man H, Natarajan S, et al. Adaptation of quadtree meshes in the scaled boundary finite element method for crack propagation modelling [J]. Engineering Fracture Mechanics, 2015, 144: 101-117.

[199] 章鹏，杜成斌，张德恒. 基于比例边界有限元广义形函数方法模拟混凝土裂纹扩展问题 [J]. 水利学报，2019，50（12）：1491-1501.

[200] Zhang P, Du C B, Birk C, et al. A scaled boundary finite element method for modelling wing crack propagation problems [J]. Engineering Fracture Mechanics, 2019, 216: 106466.

[201] Guo H, Ooi E T, Saputra A A, et al. A quadtree - polygon - based scaled boundary finite element method for image - based mesoscale fracture modelling in concrete [J]. Engineering Fracture Mechanics, 2019, 211: 420-441.

[202] Ooi E T, Shi M, Song C, et al. Dynamic crack propagation simulation with scaled boundary polygon elements and automatic remeshing technique [J]. Engineering Fracture Mechanics, 2012, 106: 1-21.

[203] 施明光，徐艳杰，钟红，等. 基于多边形比例边界有限元的复合材料裂纹扩展模拟 [J]. 工程力学，2014，31（7）：1-7.

[204] 暴艳利，钟红，林皋. 基于多边形比例边界有限元的重力坝地震断裂模拟 [J]. 水电能源科学，2015，33（4）：72-75，42.

[205] Lin G, Zhu C L, Li J B, et al. Dynamic crack propagation analysis using scaled boundary finite element method [J]. Transactions of

Tianjin University，2013，19（6）：391－397.

[206] Ooi E T，Song C.，Tin－Loi F. A scaled boundary polygon formulation for elasto－plastic analyses [J]. Computer Methods in Applied Mechanics and Engineering，2014，268：905－937.

[207] 邹德高，刘锁，陈楷，等. 基于四叉树网格和多边形比例边界有限元方法的岩土工程非线性静动力分析 [J]. 岩土力学，2017，38（S2）：33－40.

[208] 孔宪京，陈楷，邹德高，等. 一种高效的 FE－PSBFE 耦合方法及在岩土工程弹塑性分析中的应用 [J]. 工程力学，2018，35（6）：6－14.

[209] Chen K，Zou D G，Kong X J，et al. An efficient nonlinear octree SBFEM and its application to complicated geotechnical structures [J]. Computers and Geotechnics，2018，96：226－245.

[210] Chen K，Zou D G，Kong X J，et al. Global concurrent cross－scale nonlinear analysis approach of complex CFRD systems considering dynamic impervious panel－rockfill material－foundation interactions [J]. Soil Dynamics and Earthquake Engineering，2018，114：51－68.

[211] Qu Y Q，Zou D G，Kong X J，et al. Seismic cracking evolution for anti－seepage face slabs in concrete faced rockfill dams based on cohesive zone model in explicit SBFEM－FEM frame [J]. Soil Dynamics and Earthquake Engineering，2020，133：10610.

[212] Chen K，Zou D G，Kong X J，et al. Elasto－plastic fine－scale damage failure analysis of metro structures based on coupled SBFEM－FEM [J]. Computers and Geotechnics，2019，108：280－294.

[213] Zou D G，Sui Y，Chen K. Plastic damage analysis of pile foundation of nuclear power plants under beyond－design basis earthquake excitation [J]. Soil Dynamics and Earthquake Engineering，2020，136：106179.

[214] Zhang Z H，Liu Y，Dissanayake D，et al. Nonlocal damage modelling by the scaled boundary finite element method [J]. Engineering Analysis with Boundary Elements，2019，99：29－45.

[215] Yang Z J，Yao F，Ooi E T，et al. A scaled boundary finite element formulation for dynamic elastoplastic analysis [J]. International Journal for Numerical Methods in Engineering，2019，120：517－536.

[216] Liu L，Zhang J Q，Song C，et al. Automatic scaled boundary finite element method for three－dimensional elastoplastic analysis [J].

International Journal of Mechanical Sciences, 2020, 171: 105374.

[217] Xing W W, Song C, Tin - Loi F. A scaled boundary finite element based node - to - node scheme for 2D frictional contact problems [J]. Computer Methods in Applied Mechanics and Engineering, 2018, 333: 114 - 146.

[218] Xing W W, Zhang J Q, Song C, et al. A node - to - node scheme for three - dimensional contact problems using the scaled boundary fnite element method [J]. Computer Methods in Applied Mechanics and Engineering, 2019.

[219] 李佳龙，李钢，余丁浩. 多边形比例边界有限元非线性高效分析方法 [J]. 工程力学，2020，37 (9)：8 - 17.

[220] Eisenträger J, Zhang J Q, Song C, et al. An SBFEM approach for rate - dependent inelasticity with application to image - based analysis [J]. International Journal of Mechanical Sciences, 2020, 182: 105778.

[221] Ya S K, Eisenträger S, Song C, et al. An open - source ABAQUS implementation of the scaled boundary finite element method to study interfacial problems using polyhedral meshes [J]. Computer Methods in Applied Mechanics and Engineering, 2021, 381: 113766.

[222] Press W H, Teukolsky S A, Vetterling W T, et al. Numerical Recipes (Second Edition) [M]. Cambridge: Cambridge University Press, 1992.

[223] Kiusalaas J. Numerical Methods in Engineering with MATLAB [M]. Cambridge: Cambridge University Press, 2005.

[224] Gharti H N, Komatitsch D, Oye V, et al. Application of an elasto-plastic spectral - element method to 3D slope stability analysis [J]. International Journal for Numerical Methods in Engineering, 2012, 91: 1 - 26.

[225] Solin P, Segeth K, Dolezel I. Higher - order finite element methods [M]. Chapman & Hall/CRC Press, 2003.

[226] Vu T H, Deeks A J. Use of higher - order shape functions in the scaled boundary finite element method [J]. International Journal for Numerical Methods in Engineering, 2006, 65: 1714 - 1733.

[227] Vu T H. Enhancing the scaled boundary finite element method [D]. Perth: The University of Western Australia, 2006.

[228] Laub A J. A Schur method for solving algebraic Riccati equations [J]. IEEE Transactions on Automatic Control, 1979, 24 (6): 913 - 921.

[229] 陈灯红，杜成斌. 基于 SBFE 和改进连分式的有限域动力分析 [J]. 力学学报，2013，45 (2)：297-301.

[230] Golub G H，Van Loan C F. Matrix Computations [M]. Third Edition. Baltimore：Johns Hopkins University Press，1996.

[231] Chopra A K. Dynamics of Structures：Theory and Applications to Earthquake Engineering (1st ed.) [M]. Prentice Hall，Englewood Cliffs，New Jersey，1995.

[232] Cook R D，Malkus D S，Plesha M E，et al. Concepts and applications of finite element analysis [M]. Fourth Edition. John Wiley & Sons，2002.

[233] Zienkiewicz O C，Taylor R L. The Finite Element Method for Solid and Structural Mechanics [M]. Sixth edition. Oxford：Elsevier Butterworth-Heinemann Linacre House，2005.

[234] Trinks C. Consistent absorbing boundaries for time-domain interaction analyses using the fractional calculus [D]. Technische Universität Dresden，Fakultät Bauingenieurwesen，2004.

[235] Zulkifli E. Consistent description of radiation damping in transient soil-structure interaction [D]. Technische Universität Dresden，Fakultät Bauingenieurwesen，2008.

[236] Birk C，Song C. A continued-fraction approach for transient diffusion in unbounded medium [J]. Computer Methods in Applied Mechanics and Engineering，2009，198：2576-2590.

[237] 陈灯红，杜成斌. 结构-地基动力相互作用的时域模型 [J]. 岩土力学，2014，35 (4)：1164-1172.

[238] Song C. A matrix function solution for the scaled boundary finite-element equation in statics [J]. Computer Methods in Applied Mechanics and Engineering，2004，193：2325-2356.

[239] Song C，Tin-Loi F，Gao W. A definition and evaluation procedure of generalized stress intensity factors at cracks and multi-material wedges [J]. Engineering Fracture Mechanics，2010，77：2316-2336.

[240] Tian X R，Du C B，Dai S Q，et al. Calculation of dynamic stress intensity factors and T-stress using an improved SBFEM [J]. Structural Engineering and Mechanics，2018，66 (5)：649-663.

[241] Song S H，Paulino G H. Dynamic stress intensity factors for homogeneous and smoothly heterogeneous materials using the interaction integral method [J]. International Journal of Solids and Structures，

2006, 43 (16): 4830-4866.

[242] Sladek J, Sladek V, Fedelinski P. Computation of the second fracture parameter in elastodynamics by the boundary element method [J]. Advances in Engineering Software, 1999, 30: 725-734.

[243] William H. Press. Numerical recipes in Fortran 77 and Fortran 90: the art of scientific and parallel computing [M]. Cambridge University Press, 1996.

[244] Wen P H, Aliabadi M H, Rooke D P. A contour integral method for dynamic stress intensity factors [J]. Theoretical & Applied Fracture Mechanics, 1997, 27 (1): 29-41.

[245] Wang G L, Pekau O A, Zhang C H, et al. Seismic fracture analysis of concrete gravity dams based on nonlinear fracture mechanics [J]. Engineering Fracture Mechanics, 2000, 65: 67-87.

[246] Westergaard H M. Water pressures on dams during earthquakes [J]. Transactions of the American Society of Civil Engineers, 1933, 98: 418-433.

[247] Chopra A K. Hydrodynamic pressures on dams during earthquakes [J]. Journal of the Engineering Mechanics Division, 1967, 93: 205-223.

[248] 王进廷. 高混凝土坝-可压缩库水-淤砂-地基系统地震反应分析研究[D]. 北京：中国水利水电科学研究院，2001.

[249] 中华人民共和国水利部. 水工建筑物抗震设计标准：GB 51247—2018[S]. 北京：中国计划出版社，2018.

[250] Küçükarslan S, Coşkun S B, Taşkın B. Transient analysis of dam-reservoir interaction including the reservoir bottom effects [J]. Journal of Fluids and Structures, 2005, 20: 1073-1084.

Abstract

The scaled boundary finite element method (SBFEM) is a semi-analytical numerical method proposed by Prof. John Wolf and Chongmin Song in the 1990s. This method not only combines the advantages of finite element method and boundary element method, but also has its own unique characteristics. Based on the dominant advantages of the scaled boundary finite element method in solving infinite domain problems and fracture mechanics problems, this book studies the high-order numerical models and fracture mechanics characteristics of concrete dam-foundation-reservoir interaction system. The book is divided into eight chapters, the main content includes: 1) Introduction; 2) The theoretical basis of the SBFEM; 3) Dynamic analysis of the near-field structures based on the SBFEM; 4) Local high-order transmitting boundary of far-field infinite foundation based on the SBFEM; 5) Coupling solution procedures for time domain analysis of concrete dam-foundation system; 6) Doubly asymptotic algorithm for solving dynamic stiffness matrix of vector wave equation; 7) Solution of dynamic stress intensity factor and T stress based on the SBFEM; 8) High-order time-domain model of dynamic interaction of concrete dam-reservoir water system.

This book can be read by engineering technicians and scientific researchers in the field of Civil and Hydraulic engineering. It can also be used for reference by graduate students, senior undergraduates and teachers of Civil Engineering, Hydraulic Engineering and related majors in the universities.

Foreword

Concrete dam-foundation-reservoir dynamic interaction plays an important role in the seismic analysis and safety assessment of the system. In numerical modelling, the system is divided into a near-field part and a far-field infinite part. One of key aspects in solving this problem is how to accurately describe the radiation boundary conditions in the infinite domain. In the past few decades, many scholars have established various global boundary conditions and approximate boundary conditions based on different numerical methods and mathematical models, but it is still a challenging issue at present.

The scaled boundary finite element method (SBFEM) is a semi-analytical technique which excels in modelling time-dependent problems in unbounded domains and in modelling bounded domains with singularities. In the past few years, Dr. Denghong Chen of China Three Gorges University and Prof. Chengbin Du of Hohai University have undertaken a substantial amount of original research in the modeling of dam-foundation-reservoir dynamic interaction based on the scaled boundary finite element method. The contents of this book are drawn from their main research outcomes generated in recent years. In Chapter 3, an improved continued-fraction approach for bounded domains based on the SBFEM has been proposed, which yields numerically more robust time-domain formulations. In Chapters 4, a high-order local transmitting boundary to model the propagation of scalar or vector valued waves in unbounded domains of arbitrary geometry has been studied in depth. In Chapters 5, a scheme for coupling the improved high-order time-domain formulation for bounded domains with a high-order transmitting boundary has been established. In Chapter 6, a doubly asymptotic continued fraction solution algorithm for frequency-domain analysis of vector wave propagation in unbounded domains of arbitrary geometry has been developed based on the high-frequency (singly) asymptotic approach. In Chapter 7, the SBFEM has been extended to evaluate the dynamic stress intensity factors and T-stress with a numerical procedure based on the improved continued-fraction approach. Dynamic fracture analysis of the dam-foundation interaction system by using the SBFEM has been presented, in which two distinguishing features of the SBFEM are combined. In Chapter 8, a high-order time-domain approach for wave propagation in the semi-infinite reservoir has been developed.

I believe that this book is not only an academic monograph with distinctive features, but also a valuable reference for graduate students and practicing engineers.

Chongmin Song

Sydney, Australia

April 2021

Contents

“水科学博士文库”编后语

水科学博士是活跃在我国水利水电建设事业中的一支重要力量，是从事水利水电工作的专家群体，他们代表着水利水电科学最前沿领域的学术创新“新生代”。为充分挖掘行业内的学术资源，系统归纳和总结水科学博士科研成果，服务和传播水电科技，我们发起并组织了“水科学博士文库”的选题策划和出版。

“水科学博士文库”以系统地总结和反映水科学最新成果，追踪水科学学科前沿为主旨，既面向各高等院校和研究院，也辐射水利水电建设一线单位，着重展示国内外水利水电建设领域高端的学术和科研成果。

“水科学博士文库”以水利水电建设领域的博士的专著为主。所有获得博士学位和正在攻读博士学位的在水利及相关领域从事科研、教学、规划、设计、施工和管理等工作的科技人员，其学术研究成果和实践创新成果均可纳入文库出版范畴，包括优秀博士论文和结合新近研究成果所撰写的专著以及部分反映国外最新科技成果的译著。获得省、国家优秀博士论文奖和推荐奖的博士论文优先纳入出版计划，择优申报国家出版奖项，并积极向国外输出版权。

我们期待从事水科学事业的博士们积极参与、踊跃投稿（邮箱：103656940@qq.com），共同将“水科学博士文库”打造成一个展示高端学术和科研成果的平台。

中国水利水电出版社

水利水电出版分社

2018年4月